城市园林景观营造
与精细化养护管理

丁　勇　张如堂　李东升　著

吉林科学技术出版社

图书在版编目 (CIP) 数据

城市园林景观营造与精细化养护管理／丁勇，张如堂，李东升著. ——长春：吉林科学技术出版社，2024.8. -- ISBN 978-7-5744-1680-2

Ⅰ. TU986.2；S436.8

中国国家版本馆CIP数据核字第 2024UU0688 号

城市园林景观营造与精细化养护管理

著	丁 勇 张如堂 李东升
出 版 人	宛 霞
责任编辑	李万良
封面设计	刘梦杏
制 版	南昌德昭文化传媒有限公司
幅面尺寸	185mm×260mm
开 本	16
字 数	320 千字
印 张	20
印 数	1~1500 册
版 次	2024年8月第1版
印 次	2024年12月第1次印刷

出 版	吉林科学技术出版社
发 行	吉林科学技术出版社
地 址	长春市福祉大路5788 号出版大厦A 座
邮 编	130118
发行部电话/传真	0431-81629529 81629530 81629531
	81629532 81629533 81629534
储运部电话	0431-86059116
编辑部电话	0431-81629510
印 刷	三河市嵩川印刷有限公司

书 号	ISBN 978-7-5744-1680-2
定 价	98.00元

前　言
PREFACE

随着城市化进程的加快，城市园林景观作为城市生态和文化的重要组成部分，日益受到人们的关注和重视。园林景观不仅美化了城市环境，提升了居民的生活质量，还承载着文化传承和历史记忆的重任。因此，城市园林景观的营造与养护管理显得尤为重要。

城市园林景观的营造是一个系统工程，涉及规划、设计、施工等多个环节。首先，在规划阶段，需要充分考虑城市的历史文化、自然地理以及居民需求等因素，确定园林绿地的布局和风格。其次，在设计阶段，应注重景观的多样性和生态性，通过植物配置、水体设计、景观小品等手段，营造出富有层次感和空间感的园林景观。最后，在施工阶段，应严格按照设计方案进行施工，确保施工质量，实现设计效果。

精细化养护管理是城市园林景观保持美观和生态功能的关键。首先，应建立完善的养护管理制度，明确养护管理的职责和任务，确保养护工作的有序进行。其次，应注重植物养护，包括浇水、施肥、修剪、病虫害防治等方面，保证植物的正常生长和良好景观效果。此外，还应加强设施设备的维护和管理，确保景观设施的完好和正常运行。

城市园林景观的营造与精细化养护管理是一项长期而艰巨的任务。通过科学规划、精心设计、精心施工以及精细化养护管理，我们可以打造出更加美丽、生态、宜居的城市园林景观，为城市居民提供更加优质的生活环境。这也是推动城市可持续发展、构建美丽中国的重要举措之一。因此，我们应不断探索和创新，提升城市园林景观营造与养护管理的水平，为城市的未来发展贡献力量。

鉴于此，本书围绕"城市园林景观营造与精细化养护管理"这一主题，由浅入深地阐述了城市园林景观的重要性、精细化养护管理的意义、提升城市园林景观品质的关键要素，系统论述了城市园林景观规划设计、城市园林植物景观营造、城市园林硬质景观建设、城市园林水体景观营造，深入探究了园林树木、竹类、花卉、草坪、水生植物的精细化养护管理以及智慧园林绿化的精细化养护管理，以期为读者理解与践行城市园林景观营造与精细化养护管理提供有价值的参考和借鉴。本书内容翔实、条理清晰、逻辑合理，兼具理论性与实践性，适用于从事园林规划设计、园林养护管理及相关工作的专业人士。

　　本书由丁勇、张如堂、李东升所著，具体分工如下：丁勇【沧州市市政公用事业服务中心（沧州市园林绿化服务中心）】负责第一章、第三章、第六章内容撰写，计10.8万字；张如堂【沧州市市政公用事业服务中心（沧州市园林绿化服务中心）】负责第二章、第四章、第九章内容撰写，计10.7万字；李东升【沧州市市政公用事业服务中心（沧州市园林绿化服务中心）】负责第五章、第七章、第八章内容撰写，计10.5万字。

目 录
CONTENTS

第一章　城市园林景观营造与精细化养护管理综述

第一节　城市园林景观的重要性

城市，作为人类文明发展的重要载体，其形态、色彩、气息都直接影响着我们的生活质量。这其中，园林景观无疑是城市面貌的重要组成部分，它不仅能够美化城市环境，更能提升城市的文化内涵，促进人们的身心健康，甚至对城市的可持续发展产生深远影响。

一、城市园林景观能够极大地提升城市的美观度

在快速的城市化进程中，城市园林景观作为城市生态和文化的重要组成部分，正逐渐受到越来越多的关注。它不仅为市民提供了休闲娱乐的场所，更是展现城市特色、提升城市美观度的重要途径。

城市园林景观通过多样化的植物配置和精心的景观设计，为城市增添了浓厚的自然气息。无论是郁郁葱葱的树木、五彩斑斓的花卉，还是错落有致的草坪，都使得城市空间变得生机勃勃，充满活力。这些自然元素不仅净化了空气，降低了噪声，还为市民提供了亲近自然、放松心情的场所。

更重要的是，城市园林景观对于提升城市整体美观度起着至关重要的作用。一个拥有优美园林景观的城市，往往能够给人留下深刻的印象。这不仅有助于提升城市的知名度和吸引力，还能吸引到更多的游客和投资，推动城市的经济发展。

当然，要想充分发挥城市园林景观的美化作用，还需要加强规划设计和后期维护。在规划阶段，应注重生态性、文化性和美观性的结合，确保景观的协调性和可持续性。同时，在后期维护中，应定期修剪、浇水、施肥等，确保植物的健康生长和景观的持久美观。

二、城市园林景观提高市民的生活质量

随着我国城市化进程的不断加快，人们对生活环境的要求也越来越高。一个拥有优美园林景观的城市，能够为市民提供一个更加舒适、健康的生活空间。在公园中散步、呼吸新鲜空气，或者在绿化带旁休息、享受片刻宁静，都能让市民感受到

生活的美好与惬意。此外，园林景观还能够缓解城市的热岛效应，提高空气质量，为市民的健康保驾护航。

要实现城市园林景观的这些功能，需要我们在规划、设计、建设和管理等方面下足功夫。我们需要根据城市的实际情况和发展需求，制定合理的园林景观规划，确保景观的多样性和特色性。同时，我们还需要注重园林景观的后期维护和管理，确保景观的持久性和可持续性。

三、城市园林景观有助于提升城市的文化内涵

园林景观作为城市的一张名片，不仅展示了城市的自然风貌，还融入了历史、文化、艺术等元素，使城市更具魅力和特色。例如，公园、广场等公共绿地通过雕塑、建筑小品等艺术形式的点缀，丰富了城市的文化底蕴，提升了城市的整体形象。此外，城市园林景观的设计和建设还可以结合当地的历史文化，传承和发扬城市的传统文脉，增强市民的归属感和认同感。

此外，城市园林景观还能反映出城市的历史文化和地域特色，通过巧妙地将传统元素和现代设计相结合，园林景观能够展现出城市的独特魅力。比如，一些城市在公园或广场中设置了反映当地历史文化的雕塑、壁画等艺术品，让市民在欣赏美景的同时，也能感受到城市的文化底蕴。

四、城市园林景观对人们的身心健康有着积极的影响

随着生活节奏的加快，人们面临着越来越多的压力和挑战，而城市园林景观为人们提供了一个放松身心、缓解压力的好去处。在绿意盎然的公园中散步、在鲜花盛开的花坛旁休息，都能让人感受到大自然的宁静与美好，有助于减轻焦虑和压力。此外，城市园林景观还有助于改善城市环境，减少空气污染和噪声污染，为市民创造一个更加宜居的生活环境。

五、城市园林景观对于城市的可持续发展具有重要意义

随着全球气候变暖、资源短缺等问题的日益严重，可持续发展已成为城市建设的核心理念。城市园林景观作为城市生态系统的重要组成部分，具有调节气候、净化空气、保持水土等多种生态功能。通过合理规划和精心建设，城市园林景观可以有效提升城市的生态环境质量，为城市的可持续发展提供有力支撑。

综上可知，城市园林景观在城市发展中扮演着举足轻重的角色。它不仅能够美化城市环境、提升城市文化内涵，还能促进人们的身心健康，推动城市的可持续发展。因此，我们应该高度重视城市园林景观的建设和管理，让它在未来的城市发展

中发挥更大的作用。

第二节　精细化养护管理的意义

随着城市化进程的加速推进，园林景观作为城市生态文明建设的重要组成部分，其精细化养护管理显得越发重要。精细化养护管理不仅关乎园林景观的美观度，更直接关系到城市生态环境的改善和居民生活质量的提升。因此，深入探讨城市化园林景观精细化养护管理的意义，对于推动城市可持续发展具有十分重要的现实作用。

一、精细化养护管理有助于提升园林景观的品质与观赏性

精细化养护管理注重细节，通过科学规划、精准施策，能够显著提升园林景观的品质和观赏性。在养护过程中，管理人员会根据不同植物的生长习性和季节特点，制定个性化的养护方案。比如，在春季，加强对花卉的浇水、施肥和修剪，确保其在盛开时呈现出最佳状态；在夏季，注重植物的防暑降温，避免高温对植物造成损害；在秋冬季节，则注重植物的防寒保暖和病虫害防治。

此外，精细化养护管理还强调对园林景观的整体规划和布局。通过对不同植物、景观元素进行合理搭配和布局，管理人员能够营造出层次丰富、和谐统一的园林景观。这种整体性的规划不仅提升了园林景观的观赏性，还使得人们在其中能够感受到更多的美感和舒适感。

二、精细化养护管理有助于改善城市生态环境

园林景观作为城市生态系统的重要组成部分，其精细化养护管理对于改善城市生态环境具有重要意义。

首先，精心养护的园林景观能够增加城市绿地面积，提高城市的绿化覆盖率。这有助于净化空气、吸收噪声、调节气候，为城市居民提供更加宜居的生活环境。

其次，精细化养护管理还注重植物多样性的保护。在养护过程中，管理人员会根据不同植物的生长需求和环境适应性，选择适合的植物种类进行种植和养护。这不仅丰富了城市生态系统的生物多样性，还有助于维持生态系统的平衡和稳定。

最后，精细化养护管理还能够提升市民的环保意识。加强对园林景观的宣传和教育，能让市民更加了解园林景观的价值和作用，激发他们参与环保、爱护环境的热情。这种社会氛围的形成将有助于推动城市生态环境的持续改善。

总之，城市化园林景观精细化养护管理对于提升园林景观的品质与观赏性、改

善城市生态环境具有重要的意义。我们应该高度重视园林景观的养护管理工作，通过科学规划、精准施策，不断提升园林景观的品质和观赏性，为城市居民提供更加宜居、美好的生活环境。

三、精细化养护管理有助于提高居民的生活质量和幸福感

园林景观是城市居民日常生活的重要空间，其设计与养护管理直接关系到居民的生活体验。进行精细化养护管理，可以确保园林景观的整洁、美观和功能性，为居民提供一个舒适、宜人的休闲环境。

首先，精细化养护管理可以保持园林景观的清洁与卫生。定期清理落叶、垃圾和杂草，可以有效防止病虫害的滋生，保障植物的健康生长。同时，整洁的环境也能让居民在欣赏美景的同时，感受到城市的整洁与文明。

其次，精细化养护管理可以提升园林景观的美观度。通过合理的植物配置、色彩搭配和景观小品的设计，可以营造出富有层次感和艺术感的园林景观。这样的环境不仅能让居民在视觉上得到享受，还能在心灵上得到愉悦和放松。

最后，精细化养护管理还可以增强园林景观的功能性。根据居民的需求和习惯，合理设置休闲座椅、健身器材等便民设施，可以为居民提供更加丰富多样的休闲活动选择。同时，通过合理规划绿地空间，还可以为居民提供避暑纳凉、亲子互动等场所，进一步丰富居民的业余生活。

四、精细化养护管理有助于推动城市可持续发展

首先，精细化养护管理有助于促进城市资源的合理利用。在园林景观的设计和养护过程中，可以通过选择节水型植物、推广雨水收集利用等措施，实现水资源的合理利用。同时，优化植物配置和养护方式，还可以提高土地的利用效率，减少城市空间的浪费。

其次，精细化养护管理有助于提升城市的形象和竞争力。一个拥有优美园林景观的城市，往往能够吸引更多的人才和资本流入，推动城市的经济发展和社会进步。同时，良好的园林景观也是城市文化的重要组成部分，能够展示城市的独特魅力和文化底蕴。

综上可知，城市园林景观精细化养护管理具有多方面的重要意义。在未来的城市化进程中，我们应更加注重园林景观的精细化养护管理，不断提升其品质和观赏性，为市民创造更加美好的生活环境，推动城市的可持续发展。同时，政府、企业和市民等各方应共同参与，形成合力，共同推动园林景观养护管理工作的深入发展。

第三节　提升城市园林景观品质的关键要素

城市园林景观是城市生态环境的重要组成部分，不仅影响着市民的生活质量，也代表着城市的形象和品位。因此，提升城市园林景观品质，对于推动城市可持续发展、提高市民幸福感具有重要意义。以下是提升城市园林景观品质的四大关键要素。

一、政策支持

随着城市化进程的加快，城市园林景观作为城市形象的重要组成部分，其品质的提升日益受到人们的关注。政策支持作为推动城市园林景观品质提升的关键因素，发挥着不可替代的作用。下面将结合《关于进一步加强公园建设管理的意见》和《城市精细化管理标准（2024）》等相关政策，探讨提升城市园林景观品质的关键要素。

(一)《关于进一步加强公园建设管理的意见》的引导作用

《关于进一步加强公园建设管理的意见》的出台，为城市园林景观品质的提升提供了有力的政策保障。该意见强调公园建设应严格遵循相关法规标准，确保绿地面积占比不低于公园陆地总面积的65%，并严格控制游乐设施的设置，防止公园过度商业化。同时，该意见还提出公园应完善文化娱乐、科普教育、健身交友等综合功能，并突出人文内涵和地域风貌，使公园成为市民休闲、娱乐、学习的场所。

在政策的引导下，城市园林景观建设更加注重生态平衡和人文关怀，通过科学规划、合理布局和精细化管理，提升了园林景观的品质和内涵。公园作为城市绿地的重要组成部分，其建设管理的规范化、标准化，对于提升整个城市园林景观品质具有重要意义。

(二)《城市精细化管理标准（2024）》的推动作用

《城市精细化管理标准（2024）》的实施，进一步推动了城市园林景观品质的提升。该标准提出了科学规划、整体推进、依法治理、公开透明等原则，要求在城市基础设施、环境、交通、安全等方面实现精细化管理。

在城市园林景观建设方面，精细化管理要求从源头抓起，注重规划设计的科学性和前瞻性。通过优化植物配置、提升景观效果、完善配套设施等措施，打造具有地域特色和文化内涵的园林景观。同时，精细化管理还强调对园林绿地的日常养护和管理，确保园林景观的持久性和可持续性。

此外，《城市精细化管理标准（2024）》还鼓励城市园林绿化垃圾的源头减量和资源化利用。通过系统分析城市绿地、苗圃基地等区域内的植物种类和生境，推动园林绿化垃圾的就地、就近处理，将再生产品作为土壤改良基质、有机覆盖物等回用园林绿地，提高园林绿化垃圾资源化利用率。这一措施不仅有助于减少垃圾处理压力，还能促进资源的循环利用，提升城市园林景观的生态效益。

(三) 其他政策的协同作用

除了上述两项政策外，还有其他相关政策也在协同推动城市园林景观品质的提升。例如，政府加大对城市园林绿化的投入力度，提高绿化覆盖率；加强城市公园、广场等公共空间的建设和管理；推广生态园林、立体绿化等新型绿化方式；加强城市古树名木的保护和管理；等等。

这些政策的实施，不仅丰富了城市园林景观的内涵和形式，还提升了市民的生活质量和幸福感。同时，政策的协同作用也促进了城市园林景观建设的整体推进和协调发展。

总之，政策支持是提升城市园林景观品质的关键因素。通过加强公园建设管理、实施城市精细化管理标准以及协同其他相关政策，可以推动城市园林景观品质的全面提升。未来，我们还应继续完善相关政策体系，加强政策之间的衔接和配合，为城市园林景观建设提供更有力的政策保障。

二、科学规划设计

城市园林景观作为城市形象的重要组成部分，不仅影响着市民的生活质量，也反映着城市的文明程度和发展水平。因此，提升城市园林景观品质至关重要。科学规划设计作为提升城市园林景观品质的关键要素，需要注重前瞻性和全局性、生态性和可持续性、人性化与功能性。

(一) 规划要具有前瞻性和全局性

城市园林景观规划应具有前瞻性，即要充分考虑城市未来的发展趋势和变化。随着城市化进程的加速，城市规模不断扩大，人口数量不断增加，对城市园林景观提出了更高的要求。因此，在规划过程中，要预测未来城市发展的方向和特点，合理规划城市绿地的布局和规模，确保园林景观与城市的整体发展相协调。

同时，规划要具有全局性，要从城市整体的角度出发，统筹考虑各类园林景观的建设。城市园林景观包括公园、广场、街道绿化等多种形式，这些景观之间需要相互衔接、相互映衬，形成整体美感。因此，在规划过程中，要注重各类景观的协调性和整体性，避免出现零散、杂乱的现象。

(二) 设计要注重生态性和可持续性

生态性是城市园林景观设计的重要原则之一。在设计过程中，要充分利用自然资源和生态条件，保护生态环境，促进生态平衡。例如，可以通过种植本地植物、设置生态水池等方式，增加绿地的生态功能，提高城市的生态环境质量。

同时，设计要注重可持续性，要考虑园林景观的长期效益和发展。在材料选择、施工方式等方面，要尽可能采用环保、低碳的材料和技术，减少对环境的影响。此外，还可以通过合理的植物配置和灌溉系统设计，降低园林景观的维护成本，实现可持续发展。

(三) 规划设计要注重人性化与功能性

城市园林景观是为市民服务的，因此在规划设计过程中要注重人性化和功能性。首先，要考虑市民的需求和习惯，设置合理的休闲、娱乐、运动等设施，满足不同人群的需求。其次，要注重景观的可达性和便利性，确保市民能够方便地享受到园林景观带来的益处。

此外，功能性也是城市园林景观设计中不可忽视的方面。园林景观不仅要具有观赏价值，还要具有一定的实用价值。例如，街道绿化可以净化空气、降低噪声，公园广场可以为市民提供休闲场所等。因此，在规划设计过程中，要注重实用性和美观性的结合，从而实现景观的多重功能。

综上所述，提升城市园林景观品质的关键要素在于科学规划设计。通过具有前瞻性和全局性的规划、注重生态性和可持续性的设计以及注重人性化与功能性的规划设计，可以打造出更加美丽、宜居、生态、和谐的城市园林景观，为市民提供更高品质的生活环境和空间。

三、精心营造景观

城市园林景观作为城市生态与文化的重要组成部分，其品质直接关系到市民的生活质量和城市的整体形象。在提升城市园林景观品质的道路上，精心营造景观是核心策略，其中注重植物营造、景观元素的运用以及景观与文化的融合是关键要素。

(一) 注重植物营造

植物是城市园林景观的基础，它们不仅美化了环境，还具有调节气候、净化空气等生态功能。在植物营造上，首先要注重植物的多样性和适应性，选择适应当地气候和土壤条件的植物种类，形成丰富多彩的植物群落。其次要注重植物的层次感和空间感，通过乔灌草搭配、高低错落等手法，营造出层次丰富、空间感强的园林景观。此外，植物的季相变化也是营造园林景观的重要手段，通过合理搭配不同季节开花的植物，使园林景观四季有景，季季不同。

（二）注重景观元素的运用

景观元素是构成城市园林景观的基本单元，包括道路、广场、雕塑、小品等。在景观元素的运用上，首先要注重其功能性，满足市民的休闲、娱乐、健身等需求。其次要注重景观元素的审美性，通过设计新颖、造型美观的景观元素，提升园林景观的观赏价值。此外，景观元素的材质选择也至关重要，应选择环保、耐用的材料，保证景观元素的持久性和安全性。

（三）注重景观与文化的融合

城市园林景观不仅是视觉上的享受，更是文化的传承和展示。在景观与文化的融合上，首先要挖掘当地的历史文化元素，将其融入园林景观设计中，使园林景观成为传承和展示当地文化的重要载体。其次要注重景观的寓意和象征意义，通过设计富有文化内涵的景观元素，让市民在欣赏美景的同时，也能感受到文化的熏陶和启迪。此外，还可以通过举办文化活动、设置文化解说等方式，增强市民对园林景观文化内涵的理解和认同。

综上可知，提升城市园林景观品质需要注重植物营造、景观元素的运用以及景观与文化的融合等关键要素。通过精心营造，我们可以打造出既美观又实用的城市园林景观，为市民提供优美的生活环境，同时传承和展示城市的文化底蕴。在未来的城市建设中，我们应更加重视园林景观的营造和品质提升，让城市更加宜居、宜业、宜游。

四、实施精细化管理

城市园林景观作为城市生态的重要组成部分，不仅关乎市民的生活质量，而且是城市文明程度和文化底蕴的直观体现。在追求现代化和绿色发展的今天，提升城市园林景观品质已成为城市建设与管理的重要任务，而实现这一目标的关键，在于实施精细化管理，特别是要在加强日常养护与管理、病虫害防治以及监督考核机制建设等方面下功夫。

（一）加强日常养护与管理

日常养护与管理是保持城市园林景观美观和生态功能的基础。这包括定期修剪、浇水、施肥、除草等基本维护工作，确保植物健康生长、景观整洁有序。同时，需根据季节和植物生长特点，制订科学的养护计划，合理安排养护资源，提高养护效率。此外，加强养护人员的培训和管理，提升他们的专业素养和责任意识，也是确保城市园林景观日常养护工作质量的重要保障。

(二) 加强病虫害防治

病虫害防治是城市园林景观管理中不可或缺的一环。病虫害的发生不仅会影响植物的正常生长，还可能破坏园林景观的整体效果。因此，必须加强对病虫害的监测和预警，及时发现并采取有效措施进行防治。这包括使用生物防治、物理防治和化学防治等多种手段，确保防治工作的针对性和有效性。同时，建立病虫害档案，积累防治经验，可为今后的工作提供借鉴和参考。

(三) 建立健全的监督考核机制

监督考核机制是确保城市园林景观精细化管理落到实处的关键。通过建立完善的监督体系，对园林景观的日常养护、病虫害防治等工作进行定期检查和评估，可以及时发现并纠正管理中存在的问题和不足。同时，管理者应将考核结果与工作绩效挂钩，对表现优秀的单位和个人给予奖励和表彰，对工作不力的单位和个人进行问责和整改，从而激发管理人员的积极性和责任感。

总之，提升城市园林景观品质需要政策支持、科学规划设计、精心营造景观和实施精细化管理四个要素的有机结合。只有这四个要素共同作用，才能打造出具有生态性、艺术性、文化性和功能性的城市园林景观，为市民提供优美的生活环境和舒适的休闲空间，也将有助于提升城市的整体形象和品位，推动城市的可持续发展。

未来，随着科技的不断进步和人们对美好生活向往的不断提升，城市园林景观的品质也将不断得到提升和完善。我们期待更多的城市能够注重园林景观的规划、营造和管理，为市民创造更加美好的生活环境，也为城市的可持续发展贡献力量。

第二章　城市园林景观规划设计

第一节　城市园林景观的概念与范畴

一、城市园林景观的概念

(一) 城市园林

许多人认为城市园林只是指城市中与植物相关的景观营造，但现在，这个认识并不能完全概括园林包含的内容，城市园林涵盖的范围非常广泛，除了亭台楼阁、花草树木、雕塑小品，还有各种新型材料、废物利用等。园林在造景上必须是美的，要在视觉、听觉上有形象美。绿地就不一定必须有形象美。所以城市园林可以成为美的景观，而绿地就不一定能成为美的景观。城市园林还必须是一种艺术品，什么是艺术品？艺术品是一种储存"爱"的信息的载体，"城市园林"是一种代表城市精神文明、储存爱的信息，以植物造景为主的重要艺术品，它也可成为代表城市精神面貌的重要"市标"之一。

从布置方式上说，城市园林可分为三大类：第一类是规则式，代表是西方城市园林，代表建筑是意大利宫殿、法国台地和中国的皇家园林；第二类是自然式，代表是中国的私家园林，如苏州园林、岭南园林；第三类是混合式，如现代的建筑是规则式和自然式的搭配。

从开发方式上说，城市园林可分为两大类。一类是利用原有自然风致，去芜理乱，修整开发，开辟路径，布置城市园林建筑，不费人事之工就可形成的自然园林。例如，唐代王维的辋川别业是将私家别墅营建在具山林湖水之胜的天然山谷区，可称为山林别墅；湖南张家界市的张家界、四川九寨沟县的九寨沟这类具有优美风景的大范围自然区域，略加建设、开发，即可利用，称为自然风景区；泰山、黄山、武夷山等，开发历史悠久，有文物古迹、传说艺术等内容的，称为风景名胜区。另一类是人工园林，即在一定的地域范围内，为改善生态、美化环境、满足游憩和文化生活需要而创造的环境，如小游园、花园、公园等。

按照现代人的理解，城市园林不只是作为游憩之用，还具有保护和改善环境的功能。植物可以吸收二氧化碳，放出氧气，净化空气；能够在一定程度上吸收有害气体和吸附尘埃，减轻污染；可以调节空气的温度、湿度，改善小气候；还有减弱噪声和防风、防火等防护作用，尤为重要的是，城市园林在心理上和精神上的有益作用。游憩在景色优美和安静的城市园林中，有助于消除长时间工作带来的紧张和疲乏，使脑力、体力得到恢复。城市园林中的文化、游乐、体育、科普教育等活动，更可以丰富知识和充实精神生活。

(二) 景观

景观，无论在西方还是在中国，都是一个难以说清的概念。地理学家把景观作为一个科学名词，定义为一种地表景象，或综合自然地理区，或呈一种类型单位的通称，如城市景观、草原景观、森林景观等；艺术家把景观作为表现与再现的对象，等同于风景建筑师把景观作为建筑物的配景或背景；生态学家把景观定义为生态系统或生态系统的系统；旅游学家把景观当作资源。更常见的是景观被城市美化运动者和开发商等同于城市的街景立面、霓虹灯、房地产中的城市园林绿化和小品、喷泉叠水。一个更文学和广泛的定义则是能用一个画面来展示，能在某一视点上可以全览的景象，尤其是自然景象。但哪怕是同一景象，不同的人也会有不同的理解，景观是人所向往的自然，景观是人类的栖居地，景观是人造的工艺品，景观是需要科学分析方能被理解的物质系统，景观是有待解决的问题，景观是可以带来财富的资源，景观是反映社会伦理、道德和价值观念的意识形态，景观是历史，景观是美。

景观的社会意义在于，景观应该也必须满足社会与人的需要。景观涉及人们生活的方方面面，现代景观是为了人的使用，这是它的功能主义目标。虽然为各种各样的目的而设计，但景观设计最终是为了满足人类的使用而创造的室外场所。为普通人提供实用、舒适、精良的设计应该是景观设计师追求的境界。

二、城市园林景观的研究范畴

城市园林景观的概念可以从广义、狭义两个角度来理解。从广义的角度来讲，城市公园绿地、庭院绿化、风景名胜区、区域性的植树造林、开发地域景观、荒废地植被建设等都属于城市园林的范围或范畴；从狭义的角度来讲，中国的传统园林、现代城市园林和各种专类观赏园都称为园林，而"景观"一词，则是从20世纪初在美国设立的 Landscape Architecture 学科发展而来。20世纪80年代，在美国哈佛大学举办的国际大地规划教育学术会议明确阐述了城市园林景观这一学科的含义，其重点领域甚至扩大到土地利用、自然资源的经营管理、农业地区的发展与变迁、大地生态、城镇和大都会的景观。西方的景观研究观念现在已扩展到"地球表层规划"的范畴，目前国内一些学者则主张"景观"一词等同于"园林"。事实上，现代城市园林的发展已不局限于城市园林本身的意义了，所以此种论点存在很大争议。

城市园林景观设计作为一门综合性边缘学科，主要是研究如何应用艺术和技术手段恰当处理自然、建筑和人类活动之间的复杂关系，以达到各种生命循环系统之间和谐完美、生态良好的一门学科。城市园林景观是美，是栖息地，是具有结构和功能的系统，是符号，是当地的自然和人文精神。

就研究范畴而言，城市园林景观在微观意义上的理解为：针对城市空间的设计，如广场、街道，针对建筑环境、庭院的设计，针对城市公园、园林的设计；城市园林景观在中观意义上的理解为：针对工业遗存的再开发利用，针对文化遗存的保护和开发，针对历史风貌遗存的保护和开发，生态保护或生态治理相关的景观设计，以及城市内大规模景观改造和更新；城市园林景观在宏观意义上的理解为：针对自然风景的经济开发和旅游资源利用，自然环境对城市的渗透，以及城市绿地体系的建立，供休憩使用的区域性绿地系统等。

三、城市园林景观的特征

城市园林景观是城市建设中不可或缺的一部分，它承载着生态、文化、艺术等多重功能，是城市形象的直接体现。随着城市化进程的加快，人们对城市园林景观的要求也日益提高。下面将深入探讨城市园林景观的特征，以期更好地理解和欣赏这一独特的城市元素。

（一）生态性

生态性是城市园林景观最为显著的特征之一。城市园林景观的设计和建设注重生态平衡和可持续发展，通过植物配置、水体布局等方式，人们构建出一个充满生机的绿色空间。这些绿色空间不仅美化了城市环境，还起到了调节气候、净化空气、保持水土等重要作用。

（二）文化性

城市园林景观往往承载着丰富的文化内涵和历史底蕴。在设计过程中，景观元素如雕塑、亭台、石桥等往往融入地域文化特色和历史元素，形成具有独特文化魅力的景观空间。这些景观空间不仅为市民提供了休闲娱乐的场所，也成为城市文化的传播和展示窗口。

（三）艺术性

城市园林景观具有高度的艺术性。景观设计师通过巧妙的构思和布局，将各种景观元素有机结合在一起，形成了一幅幅美丽的画卷。这些景观作品不仅注重形式美，更强调意境美和内涵美，让人们在欣赏美景的同时，也能感受到艺术的魅力和文化的底蕴。

（四）功能性

城市园林景观还具有多种功能性。除了提供休闲娱乐和观赏价值外，它还能为市民提供运动健身、社交交流等场所。例如，公园中的运动设施、广场上的文化活动等，都使得城市园林景观成为市民生活的重要组成部分。

（五）动态性

城市园林景观是一个动态的系统，随着季节的变化和时间的推移，呈现出不同的风貌和特色。春天的花开满园、夏天的绿意葱茏、秋天的红叶飘飘、冬天的银装素裹，每个季节都有独特的景观呈现。这种动态性使得城市园林景观更加生动和富有变化，能够让人们不断发现新的美丽和惊喜。

（六）互动性

现代城市园林景观越来越注重与市民的互动和参与。设计师们通过设计各种互动设施和活动空间，鼓励市民积极参与到园林景观的建设和维护中来。市民可以参与到植物的种植、景观的布置等活动中，也可以参与到各种文化活动和社交活动中，与园林景观形成紧密的联系和互动。

综上可知，城市园林景观具有生态性、文化性、艺术性、功能性、动态性和互动性等多重特征。这些特征使得城市园林景观成为城市建设中不可或缺的一部分，为市民提供了优美的生活环境和丰富的文化体验。在未来的城市建设中，我们应该更加注重城市园林景观的设计和建设，不断提升其品质和价值，让城市更加美丽、宜居和富有活力。

第二节　城市园林景观规划设计的原则

一、整体性原则

城市园林景观规划设计是一项复杂的系统工程，它涉及生态、文化、社会、经济等多个层面。在这些规划要素中，整体性原则是贯穿始终、指导全局的核心原则。整体性原则强调将城市园林景观作为一个有机整体进行规划和设计，实现各元素之间的和谐统一与功能互补，从而营造出宜人的城市环境。

首先，整体性原则在城市园林景观规划设计中的体现，在于对城市整体风貌的把握。设计师需要深入研究城市的历史文化、地理特征、气候条件等，将这些因素融入景观设计中，使园林景观与城市整体风貌相协调。例如，在历史文化名城，应注重保护传统建筑风貌，通过园林景观的设计，强化城市的历史文化特色；而在现代化新城，则可通过创新的设计手法，展现城市的现代气息和活力。

其次，整体性原则要求设计师在城市园林景观规划设计中注重生态系统的整体性。城市园林景观作为城市生态系统的重要组成部分，其规划设计应充分考虑生态系统的平衡与稳定。设计师需要合理规划绿地、水系、植被等生态要素，构建完整的生态网络，促进城市生态系统的良性循环。同时，应注重生态修复和环境保护，减少对自然环境的破坏和污染。

最后，整体性原则还强调城市园林景观规划设计中功能与空间的整体性。设计师需要综合考虑城市的功能需求和空间布局，合理规划不同类型的绿地和景观设施，满足市民的休闲、娱乐、健身等多样化需求。同时，应注重景观空间的连续性和流动性，通过合理的空间布局和景观设计，引导市民的视线和行为，增强城市的可识别性和归属感。

在实施整体性原则的过程中，我们还需要关注到公众参与的重要性。城市园林景观是市民共享的空间资源，其规划设计应充分征求市民的意见和建议。通过公众参与的方式，可以更加准确地把握市民的需求和期望，使景观设计更加贴近市民的生活实际，提高设计的针对性和实效性。

综上可知，整体性原则是城市园林景观规划设计的核心原则。通过遵循这一原则，我们可以实现城市园林景观与城市整体风貌的协调统一，促进生态系统的平衡与稳定，满足市民的多样化需求，营造出更加宜居、宜业、宜游的城市环境。在未来的城市园林景观规划设计中，我们应继续深化对整体性原则的理解和应用，推动城市园林景观的持续发展和进步。

二、多样化原则

随着城市化进程的加速，城市园林景观规划设计逐渐受到人们的重视。作为城市生态系统和文化特色的重要组成部分，园林景观不仅具有美化环境、提升城市形象的功能，还能为市民提供休闲、娱乐的场所。在园林景观规划设计中，多样化原则的运用显得尤为重要，它有助于创造出丰富多彩、独具特色的城市绿化空间。

多样化原则强调在园林景观规划设计中，应注重植物种类的多样性、景观元素的丰富性以及空间布局的灵活性。设计师运用多样化的设计手法，可以打破传统园林的单一性和刻板性，使城市园林景观更加生动、自然和富有变化。

在植物种类的选择上，多样化原则要求充分考虑不同植物的生态习性、观赏特性和文化内涵。设计师通过合理搭配乔木、灌木、地被植物等，形成层次丰富、色彩多样的植物群落。同时，应注重乡土树种和外来树种的结合，这样既可体现地方特色，又可丰富植物景观的多样性。

在景观元素的运用上，多样化原则倡导将自然景观与人文景观相结合。除了山水、植物等自然元素外，还应注重引入文化雕塑、特色小品等人文元素，使园林景观更具文化内涵和历史底蕴。此外，还可以通过灯光、水景等现代科技手段的运用，营造出更具现代感和科技感的城市园林景观。

在空间布局方面，多样化原则强调灵活性和变化性。设计师应根据场地的实际情况和功能需求，合理划分空间区域，通过巧妙运用地形、道路、广场等元素，营造出各具特色的景观空间。同时，应注重空间的连通性和渗透性，使各个景观空间相互呼应、相互借景，形成整体协调、和谐统一的园林景观。

综上所述，多样化原则在城市园林景观规划设计中具有重要的指导意义。通过运用多样化的设计手法和元素，设计师可以创造出更加丰富多彩、独具特色的城市绿化空间，为市民提供更加舒适、宜人的生活环境。同时，多样化的园林景观也有助于提升城市的整体形象和竞争力，从而推动城市的可持续发展。

三、节约性原则

随着城市化进程的加快，城市园林景观规划设计在提升城市形象、改善居民生活环境方面发挥着越来越重要的作用。在这一过程中，我们也面临着资源有限、能源消耗大等问题。因此，如何在城市园林景观规划设计中贯彻节约性原则，就成为我们不得不深思的问题。

节约性原则要求我们在规划设计的每一个环节都充分考虑资源的有效利用和能源的节约。这不仅仅是对自然资源的珍视，更是对可持续发展理念的践行。在材料的选择上，我们应优先使用可再生、可循环的环保材料，减少对传统资源的依赖，降低对环境的影响。同时，我们还应关注植物的选用和配置，选择适应当地气候和土壤条件的植物，减少灌溉和施肥的频率，降低维护成本。

除了材料和植物的选择，节约性原则还体现在对空间的合理规划上。城市园林景观不仅仅是绿地的简单堆砌，它更是一个有机的整体。在规划设计中，我们应充分考虑空间的利用效率，避免无效空间和浪费现象的出现。通过合理的空间布局和景观设计，我们不仅可以提升园林景观的美观度，还可以实现其功能性和实用性的完美结合。

此外，节约性原则还要求我们在规划设计中注重节能技术的运用。例如，在照明设计中，我们可以采用太阳能、风能等可再生能源，减少对传统电力的依赖；在灌溉系统中，我们可以引入智能灌溉技术，根据植物的生长需求和天气条件自动调节灌溉量，减少水资源的浪费。

城市园林景观规划设计的节约性原则是一个系统工程，需要我们在材料选择、空间规划、节能技术等多个方面共同努力。只有这样，我们才能在有限的资源条件下，创造出既美观又实用的城市园林景观，为城市的可持续发展贡献力量。

展望未来，随着科技的进步和环保理念的深入人心，我们有理由相信，节约性原则将在城市园林景观规划设计中得到更加广泛的应用和实践。让我们携手共进，为创造更加美好的城市环境而努力。

四、保护性原则

在城市化进程不断加速的今天，城市园林景观规划设计的重要性日益凸显。它不仅关系到城市居民的生活质量，更直接影响到城市的生态环境和社会可持续发展。其中，保护性原则作为城市园林景观规划设计的核心原则之一，具有不可替代的地位和作用。

保护性原则强调的是在规划设计过程中，要充分尊重并保护自然环境和历史文化资源，避免对它们造成破坏或损害。这一原则的实施，不仅有利于维护生态平衡，促进生物多样性，还能够传承和弘扬城市的历史文化，增强城市的文化底蕴和特色。

在城市园林景观规划设计中，保护性原则的应用体现在多个方面。首先，在选址和布局上，应充分考虑自然环境的承载能力，避免在生态敏感区域或重要生态系统内进行大规模的开发建设。同时，要合理规划绿地、水域等生态空间，为城市居民提供宜居的生活环境。

其次，在植物配置上，应遵循因地制宜、适地适树的原则，选择适应当地气候、土壤等自然条件的植物种类，避免盲目引进外来物种，造成生态失衡。同时，要注重植物多样性和生态功能的发挥，构建多层次的植物群落，提高城市的生态稳定性。

最后，在历史文化保护方面，城市园林景观规划设计应深入挖掘城市的历史文化内涵，将传统元素与现代设计手法相结合，打造既具有时代感又充满历史韵味的园林景观。这不仅能够提升城市的文化品位，还能够增强市民的文化自信心和归属感。

当然，保护性原则的实施并不意味着完全放弃对城市的改造和提升。相反，它要求在尊重和保护自然环境和历史文化资源的基础上，进行科学合理的规划和设计，实现城市的可持续发展。因此，在城市园林景观规划设计中，我们还需要注重创新性和前瞻性的思考，不断探索符合保护性原则的新的设计理念和技术手段。

综上所述，保护性原则在城市园林景观规划设计中具有举足轻重的地位。我们只有充分遵循这一原则，才能够打造出既美丽又宜居的城市环境，为城市居民提供更高质量的生活体验，也为城市的可持续发展奠定坚实的基础。

第三节 城市园林植物景观种植设计

一、园林植物景观种植设计的基本原则

(一) 符合用地性质和功能要求

在进行植物配置时，首先应立足于园林绿地的性质和主要功能。园林绿地的功能是多种多样的，功能的确定取决于其具体的绿地性质，而通常某一性质的绿地又包含了几种不同功能，但其中总有一种主要功能。如城市风景区的休闲绿地，应有供集体活动的大草坪或广场，还应有供遮阴的乔木和成片的层次丰富的灌木和花草；街道行道树，首先应考虑遮阴效果，同时还应满足交通视线的通畅；公墓绿化首先应注重纪念性意境的营造，大量配置常绿乔木。

(二) 适地适树

适地适树是种植设计的重要原则。任何植物都有着自身的生态习性和与之对应的正常生长的外部环境，因此，因地制宜，选择以乡土树种为主、引进树种为辅，既有利于植被的生长繁茂，又是以最经济的代价获得地域特色浓郁效果的明智之举。

(三) 符合构景要求

植物在景观艺术设计中扮演着多种角色，种植设计应结合其"角色"要求——构景要求展开设计，如做主景、背景、夹景、框景、漏景、前景等，不同的构景角色对植物的选择和配置的要求也是各不相同的。

(四) 配置风格与景观总体规划相一致

景观总体规划依据不同用地性质和立意有规则和自然、混合之分，而植物的配置风格也有与之相对应的划分，在种植设计中应把握其配置风格与景观总体规划风格的一致性，以保证设计立意实施的完整性和彻底性。

(五) 合理的搭配和密度

由于植物的生长具有时空性，一株幼苗经历几年、几十年可以长成阴翳蔽日的参天大树，因此种植设计应充分考虑远期与近期效果相结合，选择合理的搭配和种植密度，以确保绿化效果。比如，从长远来看，应根据成年树冠的直径来确定种植间距，但短期成荫效果不好，可以先加大种植密度，若干年后再移去一部分树木；此外，还可利用长寿树与速生树相结合，做到远近期结合。

植物世界种类繁多，要想取得赏心悦目的景观艺术效果，就要善于利用各物种的生态特性，进行合理的搭配。如利用乔木、灌木与地被植物的搭配，落叶植物与常绿植物的搭配，观花植物与观叶植物的搭配等。当然，这些搭配并非越丰富越好，而应视具体的景区总体规划基调而定。此外，合理的搭配不仅指植物组景自身的关系，还包含了景与景、景区间的自然过渡和相互渗透关系。

(六) 全面、动态考虑季相变化和观形、赏色、闻味、听声的对比与和谐

植物造景最大的魅力在于其盎然的生命力。随着季节的转换、时间的推移，植物悄然地变化着：萌芽、展叶、开花、落叶、结果，不起眼的树苗长成参天大树……此消彼长，呈现出强烈的时空感。

植物优美的姿态、绚丽斑斓的色彩、叶片伴着风声雨声的和鸣或馥郁或幽然的芳香及引来的阵阵蜂蝶调动着游人几乎所有的感知系统，带给人们视觉、嗅觉、触觉、听觉等全方位美的享受。因此，不同于其他景观要素相对单一和静态的设计，种植设计要在全面、动态地把握其季相变化和时空变化过程中考虑植物观形、赏色、闻味、听声的对比与和谐，应保证一季突出，季季有景可赏。

二、园林植物景观种植设计形式

(一) 自然式种植

人们从自然中发掘植物构成类型，将一些植物种类科学地组成一个群体。这与将植物作为装饰或雕塑手段为主的规则式种植方法有很大的差别。例如，19世纪英国的威廉·罗宾逊（William Robinson）、戈特路德·吉基尔（Gertrude Jekyll）和雷基纳德·法雷（Reginald Farrer）等以自然群落结构和视觉效果为依据，对野生林地园、草本花境和高山植物园进行了尝试性的种植设计，这对自然式种植方式有一定的影响和推动。

在19世纪后期美国的詹士·詹森（Jens Jenson）提出了以自然的生态学方法来

代替以往单纯从视觉出发的设计方法。19世纪80年代詹士·詹森就开始在自己的设计中运用乡土植物，20世纪之后的一些作品就明显地具有中西部草原自然风景的模式。19世纪德国的浮士特·鲍克勒（Fuerst Pueckler）也按自然群落的结构，采用不同年龄的树种设计了一批著名的公园。

自然式种植注重植物本身的特性和特点，植物间或植物与环境间生态和视觉上关系的和谐，体现了生态设计的基本思想。生态设计是一种取代有限制的、人工的、不经济的传统设计的新途径，其目的就是创造更自然的景观，提倡用种群多样、结构复杂和竞争自由的植被类型。例如，20世纪60年代末，日本横滨国立大学的宫胁昭教授提出的用生态学原理进行种植设计的方法，就是将所选择的乡土树种幼苗按自然群落结构密植于近似天然森林土壤的种植带上，利用种群间的自然竞争，保留优势种。两三年内可郁闭，十年后便可成林，这种种植方式管理粗放，形成的植物群落具有一定的稳定性。

（二）规则式种植

在西方规则式园林中，植物常被用来组成或渲染加强规整图案。例如，古罗马时期盛行的灌木修剪艺术就使规则式的种植设计成为建筑设计的一部分。在规则式种植设计中，乔木成行成列地排列，有时还刻意修剪成各种几何形体，甚至动物或人的形象；灌木等距直线种植，或修剪成绿篱饰边，或修剪成规则的图案作为大面积平坦地的构图要素图。例如，在法国著名园林设计师勒·诺特（Andre Le Notre）设计的沃勒维孔特城堡中就大量使用了排列整齐、经过修剪的常绿树图。如地毯的草坪及黄杨等慢生灌木修剪而成的复杂、精美的图案。这种规则式的种植形式，正如勒·诺特自己所说的那样，是"强迫自然接受匀称的法则"。

随着社会、经济和技术的发展，这种刻意追求形体统一、错综复杂的图案装饰效果的规则式种植方式已显得陈旧和落后，尤其是需要花费大量劳力和资金养护的整形修剪种植更不值得提倡。但是，在园林设计中，规则式种植作为一种设计形式仍是不可缺少的，只是需赋予新的含义，避免过多整形修剪。例如，在许多人工化的、规整的城市空间中规则式种植就十分合宜，而稍加修剪的规整图案对提高城市街景质量、丰富城市景观也不无裨益。乔木是园中的主体，有时也偶尔采用雪松和橡树带常绿树。例如，在有些设计园中，树群常常仅由一两种树种（如桦木、栎类或松树等）组成。

18世纪末至19世纪初，英国的许多植物园从其他国家尤其是北美地区引进了大量的外来植物，这为种植设计提供了极丰富的素材。以落叶树占主导的园景也因为冷杉、松树和云杉等常绿树种的栽种而改变了以往冬季单调萧条的景象。尽管如此，这种形式的种植仅靠起伏的地形、空阔的水面和溪流还是难以摆脱单调和乏味的局面。

美国早期的公园建设深受这种设计形式的影响。南·费尔布拉泽（Nan Fairbrother）将这种种植形式称为公园－庭园式的种植，并认为真正的自然植被应该层次丰富，若仅仅将植被划分为乔灌木和地被或像英国风景园中采用草坪和树木两层的种植，那么都不是真正意义上的自然式种植。

(三) 抽象图案式种植

由于巴西气候炎热、植物自然资源十分丰富，种类繁多，所以设计师从中选出了许多种类作为设计素材组织到抽象的平面图案之中，形成了不同的种植风格。从这类作品中就可看出设计者受立体主义绘画的影响。种植设计从绘画中寻找新的构思也反映出艺术和建筑对园林设计有着深远的影响。

一些现代主义园林设计师们重视艺术思潮对园林设计的渗透。例如，某些设计作品中就分别带有极少主义抽象艺术和通俗的波普艺术的色彩。

这些设计师更注重园林设计的造型和视觉效果，设计往往简洁、偏重构图，将植物作为一种绿色的雕塑材料组织到整体构图之中，有时单纯从构图角度出发，用植物材料创造一种临时性的景观。甚至有的设计还将风格迥异、自相矛盾的种植形式用来烘托和诠释现代主义设计。

三、园林植物景观配置

(一) 基地条件

虽然有很多植物种类都适合于基地所在地区的气候条件，但是由于生长习性的差异，植物对光线、温度、水分和土壤等环境因子的要求不同，抵抗劣境的能力也不同。因此，应针对基地特定的土壤、小气候条件安排相适应的种类，做到适地适树。

第一，对不同的立地光照条件应分别选择喜阴、半耐阴、喜阳等植物种类。喜阳植物宜种植在阳光充足的地方，如果是群体种植，应将喜阳的植物安排在上层，耐阴的植物宜种植在林内、林缘或树荫下或墙的北面。

第二，多风的地区应选择深根性、生长快速的植物种类，并且在栽植后应立即加桩拉绳固定，风大的地方还可设立临时挡风墙。

第三，在地形有利的地方或四周有遮挡并且小气候温和的地方可以种些稍不耐寒的种类，否则应选用在该地区最寒冷的气温条件下也能正常生长的植物种类。

第四，受空气污染的基地还应注意根据不同类型的污染，选用相应的抗污种类。大多数针叶树和常绿树不抗污染，而落叶阔叶树的抗污染能力较强，像臭椿、国槐、银杏等，就属于抗污染能力较强的树种。

第五，对不同 pH 的土壤应选用的植物种类。大多数针叶树喜欢偏酸性的土壤（pH 为 3.7 ~ 5.5），大多数阔叶树较适应微酸性土壤（pH 为 5.5 ~ 6.9），大多数灌木能适应 pH 为 6.0 ~ 7.5 的土壤，只有很少一部分植物耐盐碱，如乌桕、苦楝、泡桐、紫薇、白蜡、刺槐、柳树等。当土壤其他条件合适时，植物可以适应更广范围 pH 的土壤，例如，桦木最佳的土壤 pH 为 5.0 ~ 6.7，但在排水较好的微碱性土壤中也能正常生长。大多数植物喜欢较肥沃的土壤，但是有些植物也能在瘠薄的土壤中生长，如黑松、白榆、女贞、小蜡、水杉、柳树、枫香、黄连木、紫穗槐、刺槐等。

第六，低凹的湿地、水岸旁应选种一些耐水湿的植物，如水杉、池杉、落羽杉、垂柳、枫杨、木槿等。

(二) 比例和尺度

植物的比例、外形、高度及冠幅对园林景观的氛围影响巨大。选择合适大小的植物至关重要，如果植物过大，空间会过于幽闭；而如果植物太小，空间就会缺乏围合和保护。植物应该与邻近的建筑、园林及人体在尺度上相协调。

为了取得和谐统一的效果，不同群组的植物应该在比例和数量上相互协调。尽量用不同大小和形状的植物形成平衡的节奏。例如，园林的一侧种植一棵大型灌木，应采取相应措施在另一侧进行平衡。最简单的做法就是在对面位置种植一棵相同的植物，但是如果使用小灌木，单株可能不足以平衡大灌木产生的"视觉重量"，可能需要种植三棵或五棵。之所以说三棵或五棵，是因为奇数配置可以形成较自然的效果，而偶数往往显得更规则。

植物配置中要注重群组效果，而不能仅局限于单株形态。一株鸢尾无法与一棵圆形的大灌木取得平衡，但大片鸢尾的体量可与之相当。

在设计植物景观时，设计师要确保园林不同区域的植物通过一定程度的重复而相互呼应。种植相同植物是避免场地中植物种类过多的好方法，而且这样种植比看上去很凌乱的"散点布置"更能形成强烈的视觉效果。

(三) 植物形态

植物配置应综合考虑植物材料间的形态和生长习性，既要满足植物的生长需要，又要保证能创造出较好的视觉效果，与设计主题和环境相一致。一般来说，庄严、宁静的环境的配置宜简洁、规整；自由活泼的环境的配置应富于变化；有个性的环境的配置应以烘托为主，忌喧宾夺主；平淡的环境宜用色彩、形状对比较强烈的配置；空阔环境的配置应集中，忌散漫。

1. 种植层次

种植设计，无论是水平方向还是垂直方向，都应尽量按照一定层次来配置植物。植床宽度应该能容纳一排以上的植物，从而使植物能够有前后的层次效果。所谓层次效果，是指有些植物被前面的植物部分遮挡后形成的景深感。

在空间有限、植床狭窄的情况下，可以在垂直方向的层次上做文章，即模仿自然界中植物群落生存的情形。例如，在林地中，植物群落自然形成几层，大乔木在上层，小乔木和灌木在中层，草本植物和球根植物在最下层。

按照这种方式种植，可以在同一个地块形成几种景观效果，且整体效果好。例如，春季和秋季开花的球根植物可以种植在草本植物中间，上层的灌木和乔木在这两个季节也有景可观。

2. 光线质量

植物的纹理会影响其吸收和反射光线的效果。有些植物叶片有光泽且反光，而有些植物叶片则粗糙且吸光。叶片光亮的植物可以使一个黑暗的角落赫然生辉，而叶面粗糙的植物可以作为很好的背景来衬托颜色艳丽的植物或者装饰性的元素。

园林设计中可以尝试使用不同的纹理，如光滑的、粗糙的、金属质感的、皮毛质感的等。一般来说，应是以一种质感为主，并在园林的不同区域重复出现，以增加不同地块间的联系。

3. 纹理

选择植物首先要考虑颜色和形状，然后就是叶片纹理。与布料等织物一样，植物叶片也有不同的粗糙度和光洁度。叶面的类型很多，从粗糙到细密，像软毛、天鹅绒、羊皮、砂纸、皮革和塑料等。为了最有效地展示植物的纹理，可以将纹理相差悬殊的植物对比配置。有些植物本身上部和下部的叶片就有显著差异。

（四）种植间距

作种植平面图时，图中植物材料的尺寸应按现有苗木的大小画在平面图上，这样，种植后的效果与图面设计的效果就不会相差太大。无论是视觉上还是经济上，种植间距都很重要。稳定的植物景观中的植株间距与植物的最大生长尺寸或成年尺寸有关。在园林设计中，从造景与视觉效果上看，乔灌木应尽快形成种植效果、地被物应尽快覆盖裸露的地面，以缩短园林景观形成的周期。因此，如果经济上允许的话，开始可以将植物种得密些，过几年后再逐渐移去一部分。例如，在树木种植平面图中，可用虚线表示若干年后需要移去的树木，也可以根据若干年后的长势、种植形成的立地景观效果加以调整，移去一部分树木，使剩下的树木有充足的地上和地下生长空间。解决设计效果和栽种效果之间差别过大的另一个方法是合理地搭配和选择树种。

种植设计中可以考虑增加速生种类的比例，然后用中生或慢生的种类接上，逐渐过渡到相对稳定的植物景观。

(五) 植物种植风格

凡是一种文化艺术的创作，都有一个风格的问题。园林植物的景观艺术，无论是自然生长还是人工创造 (经过设计的栽植) 的，都表现出一定的风格。而植物本身是活的有机体，故其风格的表现形式与形成的因素就更为复杂一些。一团花丛、一株孤树、一片树林、一组群落，都可从其干、叶、花、果的形态，反映于其姿态、疏密、色彩、质感等方面，而表现出一定的风格。

如果再加上人们赋予的文化内涵、诗情画意、社会历史传说等因素，就更需要在进行植物栽植时加以细致而又深入的规划设计，才能获得理想的艺术效果，从而表现出植物景观的艺术风格来。下面简要介绍几类植物风格。

1. 以植物的生态习性为基础，创造地方风格为前提

植物既有乔木、灌木、草本、藤本等大类的生态特征，更有耐水湿与耐干旱、喜阴喜阳、耐碱与怕碱，以及其他抗性 (如抗风、抗有害气体等) 和酸碱度的差异等生态特性。如果不符合植物的这些生态特性，就不能生长或生长不好，也就更谈不上什么风格了。

如垂柳好水湿，适应性强，有下垂而柔软的枝条、嫩绿的叶色、修长的叶形，栽植于水边，就可形成"杨柳依依，柔条拂水，弄绿棒黄，小鸟依人"般的风韵。

油松为常绿大乔木，树皮黑褐色，鳞片剥落，斑然入画，叶呈针状，深绿色；生于平原者，修直挺立；生于高山者，虬曲多姿。孤立的油松则更见分枝成层，树冠平展，形成一种气势磅礴、不畏风寒、古拙而坚挺的风格。

将松、竹、梅称为"岁寒三友"，体现其不畏风寒，高超、坚挺的风格；或者以"兰令人幽、菊令人雅、莲令人淡、牡丹令人艳、竹令人雅、桐令人清"来体现不同植物的形态与生态特征，就能产生"拟人化"的植物景观风格，从而也能获得具有民族精华的园林植物景观的艺术效果。

植物的生态习性不同，其景观风格的形成也不相同。除了这个基础条件之外，就一个地区或一个城市的整体来说，还有一个前提，就是要考虑不同城市植物景观的地方风格。有时，不同地区惯用的植物种类有差异，也就形成不同的植物景观风格。

植物生长有明显的自然地理差异，由于气候的不同，南方树种与北方树种的形态如干、叶、花、果也不同，即使是同一树种，如扶桑，在南方的海南岛、湛江、广州一带，可以长成大树，而在北方则只能以"温室栽培"的形式出现。即使在同一地区的同一树种，由于海拔高度的不同，植物生长的形态与景观也有明显的差异。然而，就整体的植物气候分区来说，是难以改变的，有的也不必去改变，这样才能保持丰富多彩、各具特色的植物景观风格。我国北方的针叶树较多，常绿阔叶树较少，如在东北地区自然形成漫山遍野的各种郁郁葱葱、雄伟挺拔的针叶林景观，这种景观在南方很少见；而南方那幽篁蔽日的毛竹林，或疏林萧萧、露凝清影的小竹林，在北方则难以见到。

除了自然因素以外，地区群众的习俗与喜闻乐见，在创造地方风格时，也是不可忽略的，如江南农村（尤其是浙北一带）家家户户的庭院旁都有一丛丛的竹林，形成一种自然朴实而优雅宁静的地方风格。在北方黄河流域以南的河南洛阳、兰考等市、县，则可看到成片、成群的高大泡桐，或环绕于村落，或列植于道旁，或独立于园林的空间，每当紫白色花盛开的4月，就显示出一种硕大、朴实而稍带粗犷的乡野情趣。

所以说，植物景观的地方风格，既受地区自然气候、土壤及其环境生态条件的制约，也受地区群众喜闻乐见的风俗影响，离开了它们，就谈不到地方风格。因此，这些就成了创造不同地区植物景观风格的前提。

2. 以文学艺术为蓝本，创造诗情画意等风格

园林是一门综合性学科，但从其表现形式发挥园林立意的传统风格及特色来看，又是一门艺术学科。它涉及建筑艺术、诗词小说、绘画音乐、雕塑工艺等诸多的文化艺术。

文学艺术气息与思想直接或间接地被引用或渗透到园林中来，甚至成为园林的一种主导思想，从而使园林成为文人们的一种诗画实体。这种理解虽与今日的园林含义有所不同，但如果仅从一些古典的文人园林的文化游憩内涵来看是可以的。而在诸多的艺术门类中，文学艺术的"诗情画意"对园林植物景观的欣赏与创造和风格的形成，则尤为明显。

植物形态上的外在姿色、生态上的科学生理性质，以及其神态上所呈现的内在意蕴，都能以诗情画意做出最充分、最优美的描绘与诠释，从而使游园的人获得更高、更深的园林享受；反过来，植物景观的创造如能以诗情画意为蓝本，就能使植物本身在其形态、生态及神态的特征上得到更充分的发挥，同时使游园者感受到更高、更深层次的精神美。"以诗情画意写入园林"，是中国园林的一个特色，也是中国园林的一种优秀传统。它既是中国现代园林继承和发扬的一个重要方面，也是中国园林植物景观风格形成的一个主要因素。

3. 以设计者的学识、修养和品位，创造具有特色的多种风格

园林的植物风格，还取决于设计者的学识与文化艺术的修养。即使在同样的生态条件与要求中，由于设计者对园林性质理解的角度和深度有差别，所以表现的风格也会不同。而同一设计者也会因园林的性质、位置、面积、环境等状况不同而产生不同的风格。

在同一个园林中，一般应有统一的植物风格，或朴实自然，或规则整齐，或富丽妖娆，或淡雅高超，避免杂乱无章，应风格统一，这样更易于表现主题思想。

在大型园林中，除突出主题的植物风格外，也可以在不同的景区栽植不同特色的植物，采用特有的配置手法，体现不同的风格。如观赏性的植物公园，通常就是如此。由于种类不同，个性各异，集中栽植，必然形成各具特色的风格。

大型公园中，常常有不同的园中园，根据其性质、功能、地形、环境等，栽植不同的植物，体现不同的风格。尤其是在现代公园中，植物所占的面积大，提倡"以植物造景"为主，就更应多考虑不同的园中园有不同的植物景观风格。植物风格的形成，除了植物本身这一主要题材外，在许多情况下，还需要与其他因素作为配景或装饰才能更完善地体现出来。如高大雄浑的乔木树群，宜以质朴、厚重的黄石相配，可起到锦上添花的作用；玲珑剔透的湖石，则可配在常绿小乔木或灌木之旁，以加强细腻、轻巧的植物景观风格。

从整体来看，如在创造一些纪念性的园林植物风格时，就要求体现所纪念的人物、事件的事实与精神，对主角人物的爱好、品位、人格及主题的性质，发生的过程等，做深入的探讨，配置与之外貌相当的植物。如果只注意一般植物生态和形态的外在美，而忽略其神韵的一面，就会显得平平淡淡，没有特色。

当然，也并不是要求每一处的植物配置都有那么多深刻的内涵与丰富的文化色彩，但既谈到风格，就应有一个整体的效果，尽量避免小处的不伦不类、没有章法，甚至因此成为整体的"败笔"。

故植物配置并不只是要"好看"就行，而是要求设计者除了懂得植物本身的形态、生态之外，还应该对植物所表现出的神态及文化艺术、哲理意蕴等，有相应的学识与修养。这样才能更完美地创造出理想的园林植物景观风格。

园林植物景观的风格，依附于总体园林风格。一方面要继承优秀的中国传统风格；另一方面也要借鉴外国的、适用于中国的园林风格。现代的城市建设，尤其是居住区建设中，常常出现一些"欧陆式""美洲式"或"日本式"的建筑风格，这使中国园林的风格呈现多样化。但从植物景观的风格来看，如果在全国不分地区大搞草皮，广栽修剪植物，就不符合中国南北气候差别、城市生态不同、地域民俗各异的特点了。

在私人园林中选择什么样的树种，体现什么样的风格，多由园林主人的爱好而定，如陶渊明爱菊、周敦颐爱莲、林和靖爱梅、郑板桥喜竹，则其园林或院落的植物风格，必然表现出菊的傲霜挺立、莲的皓白清香、梅的不畏风寒及竹的清韵萧萧、刚柔相济的风格。

从植物的群体来看，大唐时代的长安城栽植牡丹之风极盛，家家户户普遍栽植，似乎要以牡丹的花大而艳、极具荣华富贵之态，来体现大唐盛世的园林风格一样。

以上诸例，或从整体上，或从个别景点上，以不同的植物种类和配置方式，都能表现私人园林丰富多彩的园林植物风格。

4.以师法自然为原则，弘扬中国园林自然观的理念

中国园林的基本体系是大自然，园林的建造以师法自然为原则，其中的植物景观风格，也当然如此。尽管不少传统园林中的人工建筑比重较大，但其设计手法自由灵活，组合方式自然随意，而山石、水体及植物乃至地形处理，都是顺其自然，避免较多的人工痕迹。中国人爱好自然，欣赏自然，并善于把大自然引入我们的园林和生活环境中来。

第四节　城市公园、广场与道路、游园的设计

一、城市公园景观设计

(一) 空间规划与布局

在基于生态美学的城市公园景观设计中，公园的功能区划是至关重要的。通过将公园划分为不同的功能区域，如休闲区、运动区、教育区等，可以满足人们多样化的需求，并提供丰富的公园体验。功能区划分应考虑人流量、活动类型和自然环境的特点，以实现功能的协调和最佳利用。同时，在城市公园的空间规划中，合理的空间序列和路径设计能够引导人员流动，提供舒适的步行和游览体验。设计师要合理设置主要路径和次要路径，打造通畅的交通网络，并结合景观元素和景观节点的布置，创造出丰富的空间序列，引导人们探索公园的不同景观和功能区域。另外，在城市公园景观设计中，设计师需要精心考虑绿地与建筑物之间的关系。绿地作为公园的核心要素，应与建筑物相互呼应和融合，形成和谐的整体。绿地可以通过景观延伸、绿色屋顶和垂直绿化等方式与建筑物相连接，打造"城市绿肺"。同时，建筑物的布局和设计应尊重自然环境，避免对生态系统的破坏，与绿地相互补充，共同构建宜人的公园空间。

(二) 植物选择与配置

在基于生态美学的城市公园景观设计中，应优先考虑本地植物的利用。本地植物适应当地气候、土壤和生态条件，具有较高的生存适应能力。选择本地植物不仅可以促进生态系统的稳定，减少外来物种对当地生态的威胁，还可以增加公园景观的地域特色。同时，城市公园景观设计应注重植物多样性的促进。在设计时，设计师可以选择不同种类、不同形态和不同季节开花的植物，创造出丰富多样的植物景观。多样性的植物有助于提供更丰富的生态功能，形成更复杂的食物链和生态网络。另外，在城市公园的植物配置中，应考虑植物之间的相互关系和群落的构建。植物群落包括不同种类植物之间的相互作用和相互支持，合理组合植物，可以形成互补的生态功能，如氮固定、土壤保持和防风固沙等。同时，植物群落的构建也能够提供更丰富的景观层次和变化，增加公园的景观魅力和生态稳定性。

(三) 水体与水景设计

在基于生态美学的城市公园景观设计中，水体的引入和利用是重要的设计原则之一。水体可以为公园增添自然、舒缓和宜人的氛围。设计师通过引入湖泊、池塘、溪流或人工水道等水体元素，不仅可以创造出水景景观，为人们提供观赏、娱乐和休闲的场所，还可以改善公园的微气候，调节周围环境的温度和湿度。水景元素的设计是城市公园景观的重要组成部分。水景元素包括喷泉、喷水池、瀑布、人工湖等，能够提升公园的视觉吸引力。设计师在设计水景元素时，应考虑水的流动性、声音和光影效果，以及与周围环境和建筑物的协调。水景元素的设计可以为公园增添动态感，为人们提供观赏和与之互动的机会。另外，在城市公园的水体与水景设计中，应注重水的循环和节约利用。通过设计合理的水循环系统，如雨水收集和利用系统、水体净化系统等，可以实现水资源的节约和再利用。同时，应考虑水的排放和补给，确保水体的质量和生态平衡。水的循环和节约利用有助于减少对自然水资源的依赖，提高公园的可持续性和环境友好性。

(四) 美学体验和情感连接

将自然元素和人工构造有机地结合在一起，可以创造出丰富多样的景观，提供丰富的美学体验。自然景观如湖泊、山脉、花园和森林可以为人们提供与自然亲近的机会，而人工景观如雕塑、建筑和艺术装置可以提升景观的艺术性和创造力。通过融合自然和人工景观，设计师可以创造出独特而富有魅力的园林景观，满足人们对美的追求和审美体验的需求。美学体验涉及多个感官，包括视觉、听觉、嗅觉等。

除了视觉体验，听觉体验也是重要的美学元素。通过合理的声景设计，如瀑布声、鸟鸣声和风声等，可以为人们提供宁静、舒适的听觉体验，帮助他们放松身心，享受自然的声音。此外，可以通过植物的芳香为人们提供嗅觉体验，唤起人们的情感记忆。城市公园可以激发人们的情感，引发积极的情绪和心理反应。自然景观如花草树木和水体可以带来宁静、放松和愉悦的情感体验，有助于缓解压力、焦虑和疲劳，促进幸福感的提升。

（五）生态系统功能的完善

生态工程技术通过模拟自然生态过程，实现水质净化、水资源保护和生态功能增强。例如，湿地可以起到自然过滤和净化水体的作用，生物滤池可以利用植物和微生物去除污染物，雨水花园可以收集和利用雨水。采用生态工程技术可以提高公园的环境质量，增加生态系统功能的稳定性和可持续性。城市公园景观设计应采取措施增加生物多样性，完善生态系统功能。

生物多样性的增加可以通过引入本地植物、提供适宜的栖息地和食物源，以及保护和提供繁殖场所等来实现。例如，设置花坛、植物带、鸟巢和蝴蝶花园等，吸引各种鸟类、昆虫和其他野生动物。增加生物多样性有助于建立更复杂的食物链和生态网络，提高生态系统的稳定性。另外，城市公园景观设计应力求打造自然的生态过程，以完善生态系统功能。自然的生态过程包括植物生长、养分循环、能量流动和生物相互作用等。通过合理的植物配置、土壤改良和生态连通等措施，可以模拟和促进这些生态过程[①]。

二、城市广场景观设计

（一）现代城市广场功能与作用

近年来，随着人民物质及精神需求的不断提高，对生活环境改善的迫切程度也不断增强。城市广场的规划设计应突出主题特色，合理布局城市广场的规模尺度，创造丰富具有功能性的广场情境。现代城市广场在满足城市居民公众活动、休闲消遣、康体健身等基本功能的同时，更希望得到生态自然、自由和谐的公共空间，以满足精神及心理的需求。城市广场以大容量的信息来满足城市居民的现代生活需求，现代城市广场主要具备以下四大功能。

---

① 曾令玲.基于生态美学视野下的城市湿地公园景观设计研究 [D]. 南昌：江西农业大学，2014.

1. 缓解交通压力

随着城市居民的生活水平的提高，私家车保有量不断提升，交通压力不断加大，给城市造成了很大负担，堵车现象越来越严重。一些道路交叉口等地方，存在人车混乱、车辆拥挤等安全隐患。为了解决这一问题，现代城市广场设计运用分散布局、人车分流、立体交通等城市设计手法，能够很大程度上缓解城市交通压力，改善城市运转效率。

2. 创造交流场所

随着城市建设密度增大，公共活动场所逐渐减少。现代的城市广场作为城市公共活动空间最重要的组成部分，既为城市居民交往提供了良好的场所，又使城市发挥其功能特征，凸显城市活力，增强城市弹性发展。随着现代城市发展，越来越多的市民需要有一个公众交流平台，这个平台也可以为举办大型活动提供适合的场所，切实完善了城市功能，改善了城市形象，提升了城市品位，满足了市民需求。

3. 整合城市空间

城市的高速发展造成城市公共空间不完整，很重要的原因是建筑物设置过于孤立，新建的建筑群体缺少与整体环境的良好融合。现代城市广场恰好可充当各个建筑物相互融合的纽带。整合城市空间在体现时代感的同时，焕发了亲切宜人的魅力。现代城市广场使城市中建筑与周边空间之间的衔接更自然、层次更丰富。其存在形式的多样性、功能性、整体性，对城市整体发展起到了至关重要的作用。

4. 提高经济效益

满足城市功能且设施完善的现代城市广场，可为城市的经济发展做出重要贡献。现代开放的城市广场有助于市民交流、市民休闲游憩和游客停留，为市民交流创造了优良的空间氛围，增加了城市居民的消费机会，提高了经济效益，也提高了商业竞争力。商家可通过城市广场带动消费。同时，举办各类商品展销活动、举办节日庆典、节庆演出及公众展览等，不仅带来了经济效益及社会效益，也为消费者提供了公众聚会的理想空间。

(二) 现代城市广场景观的设计原则

1. 整合开发与生态持续

现代城市广场作为城市公共空间中不可或缺的组成部分，其建设需要与地域文化、人文历史、功能需求及城市整体环境相互协调，这也是建造成功的现代城市广场的关键因素。城市广场景观设计要保证其环境功能的完整性，在广场所在区域的功能定位基础上，辅以次要功能，满足广场变动发展的需要。应充分考虑广场的历史环境、传统文化、城市景观系统及周边建筑风格等问题，协调统一发展，相互补充，确保城市环境的完整性。具有生态功能的现代城市广场，在钢筋水泥的城市中具有改善局部小气候，提高城市绿化率等功能。广场内的绿地空间应与地域特定及生态环境相吻合。

2. 尺度适度与人性化设置

城市广场尺度应充分考虑城市人口、未来发展状况、地域经济等因素进行综合布局。目前，国内地县级城市的城市广场，在规划前期并未做合理的规划设计，没有科学有效地规划广场的实际尺度，而是过多考虑形象因素，设置过大的广场空间，导致后期出现广场尺度过大等不合理问题，造成了国家财产和社会资源极度的浪费。

现代广场应配备有城市居民在日常活动中所需的综合服务设施，设置标识系统、休息设施、卫生间等。

在功能使用时兼顾经济与美观，尺度按照人体工程学的要求严格设计。广场空间也应满足人感官功能的多维感受，满足残疾人等群体的使用需求，如对出入口进行无障碍设计等。

3. 地域特色与文化延伸

现代城市广场的开发建设，一方面应满足其所在区域的人文特征及历史文化内涵，充分融合风土人情，凸显人文特色，继承城市本身的历史文脉；另一方面在建设城市广场时，也要注重场地竖向、地貌等特征。具有地方特色的城市广场有助于开展民间文化活动，避免众多城市广场千篇一律，突出个性发展及整体发展，增强城市广场对城市居民及游客的吸引力，彰显特色的同时，提高城市综合效率。现代广场设计应力求挖掘本地深厚的文化底蕴、历史背景和时代特征，并体现新时代城市的形象，从纵向角度反映城市历史、文化传承及广场特色。

(三) 城市广场景观设计的方法

城市广场作为城市空间的重要组成部分，不仅是市民休闲娱乐的场所，而且是展示城市文化风貌的窗口。因此，城市广场景观设计的方法至关重要，它关乎广场的实用性、美观性以及文化性。下面将从设计理念、空间布局、绿化植被、景观小品和文化元素等方面，探讨城市广场景观设计的方法。

1. 设计理念

城市广场景观设计的首要任务是明确设计理念。设计理念应基于城市的历史文化、地域特色以及市民需求，旨在打造一个既具有现代感又富有地方特色的广场空间。设计时应注重人性化和可持续性原则，充分考虑市民的使用习惯和生态环境的需求，以实现广场的和谐共生。

2. 空间布局

空间布局是城市广场景观设计的核心。广场的空间布局应根据其功能需求进行划分，如休闲区、活动区、观赏区等。同时，要注重空间的连贯性和层次感，通过合理的路径设计和空间组织，使广场整体呈现出丰富多样的空间形态。此外，还应充分考虑广场与周边环境的衔接，使广场与城市空间融为一体。

3. 绿化植被

绿化植被是城市广场景观设计的重要组成部分。通过合理的绿化配置，可以提升广场的生态环境质量，为市民提供宜人的休闲空间。在绿化植被的选择上，应充分考虑地域特色和季节变化，选择适应当地气候和土壤条件的植物品种。同时，要注重绿地的整体效果和景观层次感，通过不同植物的组合搭配，营造出生机勃勃的绿化景观。

4. 景观小品

景观小品是城市广场景观设计的点睛之笔。通过巧妙的景观小品设计，可以丰富广场的视觉效果，提升广场的文化内涵。景观小品的设计应与广场的整体风格相协调，既要具有现代感，又要体现地方特色。同时，要注重景观小品的实用性和互动性，使其既能满足市民的观赏需求，又能引发市民的参与兴趣。

5. 文化元素

文化元素是城市广场景观设计的灵魂。在设计中，应充分挖掘和展示城市的历史文化、地域特色以及民俗风情等文化元素。可以通过雕塑、壁画、地雕等艺术形式，将文化元素融入广场的景观设计中，使广场成为展示城市文化的重要载体。同时，可以通过举办文化活动、设置文化展示区等方式，增强广场的文化氛围和吸引力。

综上可知，城市广场景观设计涵盖了设计理念、空间布局、绿化植被、景观小品和文化元素等多个方面。在实际设计中，应根据具体情况灵活运用这些方法，以实现广场的实用性、美观性和文化性的有机统一。同时，还应注重与市民的沟通和反馈，不断调整和完善设计方案，以打造出一个真正符合市民需求和城市特色的城市广场。

三、城市道路景观设计

传统的城市道路在设计时，一般只考虑其交通运输功能，盲目追求经济效益、节约施工工期，而忽略了道路建设对生态环境和周围生态景观的破坏，对道路景观绿化设计重视程度不够，导致目前道路景观绿化缺乏整体性、连续性、地域性等，观赏体验差。鉴于此，国内外很多学者和工程师也针对城市道路景观绿化开展了一系列研究，使得设计理论更完善，但是仍未形成统一的学术观点。因此，进一步分析、探讨城市道路景观的构成要素、设计原则、设计方法和设计要点具有十分重要的工程意义。

(一) 城市道路景观构成要素

城市道路景观是城市景观的重要组成，是联系各城市区域空间的景观廊道，也是展现城市风貌和地域文化的重要舞台。城市道路景观设计的关键就是将道路景观的各组成要素进行协调分配有效发挥其功能。城市道路景观构成要素包括静态要素和动态要素两大类。

(二) 城市道路景观设计原则

1. 以人为本原则

人是城市社会基本的组成单元，是城市发展的主体。因此，城市道路景观设计首先应遵循以人为本的原则，满足人的各种生理和心理需要。避免在设计时只注重形式，更好地为居民的出行服务，以实现道路景观的最大价值。同时，由于人的活动具有多样性和不确定性，城市道路景观设计时必须全面考虑人的活动。

2. 地域性原则

城市道路景观是城市风格的一部分，需根据当地的气候气象条件、历史文化等对道路景观绿化进行设计，以唤醒市民的文化认同感，给人留下深刻的印象。比如选择当地容易存活的乡土植物及具有特色的石材、木材等。

3. 整体性原则

城市道路景观设计的整体性主要体现在两方面：一方面，城市道路景观要与城市整体景观风格相统一，并在统一中有所变化；另一方面，城市道路景观设计不应将道路与周围环境孤立，避免出现支离破碎的视觉观感。

4. 生态持续性原则

城市道路景观设计中应充分利用当地自然资源，保护好生态环境，同时尽量减少使用不可再生资源，促进人与自然和谐相处。

(三) 城市道路景观设计方法

在城市中不同类型的道路功能存在较大差异，在景观设计时侧重点也应有所不同。

1. 交通性道路景观设计

交通性道路承担了城市的主要交通任务，具有交通量大、路幅宽、行车速度快等特点。景观设计时应在道路两侧或中间部位设置绿化隔离带，调整空间尺度。选择的树种不得干扰驾驶人员视距，以免影响行车安全，宜选择草坪、低矮灌木或树冠较小、树干高的小乔木。同时，还要考虑树种对道路两侧噪声、废气污染的消减作用。对于交通性道路沿线的立交桥和匝道，存在较大的空白空间，可适当配置一些灌木、乔木及耐阴的地被植物等，与道路自身线形交织融合。

2. 生活性道路景观设计

城市生活性道路主要是为市民的生活居住服务，行车速度慢，人流量大，人们对周围环境的审美要求更高，需巧妙构思道路沿线景观绿化。如行道树植物配植注意乔、灌结合，常绿与落叶结合，适当点缀草、花，形成多层次景观。同时，生活性道路的人行道两侧（不侵占人行道位置）或街角多选择花坛作为点缀，花坛可由砖石砌成，并用不同颜色抹面或用瓷砖镶面。

3. 风景区道路景观设计

随着市民生活水平提高和旅游业的发展，不少城市郊区修建了风景区道路来串联沿线各景点。风景区道路位置偏僻，两侧建筑物少，在进行景观设计时应重视绿化与周围环境的协调，并尽可能与沿线地形地貌相配合，与周围环境融为一体，以提升游客的观景体验。风景区道路的景观绿化设计要点如下：① 选择适应性强、耐盐碱、抗风性强的乡土树种；同时，普通树木与观赏性花木巧妙搭配。② 考虑游客遮阴需求，在道路沿线营造一道绿色屏障。③ 提高道路景观的指向性，体现一路一景。

有的风景区道路会穿过自然水体，此时景观设计应尽量减少人工雕琢痕迹，保证护岸安全。如果道路距水体较远，可放缓边坡后种植绿色植物；反之，边坡下部宜使用圬工防护（如浆砌片石、混凝土等），边坡上布植草灌。

(四) 城市道路景观设计内容

1. 植物选择

城市道路景观绿化设计之前，设计人员应先对场地进行调查，总结当地的植被、气候气象特点、交通状况、文化历史等，选择兼具生态性和美观性的绿化植物。①乔木：乔木主要用作城市道路的人行道景观树，选择乔木品种时应考虑以下因素：外观整齐，树形匀称，色彩随季节变化，观赏性较强；适应气候能力好，不易染病虫害，易管理和养护；树木容易移栽或嫁接，生长周期长，生长速度快。因此，可选择法国梧桐、杨柳、槐树、曲柳木等。②灌木：灌木主要用在道路隔离带、人行道绿化带等位置，能起到屏蔽视野、防噪、防粉尘的作用。因此，灌木宜选择枝叶茂盛叶，枝干不会随意横向分叉影响交通，叶色较统一，便于修剪的植物，如女贞树、月季、紫罗兰、凤尾竹等。③ 地被：要结合本地气候、湿度、土壤性质等因素，选择生命力顽强的地被植物，并与低矮灌木、花卉搭配使用，以营造多样化景观。

2. 竖向设计

城市道路景观绿化要重视竖向设计，可从以下两个方面开展：一方面，在地势相对低洼位置设计雨水收集设备，待收集的雨水净化后再用于浇灌，既能保证绿地水量充足，减少水资源浪费，促进生态平衡，又能避免降水短时间聚集产生内涝；另一方面，在大面积绿化区域内，宜结合地形灵活设计，保证填挖土方平衡，同时尽量不破坏自然地貌。

3. 浇灌设计

为了便于管理和节省城市道路植被浇灌成本，如今许多项目开始应用自动化浇灌设备，而自动化浇灌设备需结合植物需水量设置浇灌参数，选择合适的喷水水头等。城市道路植物需水量为土壤中蒸发水分与植物自身消耗水分（蒸腾水分）之和，此外温度、风速、土壤吸水性、植物亲水性等都会影响植物需水量。因此，在景观设计期间，设计人员需对植物需水量进行现场调研。

四、游园的设计

（一）设计背景

在生活水平提高和经济高速发展的今天，人们对生活质量要求越来越高，城市小游园应运而生，作为城市环境的重要组成部分，为忙碌而紧张的人们提供了宜人的休闲、娱乐空间，人们对城市小游园的各种功能要求也越来越高。但当今的城市小游园设计中大多数千篇一律，过于雷同，忽略了气候、土壤等地理原因。在种植方面对所选植物本身的生长习性，以及植物对环境的适应能力未做细致的考虑，盲目种植导致原有的景观效果不能形成。不能根据其所面对的主要人群，结合生态、经济做出因地制宜、有序、系统的设计，没有展现其特色，其结果往往是事与愿违，不能够很好地满足各个层次人群的不同需求，往往达不到预期的效果。

（二）设计目的

设计结合周边地理环境，力求提高当地人居环境质量，并满足人们对生活环境和质量的要求。以人为本，遵循设计美学原则，灵活地运用设计手法；注重人性化，联合实际，使其设计能够使得在当今城市快节奏生活中，让大众束缚的心灵能与自然接触交流，促进城市和谐发展，使得整个城市环境更加美好。

(三) 设计任务分析

通过考虑周边环境和所面对的主要人群，运用灵活的设计手法，结合植物之间的搭配、园路的铺装、景观小品的布置，营造宜人、健康的城市小游园。

本节景观设计的位置周边多为写字楼，设计主要面对的人群为写字楼里的白领，由于其长期在办公室工作，长期保持坐姿，运动量很少，感到身心疲惫和乏力，导致身体呈亚健康状态。长期处在钢筋混凝土的环境包围中，工作压力以及日常琐事使人倍感压抑，束缚了心灵对自然的渴望。人们向往能够生活在植物丛中，呼吸带着泥土芳香的空气，营造一个身处闹市却又"关门即深山"的静谧之所。

(四) 方案设计

城市小游园作为钢筋混凝土丛林中的一抹绿色，能够为工作之余的上班族和周边居民提供一个休闲、娱乐的场所。通过对各种景观元素进行有机的组合，形成统一有序的空间形态，展现城市小游园的和谐与优美。

1. 植物

城市小游园中常绿、落叶、乔木以及灌木等植物和周边环境合理搭配，以"嘉则收之，俗则屏"的种植原则，在种植中讲究树形、色彩、线条、质地和比例，力求在统一中求变化，自然灵活，参差有致。在种植时利用自然式和规则式的种植方法，通过植物的搭配，使两个空间自然过渡衔接，划分虚实空间，增强空间变化。

植物的观赏特性千差万别，给人以不同感受，在西入口种植大量的刚竹，其不仅具有挡景的作用，亦能引人联想。郑板桥在《郑桥桥集·题画竹》上题："盖竹之体，瘦劲孤高，枝枝傲雪，节节千霄，有似乎士君子豪气凌云，不为俗屈。"竹子本身的姿态、气质给人以正直、清高的感受，能创造出无限的意境。右侧种植广玉兰、紫玉兰、樱花、桂花等常绿、落叶植物互相搭配，使其一年四季有景可赏，有花可观。北入口的桂花清可绝尘，浓可远溢，左侧的红枫、龟甲冬青等植物交错搭配，使其在视觉和嗅觉上得到充分的满足。通过植物的外形之美、色彩之美与山石、水体的协调，给人以强烈的视觉感和美感。

2. 园路

园路作为景观设计的重要组成部分，能够起到组织空间、引导游人游览、联系交通并提供散步休息的作用。北入口和东入口为主入口，西入口和南入口为次入口，园路回环交错，通过园路的引导，把小游园划分成不同形状、大小、功能的一系列空间，贯穿于各个景点之间。

园路以迂回曲折、流畅自然的曲线为主，使其在游览时能够从快节奏的生活中慢下来，欣赏游园景观之美。路随景转，景因路活，园路的引导与植物之间的搭配能够产生"山重水复疑无路，柳暗花明又一村"的景观效果。

在铺装方面，选择了花岗岩，因其质地坚硬细密、耐磨损、耐腐蚀以及吸水性低。黑白色的鹅卵石在视觉上产生活泼、开朗的效果，在主园路铺装上以青色花岗岩为主，夹杂白色鹅卵石，可以起到脚底按摩的作用。面包砖既具有良好的透水、透气、保水性，又具有降温降噪、保持地表水循环等多项功能，冰裂纹的铺装则给人以错落之感，装饰性强。地面铺装材料和样式搭配使用，给人以心理上的暗示，达到空间划分的作用。休闲平台前的砾石置地运用了枯山水的元素，通过人们主观上的联想，使游人心中想象出水的形象。搭配刚竹和细叶麦冬，不仅丰富了景观的构成元素，也减少了后期的维护工作。

3. 景观小品

廊架的布置起到分隔空间的作用，从心理和视觉上来划分空间，让一个原本开放的空间变成一个半围合空间。两排细细的列柱像"帘子"一样，似隔非隔，若隐若现，又能够把两边有分有合的空间连接起来，起到一般景观元素起不到的作用。廊架两侧种植紫藤，春季开花，起到纳凉遮阴作用。

亭子既能满足景观中点景以及观景的作用，又能够纳凉避雨。在亭内可以充分欣赏外部空间的景色，所谓"江山无限景，都取一亭中"，亭子为整个景观中的点睛之笔。《园冶》中"花间隐榭，水际安亭，斯园林而得……亭安有式，基立无凭"是对亭子的精彩论述。广场中的景墙，汲取了中式漏窗元素，结合自身的造型，起到框景和遮挡的作用，是景观空间不可或缺的要素，对空间起到分隔和围合的作用。

4. 设计心理

北入口的广场，为人们提供了一个活动场地，能够促进人与人的交流，以获得更加丰富的信息。在竞争激烈、生活快节奏的社会环境中，私密性在公共空间中也显得尤为重要，人们希望拥有远离喧嚣的清净之地。景观墙的设计，不仅增强了视觉上的美感，而且起到划分空间的作用，满足了人们对私密性的要求。景观只局限于经济实用是远远不够的，能使人感到愉悦，可以满足人的审美需求和热爱美好事物的心理需求的景观才算优质的城市景观。通过植物本身的线条、颜色、质地，植物与植物之间有规律的组合，植物与周围元素的搭配，创造出和谐统一的景观环境。

设计应该因地制宜，合理地利用原有的自然形态及景观元素，避免单纯追求宏大的效果，应与周边环境形成统一有序的整体。注重人的感受、人的参与，协调好人与人、人与环境之间的关系，使景观环境与周围环境有机结合起来，创造出和谐、丰富、宜人的外部空间环境，增强人居幸福感和归属感，从而推动城市经济、生态的发展。

第三章　城市园林植物景观营造

第一节　公园绿地植物景观营造

公园绿地是城市中向公众开放的，以游憩为主要功能，有一定的游憩设施和服务设施，同时兼有健全生态、美化景观、科普教育、应急避险等综合作用的绿化用地。它是城市绿地系统的重要组成部分，是面积最大的城市绿色基础设施，是展示城市形象、地域特色的空间场所，是反映城市环境质量和居民生活水平的重要指标。根据《城市绿地分类标准》（CJJ／T 85—2017），公园绿地包括综合公园、社区公园、专类公园和游园四种类型。

一、公园绿地概述

（一）公园绿地的概念

"公园绿地"是城市中向公众开放的、以游憩为主要功能，有一定的游憩设施和服务设施，同时兼有生态维护、环境美化、减灾避难等综合作用的绿化用地。公园绿地是城市建设用地、城市绿地系统和城市市政公用设施的重要组成部分，是展示城市整体环境水平和居民生活质量的一项重要指标。公园绿地规模可大可小。

根据我国公共绿地统计标准，宽度不小于8m，面积不少于1000m²；绿地空间明确完整的园区形态（空间限定性）为其主要特征，并且具有一定的文化与生活设施，对公众开放，具备改善生态环境、美化市容、生活使用等多种功能。目前，按照现行的《公园设计规范》GB51192-2016要求，公园用地比例应以公园陆地面积为基数进行计算，各类公园的绿化用地占比应大于65%，公园陆地面积越大，相应的绿化用地占比指标要求越高。其中：公园陆地面积大于等于10公顷小于50公顷的，综合公园的绿化用地占比要求大于70%，植物园的绿化用地占比要求大于75%；公园陆地面积大于等于50公顷小于100公顷的，综合公园的绿化用地占比要求大于75%，植物园的绿化用地占比要求大于80%；公园陆地面积大于等于100公顷小于300公顷的，综合公园的绿化用地占比要求大于80%，植物园的绿化用地占比也要求大于80%。

(二) 公园绿地的作用

公园绿地可有效吸收二氧化碳等气体，缓解城市热岛效应。公园绿地的形成有利于清新空气，让超负荷压力下生存的上班族有了放松的整洁场所，容易舒缓身心，缓解疲劳。

一般都市公园具有的功能包括：

(1) 都市计划方面：就都市计划的角度而言，都市公园可节制过分都市化、缓和相冲突的土地使用分区，并可作为公共设施保留地。

(2) 都市景观方面：都市公园保有的绿地空间是达到都市乡村化的实际手法，可软化都市外观轮廓、美化都会市容。

(3) 社会心理方面：都市公园可提供休闲游憩、集会社交、教育、减少犯罪事件等功能。

(4) 卫生保安方面：都市公园广阔的绿地空间具有阻隔噪声、防尘等促进环境卫生的功能，并且可作为防空、避灾的紧急避难场所。

(5) 都市生态方面：都市公园的保留减少了人工铺面，加强自然及景观资源的保育，可促使都市水文、气象等生态系统达到平衡的状态。

(6) 经济效益方面：提高市民工作效率与提升附近地价等功能。

二、植物景观营造概述

(一) 植物景观营造的概念

许多学者对植物景观营造进行研究，也形成了不同表述，如植物配置、种植设计等，国内外也会有所不同。

植物配置，是指通过各种乔木或其他植物营造植物景观。在此过程中要利用植物本身特性，彰显出自然美，通过人为调整，进而形成美丽的景观，产生赏心悦目的效果。此处注重植物的观赏性，这是创造景观的基础，更适合于写意园林，在打造私人小庭院方面具有一定优势。

植物造景，是指利用各种乔木或其他植物创造景观。在此过程中，要利用植物本身特性，彰显出自然美，并将其与园林的其他要素融合在一起，产生赏心悦目的效果，从而达到欣赏的要求。此处更强调组合造景，不仅仅利用植物的天然形态，也要与其他元素相融合，建筑、水体等都是重要的内容。

植物景观设计，是指以植物材料为主的设计，将多种艺术手法融入其中，充分考虑各元素的作用，能够使其天然之美显现出来，并且与环境相融合，相得益彰，动静相宜，通过这种组合方式达到一定意境，并具有艺术功能，产生赏心悦目之感。此处更强调植物设计，既要满足科学性要求，又要符合其生态特点，还要兼顾艺术性。

从上面的表述来看，彼此有所不同，各自具有特征，却存在共通之处。设计师都是以植物为载体，通过多种方式营造园林景观，进行合理布局，采取科学方法，最终达到赏心悦目的效果。下面对植物景观营造进行研究，将多种要素引入其中，让其有效结合，充分利用园林植物，营造出独特的空间，使其结构更为合理，达到赏心悦目之感[①]。

(二) 中国园林的植物景观营造特点

我国有着悠久的历史，从目前的考古成果来看，花卉的种植历史超过了 7000 年。当河姆渡遗址中出现了盆栽的陶片，就将我国的花卉种植史大大提前了。从流传至今的许多古书中也能够找到植物栽培的记载，其中包括许多植物，如我们常见的桃树、杏树等，其中还包括一些经济类植物如板栗等[②]。随着时代发展，许多外来植物逐渐进入我国。丝绸之路开放带动了与中亚之间的贸易，当地的葡萄、石榴等被引入我国，成为宫苑的装饰。曾有记载，汉朝时有专门的宫殿用来种植西域的葡萄，被称为葡萄宫，还有一些区域被用来种植一些引进的奇花异木，被称为扶荔宫，许多品种的植物被引入中国，当时已经出现了桂花、荔枝、橄榄等，柑橘类的品种也日益增加。随着植物的不断引进，人们的使用率也逐渐增加，成为重要的装饰品，无论室内还是室外都能见到它们的影子。这些植物的应用范围也越来越广，无论是节日庆典还是宗教祭祀，许多地方都需要使用植物。植物出现在各种场合当中，成为园林的主角，是必不可少的要素[③]。我国古典园林建设日益成熟，植物配制技法也逐渐发展起来，呈现出新的局面。中国的古典园林家喻户晓，享誉国内外，许多人为之倾倒。植物配置的技法也日益成熟，经过多年发展，不断总结，反复验证，形成了自己的特点，将传统文化融入其中，崇尚自然，设计精巧。

1. 自然

中国园林建设中崇尚自然，这也是其立足之本，会充分利用植物的本身特性，营造出不着痕迹的效果。首先，植物的选择崇尚自然，景观布局也尊重自然。心中有大量的植物，营造过程中充分考虑它们的习性，掌握委相变化，以自然状态为基础进行设计，使其能够展现出自然之态，即"师法自然"。许多古人对这种手法进行

---

① 钟曙 . 环城公园绿带景观特色研究 [D]. 东南大学，2016.
② 周亚杰，周欢 . 在城市规划中解决城市大气污染问题 [J]. 河南科技，2013(10)：186.
③ 肖家彪 . 意优而境深——苏州古典园林造景手法浅析 [J]. 花木盆景 (花卉园艺)，2013 (09)：22-24.

描述，充分体现出当时的植物景观营造特征，以植物的自然之态为基础，尊重四季变化，展现其独特性。

2. 含蓄

中国传统的表达手法以含蓄见长，这也与民族的格调有关，园林景观中也一直延续这种方式，更多的是藏而不露，讲究的是峰回路转，忌讳的是开门见山。在设计中充分利用植物的遮挡作用，将障景和藏景手法运用起来，达到引景的效果，这在古典园林中也经常应用，例如洞门前翠竹掩映，似障似引。

这种含蓄的手法产生不同的视觉效果，因而极富特征，同时能体现出景观内涵，在表达上也充分应用了含蓄的做法。古人喜欢以植物拟人，将其作为载体，赋予人的品格。造景时也要充分利用这一点，通过借植物言志的方式表现。如扬州个园，这个名字来自竹，取其一半为园子的名称，建园的为黄至筠，是其家中私园。原来的旧址是明代的一个园林，他在此基础上重新建园，当然也保留了一些原来园址的建筑。他个人喜欢竹子，因此在园中遍植竹，素有竹千竿之称，也是园名得来之处。走入园中，翠竹成片，景色优美，让人浑然忘我。主人也介入抒情，表达自己的刚正不阿，展示自己的处事态度。植物在古人眼里不仅仅是美好的景致，也有着丰富的内涵，最富有的人格特征。将植物引入园林之中，就赋予了其与众不同之品格，在意境上达到了一个新阶段。人们用植物表达情感，展现内心，含蓄而深沉。

3. 精巧

从中国园林建造情况来看，都能体现出造园者缜密的构思，精巧雅致，极具匠心，从皇家园林到私家园林都能体现出这种特点。

"精"能够概括这一切，选料精致，用心打造不同的园林；景观精致，采用多种手法给人以新奇之感。古典园林中植物的选择是"少而精"，主体景观精选三两株大乔木进行点置，或者一株孤植，而植物品种方面精选乡土植物，极富观赏性。之所以做出这种选择，既要考虑景观效果，也要考虑生长状况，本地植物适应本地水土，相对容易成活；同时本地植物具有地方特色，能够反映地域特征。在景观的组织方面，按照观赏角度配置以不同体量、质感、色泽的植物，形成丰富的景观层次、例如可以利用植物的高低错落来彰显层次，如乔木相对较高，可以作为前景植物，既增加了观赏性，又不会遮挡视线；竹丛极具特征，作为中景更为适合，可与洞门相得益彰，画中有景，景中有画，引导视线指向远方。

"巧"体现在布局与构思上。古典园林造园者对于每一株、每一组植物的布置都是巧妙的——有枫林遍布、温彩流丹，有梨园落英、轻纱素裹，有苍松翠柏、婀娜多姿，每种植物都富有特征，花色不同，叶片变化各异，这些都可以被应用于设计当中，极具巧妙之态，力求与周围的建筑、水体、山石巧妙地结合，看似随意点置，实则独具匠心。古典园林中要将植物的特征充分显现出来，同时与文化相融合，形容不一样的特色，引人以思考，这对我们将是很好的启示，古人的设计方法，打造出富有创造力的园林。

三、优化公园绿地植物景观营造的必要性分析

随着城市化进程的加速，公园绿地作为城市生态系统的重要组成部分，其植物景观的营造显得尤为关键。下面将从对优化公园绿地植物景观营造的必要性进行深入分析。

(一) 社会政策提高的促进

随着现代社会的快速发展，城市化进程不断加速，城市公园绿地作为城市居民休闲游憩、放松身心的重要场所，其植物景观的营造显得尤为重要。近年来，我国政府相继出台了一系列政策文件，如《住房和城乡建设部关于促进城市园林绿化事业健康发展的指导意见》(以下简称《意见》)《住房和城乡建设部办公厅关于开展城市公园绿地开放共享试点工作的通知》(以下简称《同志》) 以及《科学种树种草和绿地开放共享导则》等，为公园绿地植物景观的营造提供了有力的政策支持和指导。下面将从社会政策提高的角度，分析公园绿地植物景观营造的必要性。

首先，公园绿地植物景观的营造对于提升城市生态环境质量具有重要意义。根据《意见》，城市园林绿化承担着生态环保等多重功能，是实现城市可持续发展的重要载体。植物作为园林绿化的核心要素，通过其生态功能，如吸收空气中的有害物质、减少噪声、调节气候等，有效改善城市环境，提高居民的生活质量。因此，通过科学合理地配置植物，营造具有生态性的公园绿地植物景观，对于促进城市生态环境的健康发展具有不可替代的作用。

其次，政策文件的出台为公园绿地植物景观的营造提供了明确的指导和支持。《通知》强调了推动公园绿地开放共享、提升公园多元服务功能的重要性。这意味着公园绿地不再仅仅是一个观赏性的空间，更是一个可以满足人们多种需求、具有实用性和互动性的场所。因此，在植物景观营造过程中，需要充分考虑人们的需求和体验，通过设计不同功能的植物空间，如休闲区、运动区、儿童游乐区等，使公园绿地成为真正意义上的开放共享空间。

此外，《科学种树种草和绿地开放共享导则》为公园绿地植物景观的营造提供了科学的技术指引。该导则强调因地制宜选择适应性强、景观效果好的乡土植物作为基调树种，并提倡拓展树下空间使用功能，加强养护管理等措施。这些建议不仅有助于提高植物景观的观赏性和生态性，还能够降低维护成本，提高公园绿地的可持

续利用性。

综上所述，公园绿地植物景观的营造在提升城市生态环境质量、满足人们多元需求以及实现可持续发展等方面具有重要作用。社会政策的提高为公园绿地植物景观的营造提供了有力的支持和指导，使得这一工作更加具有针对性和实效性。因此，我们应该充分认识到公园绿地植物景观营造的必要性，并积极推动相关工作的开展，为城市居民创造一个更加优美、舒适、宜居的生活环境。

(二) 公园绿地发展的需求

1. 生态平衡维护

公园绿地作为"城市绿肺"，其植物景观的营造对于维护生态平衡至关重要。通过科学合理地配置植物，可以有效改善城市小气候，减少空气污染，增加空气湿度，为市民提供宜人的休闲环境。同时，植物景观的营造还有助于保护生物多样性，为城市生态系统提供稳定的基石。

2. 休闲游憩功能提升

随着人们生活水平的提高，市民对于休闲游憩的需求日益增强。公园绿地作为市民休闲的主要场所，其植物景观的营造对于提升休闲游憩功能具有重要意义。通过打造多样化的植物景观，可以为市民提供丰富的视觉和感官体验，增强公园的吸引力。同时，植物景观还可以为市民提供遮阴、降温等实用功能，提高公园的舒适度。

3. 文化内涵彰显

公园绿地作为城市文化的重要载体，其植物景观的营造有助于彰显城市的文化内涵。通过选择和配置具有地域特色的植物，可以展现城市的独特风貌和历史底蕴。同时，植物景观还可以与公园内的其他设施和文化元素相结合，共同构建具有丰富文化内涵的公园空间。

(三) 环境质量提高的要求

1. 提高空气质量

植物具有吸收二氧化碳、释放氧气的功能，通过增加公园绿地的植物种类和数量，可以有效提高城市的空气质量。此外，一些植物还具有吸收有害物质、净化空气的功能，对于改善城市环境具有积极作用。

2. 美化城市景观

公园绿地的植物景观是城市景观的重要组成部分，其美观程度直接关系到城市的整体形象。通过科学规划和精心设计，可以打造出层次丰富、色彩多样的植物景

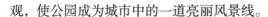

观,使公园成为城市中的一道亮丽风景线。

3.提升市民生活质量

优美的公园绿地植物景观可以为市民提供舒适的休闲环境,有助于缓解工作压力和生活疲劳。同时,良好的植物景观还可以促进市民的身心健康,提高市民的生活质量和幸福感。

综上可知,公园绿地植物景观的营造不仅是社会政策提高的促进、公园绿地发展的需求,也是环境质量提高的要求。通过科学规划和精心设计,打造出美观、实用,具有文化内涵的植物景观,对于提升城市品质、改善市民生活具有重要意义。

四、公园绿地植物景观营造要求

(一)植物选择

公园绿地作为城市的重要组成部分,其植物景观的营造不仅能提升城市的生态环境质量,还能为人们提供一处休闲放松的绝佳场所。因此,在公园绿地植物景观营造的过程中,植物的选择显得尤为重要。

首先,植物的选择应基于其生态适应性。不同的植物对生长环境有不同的要求,包括光照、水分、土壤等因素。在选择植物时,必须充分考虑其生长习性,选择那些能够适应公园绿地生态环境的植物种类。这样不仅可以保证植物的成活率,还能使植物景观更加自然和谐。

其次,植物的选择应注重其观赏价值。公园绿地作为人们休闲娱乐的场所,其植物景观应具有美观、多样、富有变化的特点。因此,在选择植物时,应考虑其形态、色彩、花期等因素,力求使植物景观呈现出丰富多彩的视觉效果。同时,通过合理搭配不同种类的植物,营造出层次丰富、错落有致的植物景观。

再次,植物的选择还应考虑其生态功能。公园绿地作为城市生态系统的重要组成部分,其植物应具有净化空气、保持水土、降低噪声等生态功能。因此,在选择植物时,可以优先考虑那些具有较强生态功能的植物种类,如一些能够吸收有害气体、净化水源的植物,从而增强公园绿地的生态效益。

最后,植物的选择还应关注其文化内涵。不同的植物往往承载着不同的文化内涵和象征意义。在选择植物时,可以结合公园绿地的主题和文化背景,选择那些具有文化内涵和象征意义的植物种类,以增强公园绿地的文化气息和特色。

综上可知,公园绿地植物景观营造的要求中,植物的选择至关重要。在选择植物时,应充分考虑其生态适应性、观赏价值、生态功能以及文化内涵,以营造出既美观又富有文化内涵的公园绿地植物景观。

(二)植物景观营造

公园绿地作为城市生态系统中不可或缺的一部分，不仅为人们提供了休闲娱乐的场所，还承担着改善环境、保护生态的重要职责。植物作为公园绿地的主要构成元素，其景观营造的质量直接关系到公园的整体风貌和生态效益。因此，在公园绿地植物景观营造过程中，需要遵循一系列要求，以确保景观的美观性、生态性和文化性。

1. 以总体设计确定的植物组群及效果要求为依据

在进行公园绿地植物景观营造时，必须首先依据总体设计的要求，明确植物组群的配置和景观效果。这包括确定公园的主题风格、功能分区以及景观节点的设置，从而选择合适的植物种类、数量和配置方式。通过科学的植物组群设计，可以营造出丰富多彩的植物景观，满足不同人群的观赏需求。

例如，采取乔灌草结合的方式，避免生态习性相克植物搭配；植物组群的营造宜采用常绿树种与落叶树种搭配，速生树种与慢生树种相结合，以便发挥良好的生态效益，形成优美的景观效果。

2. 植物布局要合理

合理的植物布局是公园绿地植物景观营造的关键。在布局过程中，应遵循因地制宜、适地适树的原则，充分考虑地形、土壤、气候等自然条件对植物生长的影响。同时，要注重植物与硬质景观的协调配合，形成和谐的景观效果。此外，还应考虑植物的季相变化，通过不同季节植物的搭配，使公园绿地呈现出四季有景、季相分明的景观特色。

例如，孤植树、树丛或树群的布置，至少应有一处欣赏点，且视距宜为观赏面宽度的1.5倍或高度的2倍。树林的林缘线观赏视距宜为林高的2倍以上，林缘与草地的交接地段，宜配植孤植树、树丛等。观赏树丛、树群近期郁闭度需大于0.50。植物配置应确定合理的种植密度，为植物生长预留空间。

3. 植物文化要挖掘

植物作为自然界的生命体，蕴含着丰富的文化内涵。在公园绿地植物景观营造中，应充分挖掘植物的文化内涵，通过植物的名称、形态、习性等方面，展现植物的独特魅力。同时，可以结合地方文化、历史传说等元素，将植物景观与人文景观相结合，形成具有地域特色的公园绿地景观。

4. 保护古树与名树

古树与名树是公园绿地中的珍贵资源，具有极高的历史、文化和生态价值。在植物景观营造过程中，应加强对古树与名树的保护和管理。首先，应对古树与名树进行登记造册，建立档案，明确其生长状况和保护措施。其次，应定期对古树与名树进行巡查和养护，确保其生长环境的稳定和良好。此外，还可以通过设置围栏、悬挂标识牌等方式，提高公众对古树与名树的认识和保护意识。

例如，公园范围内原有健壮的乔木、灌木、藤本和多年生草本植物宜保留利用，古树名木严禁砍伐或移植，并应采取保护措施。游憩场地宜选用冠形优美、形体高大的乔木进行遮阴。游人通行及活动范围内的树木，其乔木枝下的净空应大于2.2m。

综上可知，公园绿地植物景观营造需要遵循一系列要求，以确保景观的美观性、生态性和文化性。在实际操作过程中，应注重总体设计的指导作用，合理布局植物，挖掘植物文化内涵，并加强对古树与名树的保护。只有这样，才能打造出既美观又生态，既具有地域特色又富有文化内涵的公园绿地植物景观。

（三）植物与建（构）筑物、管线

公园绿地作为城市生态系统的重要组成部分，不仅为人们提供了休闲娱乐的场所，更是"城市绿肺"，对改善城市生态环境、调节气候、净化空气等方面具有不可替代的作用。在公园绿地植物景观的营造过程中，如何使植物与建筑物、管线等基础设施和谐共生，是一个值得深入探讨的课题。

1. 植物与建筑物的融合

在公园绿地中，建筑物往往作为景观的节点或焦点存在，植物景观的营造需要与建筑物风格相协调，形成有机的整体。对于古典风格的建筑，可以选择具有传统文化特色的植物，如松柏、竹子等，以营造古朴典雅的氛围；对于现代风格的建筑，则可以选择线条简洁、形态优美的植物，如乔木、灌木等，以突出建筑的现代感。

同时，植物在建筑物周围的布局也需考虑光影效果。通过合理布置植物的疏密和高低，可以形成丰富的光影变化，为建筑物增添立体感和层次感。此外，利用植物的季相变化，可以使建筑物在不同季节呈现出不同的风貌，增强景观的多样性。

2. 植物与管线的协调

在公园绿地中，管线等基础设施是保障绿地正常运行的必要条件。植物景观的营造需要在确保管线安全的前提下进行。

首先，需要对公园绿地内的管线布局进行详细了解，避免在管线上方或附近种植大型乔木或根系发达的植物，以防对管线造成破坏。

其次，对于必须穿越管线的区域，可以选择根系较浅、生长缓慢的植物进行种植，以减少对管线的压力。同时，通过合理的植物配置和景观设计，可以弱化管线的视觉影响，使其融入整体景观之中。

最后，在植物的选择上，应优先考虑耐旱、抗病虫害能力强的品种，以减少因植物养护不当而对管线造成的潜在风险。同时，加强植物的日常养护管理，及时发现并处理植物与管线之间的冲突问题，确保公园绿地植物景观的安全与稳定。

3. 生态优先原则

在公园绿地植物景观营造过程中，应始终坚持生态优先的原则。通过选择乡土树种、优化植物配置、提高绿地覆盖率等方式，提升绿地的生态功能。同时，注重植物群落的多样性和稳定性，构建健康的生态系统，为城市提供持续的生态服务。

4. 人性化设计理念

公园绿地作为市民休闲游憩的场所，其植物景观的营造也应体现人性化设计理念。在植物配置上，应充分考虑市民的游憩需求和审美偏好，创造舒适宜人的空间环境。同时，通过设置座椅、凉亭等休闲设施，为市民提供便捷的休憩场所。

公园绿地植物景观营造是一项综合性强、技术要求高的工作。在实际操作中，需要充分考虑植物与建筑物、管线等基础设施的和谐共生关系，注重生态优先和人性化设计理念的体现。只有这样，才能打造出既美观又实用的公园绿地植物景观，为市民提供优质的休闲游憩环境。

五、公园绿地植物景观营造方法

（一）明确公园绿地定位

公园绿地作为城市生态系统的重要组成部分，不仅为市民提供了休闲娱乐的场所，还承载着生态、文化等多重功能。在营造公园绿地植物景观时，需要明确公园绿地的定位，并结合场地历史、特色定位和功能区划进行综合考虑，以实现景观的和谐统一与功能完善。

1. 尊重场地历史

每个公园绿地都有其独特的历史背景和文化内涵，这是营造植物景观时不可忽视的重要因素。在规划过程中，应深入了解场地的历史沿革、文化特色以及原有植被状况，充分尊重并继承这些历史文化遗产。通过保留和恢复原有的特色植物，可以彰显公园绿地的历史底蕴，使市民在游览过程中感受到浓厚的文化氛围。

2. 明确特色定位

明确公园绿地的特色定位是营造植物景观的关键。根据公园绿地的地理位置、周边环境以及市民需求，确定其主题特色和发展方向。例如，对于位于城市中心的公园绿地，可以打造以现代都市风格为主的植物景观；而对于位于郊区的公园绿地，则可以注重生态环保和自然景观的营造。通过明确特色定位，可以使公园绿地在众多城市绿地中脱颖而出，成为市民喜爱的休闲场所。

3. 实施功能区划

在明确特色定位的基础上，需要对公园绿地进行功能区划，以满足不同市民的需求。功能区划应根据公园绿地的整体布局和特色定位进行划分，包括休闲区、运动区、儿童游乐区、文化展示区等。在植物景观营造方面，应根据各功能区的特点进行差异化设计。例如，在休闲区可以种植一些具有观赏价值的植物，营造宁静舒适的氛围；在运动区则可以选择一些具有抗污染、耐践踏的植物，以满足市民的运动需求。

此外，在功能区划的过程中，还应注重各区域之间的衔接和过渡。通过合理的植物配置和景观设计，使各功能区在视觉上形成有机整体，增强公园绿地的整体感和美感。

综上可知，明确公园绿地定位是营造植物景观的基础和前提。在尊重场地历史、明确特色定位和实施功能区划的过程中，需要充分考虑公园绿地的实际情况和市民需求，注重文化传承和生态保护，打造具有地方特色和时代气息的公园绿地植物景观。这不仅能够提升城市形象和品质，还能为市民提供更加舒适、宜居的生活环境。

(二) 强化植物生态效益

随着城市化进程的加速，公园绿地作为城市生态系统的重要组成部分，其植物景观的营造不仅关乎美观，更关系到城市居民的生活质量。其中，强化植物生态效益是提升公园绿地综合品质的关键环节。下面将从提高单位面积绿量和选择不同抗性树种两个方面，探讨公园绿地植物景观营造的有效方法。

1. 提高单位面积绿量

提高单位面积绿量是增强公园绿地生态效益的基础。单位面积绿量的增加意味着更多的绿色植物能够参与到生态系统的循环中，从而发挥出更大的生态功能。具体而言，提高单位面积绿量可以通过以下几种方式实现：

(1) 合理规划植物种植密度

在公园绿地设计中，应根据不同植物的生长特性和空间需求，合理规划种植密度。通过适当增加植物数量，提高绿地覆盖率，从而增加单位面积内的绿量。

(2) 采用立体绿化方式

除了传统的平面绿化方式，还可以采用立体绿化来丰富绿地景观。如利用墙体、围栏等建筑构件种植攀爬植物，形成绿色屏障；在绿地中设置花架、绿篱等，增加绿地的垂直绿量。

(3) 优化植物配置结构

在植物配置上，应注重乔、灌、草多层次结构的搭配。通过合理配置不同高度的植物，形成丰富的绿化层次，既能提高绿量又能增加景观的层次感和立体感。

2.选择不同抗性树种

选择不同抗性树种是提升公园绿地植物景观适应性和稳定性的重要手段。抗性树种具有较强的适应能力和抗逆性，能够在各种环境条件下保持良好的生长状态，从而确保绿地生态系统的稳定性。在选择抗性树种时，应考虑以下几个方面：

(1)适应性

选择适应当地气候、土壤等环境条件的树种，确保其在公园绿地中能够正常生长和繁衍。

(2)抗逆性

选择具有较强抗逆性的树种，如抗旱、抗寒、抗病虫害等，以提高绿地的抗干扰能力。

(3)生态效益

优先选择具有较好生态效益的树种，如固碳释氧、降噪除尘、改善微气候等，以充分发挥绿地的生态功能。

(4)景观效果

在选择抗性树种时，还应考虑其观赏价值和景观效果。选择具有优美树形、丰富色彩和季相变化的树种，能够提升公园绿地的整体景观品质。

综上可知，提高单位面积绿量和选择不同抗性树种是强化公园绿地植物生态效益的有效途径。通过科学规划和合理配置植物资源，我们可以打造出既美观又生态的公园绿地景观，为城市居民提供一个宜居、宜游的绿色空间。

(三)深度解析植物时序规律

公园绿地作为城市生态系统的重要组成部分，不仅为市民提供了休闲放松的场所，而且是展示城市绿化风貌的重要窗口。在营造公园绿地植物景观时，我们需要深入分析植物时序规律，通过科学的规划和设计，使公园绿地四季皆景，充满生机与活力。

1.注重植物季相变化

植物的生长周期与季节变化密切相关，不同的季节展现出不同的生长状态和景观特色。因此，在公园绿地植物景观营造中，我们应注重植物的季相变化，通过合理搭配不同季节的植物，实现四季有景、季季不同的效果。

在春季，可以选择开花繁茂、色彩鲜艳的植物，如樱花、桃花、杏花等，为公园绿地带来绚烂的花海景象。夏季则可以选择树荫浓密、遮阴效果好的植物，如樟树、榕树等，为市民提供凉爽的避暑之地。秋季则可以选择秋叶红艳、果实丰硕的植物，如枫树、柿树等，为公园绿地增添丰富的色彩和收获的氛围。冬季则可以选择常绿植物，如松树、柏树等，使公园绿地在寒冷的季节依然保持生机。

2. 结合近远植物景观

在营造公园绿地植物景观时，我们还应注重近、远植物景观的结合。近景植物主要起到点缀和美化作用，远景植物则负责构建整体景观框架。通过合理搭配不同高度的植物，可以营造出层次丰富、空间感强烈的植物景观。

在公园绿地的近景设计中，可以选择低矮的花卉、地被植物等，通过精致的园艺手法和色彩搭配，营造出细腻而富有艺术感的景观效果；而在远景设计中，则可以选择高大的乔木、灌木等，通过合理布局和修剪，形成错落有致、气势磅礴的景观画面。

3. 体现植物景观意境

植物景观的营造不仅要注重外在的美观性，更要深入挖掘其内在的意境和文化内涵。通过巧妙地运用植物象征意义和文化寓意，可以为公园绿地植物景观增添深厚的文化底蕴和独特的艺术魅力。

例如，在公园绿地中种植竹子，可以营造出一种清雅脱俗、宁静致远的意境，使市民在游览过程中感受到中华传统文化的韵味。同时，可以结合诗词歌赋等文学形式，通过植物景观的呈现，传达出丰富的文化信息和审美情感。

总之，公园绿地植物景观营造是一个综合性的过程，需要我们在深入分析植物时序规律的基础上，注重植物季相变化、结合近远植物景观、体现植物景观意境等方面进行深入研究和实践。只有这样，才能营造出既美观又富有文化内涵的公园绿地植物景观，为市民提供更加舒适、愉悦的休闲环境。

（四）合理营造植物空间

在城市的喧嚣中，公园绿地是市民寻找宁静与和谐的重要场所。植物作为公园绿地的重要组成部分，其景观营造方法对于提升公园的品质和舒适度至关重要。其中，合理营造植物空间是创造宜人环境的关键环节，具体可以从丰富空间形状、营造宜人尺度以及结合有利地形三个方面来展开。

1. 丰富空间形状

植物景观的空间形状是构成公园绿地视觉效果的基础。通过巧妙地利用不同植物的形态、色彩和质感，可以营造出丰富多样的空间形状。例如，利用乔木的高大挺拔形成垂直空间，利用灌木的密集丛生形成封闭空间，利用地被植物的连续覆盖形成开放空间。这些不同形状的空间相互交织、穿插，形成了公园绿地独特的景观效果。

在营造空间形状时，还需注重空间的层次感和深度感。通过不同高度的植物搭配，可以形成远、中、近三个层次的空间效果，使得公园绿地景观更具立体感和视觉冲击力。

2. 营造宜人尺度

宜人的尺度是公园绿地植物景观营造的重要目标。在植物空间营造中，需要充分考虑人的视觉感受和行为习惯，创造出符合人体工学和心理学原理的尺度感。

首先，要合理控制植物的高度和密度。过高或过密的植物会给人带来压抑感，而过低或过疏的植物则可能显得空旷单调。因此，需要根据公园绿地的功能和定位，选择合适的植物种类和配置方式，营造出舒适宜人的尺度感。

其次，要注重植物与硬质空间的协调。公园绿地中通常包含一些硬质景观元素，如道路、广场、座椅等。在植物空间营造中，需要将这些硬质元素与植物景观相融合，形成和谐统一的整体效果。例如，在道路两侧种植行道树，形成绿荫蔽日的道路景观；在广场周围布置花坛和树丛，营造出温馨宜人的休闲空间。

3. 结合有利地形

地形是公园绿地植物景观营造的基础条件之一。在营造植物空间时，需要充分利用地形条件，创造出符合自然规律和审美要求的景观效果。

对于平坦的地形，可以通过不同植物的组合和配置来形成丰富的景观层次和视觉效果。例如，利用地被植物和草坪形成开阔的绿地空间，再点缀以花坛和树丛，形成既有整体感又不失细节美的景观效果。

对于坡地或丘陵地形，则可以利用植物的垂直生长特性来强调地形的起伏变化。在坡地上种植攀爬植物或垂枝榕等具有悬垂特性的植物，可以形成立体化的植物景观，增强地形的立体感和动态感。

此外，在利用地形条件时还需注意排水问题。公园绿地中的地形变化往往会影响排水效果，因此在植物空间营造中需要充分考虑排水设施的布置和排水路径的设计，确保公园绿地的排水畅通无阻。

4. 创造合理视角

在公园绿地植物景观设计中，创造合理视角是营造植物空间的首要任务。这要求设计师在规划之初，就要充分考虑游人的视觉感受，通过合理的植物配置和布局，形成富有层次感和变化的空间序列。

首先，要把握好植物的高度和密度。高大的乔木可以形成天际线，为游人提供开阔的视野；而低矮的灌木和地被植物则能营造出私密、温馨的空间氛围。同时，通过控制植物的种植密度，可以调节空间的通透性和封闭感，满足不同功能区域的需求。

其次，要注重植物色彩的搭配和季相变化。色彩是视觉感受的重要组成部分，通过巧妙运用植物的叶色、花色等色彩元素，可以营造出丰富多彩、富有变化的空间效果。同时，结合植物的季相变化，可以使得公园绿地植物景观在不同季节呈现出不同的风貌，增强游人的观赏体验。

5. 强化空间特色

强化空间特色是公园绿地植物景观营造的另一重要方面。这要求设计师在营造植物空间时，要注重突出公园绿地的主题和特色，形成独特的景观风格。

首先，要结合地域文化和历史背景进行植物景观设计。不同的地域和文化背景孕育了不同的植物种类和景观风格，通过深入挖掘和提炼这些元素，可以使得公园绿地植物景观更具地域特色和文化内涵。

其次，要注重植物景观的创意性和艺术性。创意是设计的灵魂，通过运用创新的思维和方法，可以创造出别具一格的植物景观。同时，艺术性是提升植物景观品质的关键，通过巧妙的构图、搭配和修饰，可以使得植物景观更加美观、和谐。

最后，要强化植物景观的可持续性和生态性。在营造植物空间时，要注重选择适应当地气候和土壤条件的植物种类，确保植物的健康生长和景观的持久性。同时，要充分利用植物的生态功能，如净化空气、调节气候等，提升公园绿地的生态效益。

通过创造合理视角和强化空间特色，可以使得公园绿地植物景观更加美观、和谐且富有特色，为市民提供一个舒适、宜人的休闲场所。

综上所述，合理营造植物空间是公园绿地植物景观营造的关键环节。通过丰富空间形状、营造宜人尺度以及结合有利地形、创造合理视角、强化空间特色等方法的应用和实践，我们可以创造出更加美丽、舒适和宜人的公园绿地环境，为市民提供优质的休闲和娱乐场所。

(五) 优化植物群落结构

公园绿地作为城市生态系统的重要组成部分，不仅为市民提供了休闲娱乐的场所，而且在改善城市环境、提升城市形象方面发挥着不可替代的作用。而植物景观作为公园绿地的核心要素，其营造方法的科学性和合理性直接影响着公园的整体质量和生态效益。因此，优化植物群落结构，提升植物景观的多样性和层次性，是公园绿地建设的关键所在。

1. 丰富植物种类

植物种类的丰富性是构建多样化植物景观的基础。在公园绿地植物景观营造过程中，应注重引进和培育各类植物，特别是具有观赏价值、生态功能强、适应性好的植物种类。通过增加乔木、灌木、草本花卉等植物的种类和数量，可以形成多层次的植物景观，提高公园绿地的观赏性和生态效益。

同时，应注重植物色彩的搭配和季节性的变化。通过选择不同花色、叶色的植物，形成丰富多彩的视觉效果；通过合理搭配常绿植物和落叶植物，使公园绿地的景观四季都能呈现出不同的风貌。

2. 运用乡土植物

乡土植物是指适应当地气候、土壤等自然条件，具有地方特色的植物种类。在公园绿地植物景观营造中，充分运用乡土植物，不仅可以降低维护成本，提高植物的成活率，还能更好地体现地方特色和文化内涵。因此，在植物选择上，应优先考虑当地的乡土植物资源，将其融入公园绿地的景观设计中。同时，可以通过培育和推广乡土植物的新品种、新技术，进一步提升其观赏价值和生态功能。

3. 改善垂直结构

垂直结构是植物群落的重要特征之一，也是影响植物景观观赏性和生态效益的关键因素。在公园绿地植物景观营造中，应注重改善植物群落的垂直结构，形成高低错落、疏密有致的植物景观。

具体来说，可以通过增加乔木层的高度和密度，提高植物群落的立体感和层次感；通过合理配置灌木层和草本层，使植物景观在平面上也呈现出丰富的变化。同时，还可以利用地形变化、构筑物等元素，进一步丰富植物群落的垂直结构，提升公园绿地的整体景观效果。

总之，优化植物群落结构是提升公园绿地植物景观质量的有效途径。通过丰富植物种类、运用乡土植物、改善垂直结构等方法，可以构建出多样化、特色化、生态化的植物景观，为市民提供更加优质、舒适的休闲空间。

六、综合公园绿地植物景观营造

(一) 综合公园概述

综合公园是内容丰富、适合开展各类户外活动、具备完善的游憩和配套管理服务设施的绿地。规模宜大于 $10hm^2$，不小于 $5hm^2$。

综合公园，作为城市绿地系统的重要组成部分，以其完善的功能、齐全的设施以及丰富的活动内容，成为市民休闲娱乐、文化交流和生态体验的理想场所。这些公园不仅为人们提供了亲近自然、放松心情的机会，也是城市生态环境的重要守护者，为城市的可持续发展贡献着力量。

综合公园通常具有较大的用地规模，涵盖了多种功能区域，如游览区、休憩区、运动区、儿童游乐区等。在规划设计上，综合公园注重空间的层次感和序列感，通过合理的布局和景观设计，营造出宜人的游憩环境。同时，综合公园还融入了丰富的文化元素，使人们在欣赏自然美景的同时，也能感受到城市的文化底蕴。

(二) 综合公园对绿地植物景观营造的要求

1. 生态优先，因地制宜

综合公园的绿地植物景观营造应充分利用现有地形、地貌和植被条件，因地制宜地进行植物配置。在植物选择上，应优先选用乡土树种和经过驯化的外来树种，以形成稳定、健康的植物群落。同时，要注重植物的季相变化和空间层次感，营造出四季有景、层次分明的植物景观。

2. 功能明确，分区合理

综合公园的绿地植物景观应根据公园的功能分区进行合理配置。例如，在游览区，可以配置观赏价值较高的花卉和特色树种，形成视觉焦点；在休憩区，则应营造宁静、舒适的植物环境，有助于人们放松心情、缓解压力；在运动区，应选择耐踩踏、抗污染的植物种类，以满足运动场地对植物景观的特殊需求。

3. 文化融合，特色突出

综合公园作为城市文化的重要载体，其绿地植物景观的营造也应体现城市的文化特色。在植物配置上，可以结合当地的历史文化、民俗风情等元素，通过植物造型、图案等方式进行表达。同时，可以结合专类园的设计，展示不同植物种类的特色和魅力，丰富公园的文化内涵。

4. 可持续发展，维护管理

综合公园的绿地植物景观营造应注重可持续发展的理念，在植物配置上考虑到未来的生长和维护管理。应选择生长迅速、抗病虫害能力强的植物种类，以减少后期的维护成本。同时，要加强公园的维护管理工作，定期修剪、施肥、浇水等，确保植物的健康生长和良好景观效果的持续保持。

总之，综合公园的绿地植物景观营造是一项复杂的系统工程，需要综合考虑生态、功能、文化和可持续发展等多个方面的因素。通过科学的规划设计和精心的维护管理，可以营造出美丽、宜居、可持续的综合公园绿地植物景观，为市民提供优质的游憩体验和生态环境。

(三) 综合公园绿地植物景观营造的原则

综合公园绿地作为城市生态系统中不可或缺的一部分，其植物景观的营造对于提升城市环境质量、提高居民生活质量具有重要意义。在营造综合公园绿地植物景观时，应遵循以下原则，以确保景观的和谐、美观与可持续性。

1. 生态优先原则

生态优先是综合公园绿地植物景观营造的首要原则。在植物的选择上，应优先考虑本地乡土植物，这些植物适应性强，生长良好，能有效维护生态平衡。同时，要遵循自然演替规律，通过科学的植物配置，构建稳定的植物群落，实现生态的可持续发展。

2. 多样性原则

多样性是植物景观的生命力所在。在综合公园绿地植物景观营造过程中，应注重植物种类的多样性，通过乔、灌、草等多层次搭配，形成丰富的植物群落结构。此外，还要注重景观元素的多样性，包括地形、水体、设施等，使植物景观与周边环境相协调，营造出丰富的视觉体验。

3. 功能性原则

综合公园绿地植物景观的营造应充分考虑其功能需求。例如，通过合理的植物配置，实现遮阴、降温、降噪等生态功能；利用植物的季相变化，营造四季皆景的观赏效果；设置专门的休闲空间，为市民提供休闲娱乐的场所。这些功能性的设计，能够使植物景观更好地服务于市民的生活需求。

4. 文化性原则

文化性是植物景观的灵魂。在综合公园绿地植物景观营造中，应充分挖掘和传承地域文化，通过植物景观的营造，展示城市的历史文化特色。例如，可以引入具有地方特色的植物品种，或者通过植物景观的设计，展现城市的历史故事和文化内涵。这样不仅能提升植物景观的文化价值，还能增强市民对城市的认同感和归属感。

5. 可持续性原则

可持续性是植物景观营造的长期目标。在综合公园绿地植物景观营造过程中，应注重资源的节约和循环利用，采用环保材料和技术，降低建设成本和维护成本。同时，要加强植物景观的后期管理，定期修剪、施肥、浇水等，确保植物健康生长和景观的持久性。此外，还可以通过开展生态教育和宣传活动，提高市民的生态意识，共同维护公园绿地的生态环境。

6. 审美性原则

审美性是植物景观营造的重要标准。在综合公园绿地植物景观营造中，应注重植物的形态美、色彩美、韵律美等方面的表现。通过合理的植物配置和景观设计，营造出优美的视觉效果和舒适的空间氛围。同时，要关注市民的审美需求，提供多样化的观赏体验，使市民在欣赏植物景观的同时，感受到自然之美和人文之韵。

综上可知，综合公园绿地植物景观营造应遵循生态优先、多样性、功能性、文化性、可持续性和审美性等原则。这些原则相互关联、相互补充，共同构成了植物景观营造的完整框架。通过遵循这些原则，我们可以创造出既美观又实用的植物景观，为市民提供一个舒适、宜人的休闲场所，同时促进城市的可持续发展。

(四) 综合公园绿地植物景观营造的实施

1. 公园入口区绿地

公园作为城市绿地的重要组成部分，不仅承载着市民休闲娱乐的功能，更是展示城市形象和文化底蕴的重要窗口，而公园入口区作为公园的"门面"，其植物景观的营造对于整个公园的观赏效果和空间氛围有着至关重要的作用。因此，在综合公园绿地植物景观营造中，入口区的植物设计尤为重要。

首先，在公园入口区绿地植物景观营造中，首先要考虑的是植物的生态化营造。通过模拟自然生长的状态，利用乔木、灌木等植物群落的多样性特点，营造出接近自然的空间尺度。这不仅能增加植物群落的稳定性，还能为市民提供一个更为自然、舒适的休闲环境。同时，在科学地设计采光、遮阴比例的基础上，对绿地绿化进行合理安排，使得植物配置更具多样性，既丰富了园林景观的美观效果，又提升了公园的整体生态价值。

其次，艺术化营造法也是公园入口区绿地植物景观营造的重要手段。通过对植物进行分隔、引导、对比等手法，使植物空间层次更为丰富。在设计中，可以充分利用植物的线条和造型特点，通过植物的成丛、成片配置，创造出更具层次感和深度感的植物空间。此外，还可以运用不同的植物色彩和季相变化，为公园入口区营造出四季皆宜的景观效果。

公园入口区绿地植物景观营造应与入口大门、构筑物、铺装设计相协调，突出装饰、美化功能，形成空间，向游人展示公园特色或造园风格。公园主入口区绿地功能是为集群活动提供合适的场所，具有人流量大、活动形式多、活动场所多等特点，一般设在靠近主要出入口处，地形较为平坦的地方。大多数城市公园主入口采用规则式布局，植物景观多采用对称式布局，完善景观构图，延伸空间序列，形成强烈的轴线感，从而引导人流，营造内向空间。

在空间开阔的主入口，应以花坛、花境、花钵或灌木丛为主，以突出园门的高大、华丽。绿化面积比例不宜过大，植物种植要空间通透，密度不宜过大，避免遮挡视线。或种植笔直的乔木形成树阵，或种植整齐的乔木强化轴线，或种植整齐的模纹花坛。植物色彩以暖色调为主，形成活泼热闹的氛围。在空间较狭小的次入口，绿地以自然式布局为主，植物景观营造以高大乔木为主，配以美丽的观花灌木或花境，营造郁闭优雅的小环境。例如，中国科学院华南植物园入口采用高大椰子树，形成中轴对称的布局，强化序列感。

再次，在公园入口区的植物设计中，还需要考虑植物与硬质景观的协调与呼应。若入口区以硬质景观为主，植物则可作为背景，选择色彩柔和、形态普通的植物来衬托主景；若入口区以绿岛形式分流，则应以营造绿岛的特色氛围为重点，选择具有观赏价值的植物进行配置。同时，植物的配置还应考虑到园路的引导性和标志作用，通过列植、对植等手法形成夹道景观或对景、障景等焦点景观。

最后，在公园入口区绿地植物景观营造中，还应注重植物的生态功能和人文内涵的结合。通过选择具有乡土特色和文化底蕴的植物，不仅能够展现城市的独特魅力，还能够提升市民的文化认同感和归属感。同时，通过合理的植物配置和景观设计，还能够为市民提供一个休闲、娱乐、交流的多功能空间，满足市民的多元化需求。

综上可知，综合公园绿地植物景观营造中的入口区植物设计是一个复杂而细致的过程。它需要在遵循生态化、艺术化原则的基础上，充分考虑植物与硬质景观的协调、园路的引导性、季相变化以及人文内涵等因素，这样才能营造出既美观又实用的公园入口区绿地植物景观，为市民提供一个舒适、宜人的休闲环境。

2. 休闲游览区绿地

公园，作为城市中的一片绿洲，是人们休闲、游览、放松心情的理想场所。其中，绿地植物景观的营造至关重要，它不仅能够提升公园的整体美观度，还能为人们创造一个宜人的生态环境。在综合公园绿地植物景观营造中，休闲游览区的绿地植物景观营造尤为关键，下面将就此进行详细的探讨。

休闲游览区作为公园的重要组成部分，其绿地植物景观的营造需要充分考虑游人的需求和感受。首先，应运用生态化营造法，充分利用园林内部的乔木、灌木等植物群落自身的多样性特点，模拟自然生长的状态进行空间尺度的营造。这不仅可以使绿地景观更加接近自然，还能为游客提供一个舒适、自然的休闲环境。同时，科学设计采光、遮阴比例，对绿地绿化进行合理布局，既能保证植物的正常生长，又能为游客提供遮阳、避暑的场所。

在植物的选择上，应立足乡土树种，合理引进优良品系，形成公园独特的绿地特色。同时，注重植物的季相变化，通过常绿树和落叶树、秋色叶树的灵活运用，以及观花、观叶、观干树种的协调搭配，使绿地景观在四季中呈现出不同的色彩和风貌，为游客带来丰富的视觉体验。

在植物景观的布局上，应结合公园的地形、天际线变化以及建筑风格，采用艺术化营造法，通过分隔、引导、对比等手法，使植物在空间上形成丰富的层次感和深度感。例如，在公园的主入口处，可以运用乔灌木进行绿化，形成夏季遮阴效果及环境隔离效果；在园路两旁，则可以采用自然式配植，使植物景观在视觉上呈现出有挡有敞、有疏有密、有高有低的变化，为游客带来移步异景的观赏体验。

此外，在休闲游览区的各个功能分区内，植物景观的营造也应有所区别。如安静休息区，可根据地形变化，自然式配置成树丛、树群和树林，为游客提供一个宁静、舒适的休息空间；在游乐区，则可以选择色彩鲜艳、形态优美的植物，增加场地的活力和趣味性。

休闲游览区是公园中占地面积最大、景色最优美的地方，包括观赏树丛、专类园、假山、溪流等各种景观。多利用原有树木、地形的起伏、丰富的自然景观进行功能划分，形成幽静密林、疏林草地、大草坪、滨水景观等。根据使用人群的不同，形成散步、晨练、小憩、垂钓、品茗、赏景等空间利用形式。

以水体为主景的观赏游览区，根据水体形式和尺度，或利用植物组成不同外貌的群落，以体现植物群体美，形成倒影；或利用竖向生长的水生植物群落，形成片植开阔空间；或应用植物的围合，前后转换，形成不同空间。

密林是天然的氧吧，在林内分布自然式小路、花径，可形成幽静、神秘的景观效果。密林的郁闭度为 0.4～0.6，常采用高大的常绿乔木营造景观效果，植物搭配以自然式种植为主，采用乔灌草结合的方式。

以疏林草地为主的空间，利用舒缓的地形、大面积的草坪形成林相。上层为稀疏的乔木，如乌桕、悬铃木等；中层点缀少量花灌木，如紫叶李、樱花等；下层为草坪，空间通透，郁闭度为 0.4～0.6。疏林草地要求空旷，植物力求简洁。在大草坪内可配植孤植树、树丛，甚至高低错落、季相丰富的树群，也可配置大片宿根、球根花卉，组成缀花草地。乔木具有开展伞状树冠，冬季落叶，叶密度较小，树体高大，生长强健，树荫疏朗。植物按自然式栽植，做到疏密相间、有聚有散、错落有致。

总之，综合公园休闲游览区绿地植物景观的营造需要充分考虑生态、艺术、文化等多方面因素，通过科学规划、合理布局和精心设计，打造一个既美观又实用的绿地景观，为游客提供一个舒适、宜人的休闲环境。这也将有助于提升公园的整体品质，促进城市生态环境的改善和可持续发展。

3. 老年人活动区绿地

随着社会的快速发展和人口老龄化趋势的加剧，公园作为城市的重要绿色空间，其老年人活动区的植物景观营造显得尤为重要。一个优美的植物景观不仅能够为老年人提供一个舒适的休闲环境，还能够满足他们生理和心理上的需求，促进他们的身心健康。

在老年人活动区的绿地植物景观营造中，首先要注重生态化营造法的应用。通过模拟自然生长的状态，融合乔木、灌木等植物群落的多样性特点，使景观更加接近自然。这不仅能够为老年人提供一个生态健康的休闲场所，还能够让他们感受到大自然的魅力和生命力。同时，科学地设计采光和遮阴比例，使得绿地绿化效果达到最佳状态，既能够满足老年人的活动需求，又能够营造出宜人的环境氛围。

艺术化营造法则是在生态化营造的基础上，通过对植物进行分隔、引导、对比等方法，增加植物自身的空间层次和深度感。利用植物的成丛、成片特点，创造出富有层次感和美感的植物景观。此外，还可以通过增加植物自身的线条和造型，发挥植物的可塑性，使得植物空间更加富有变化，提高观赏性。

在植物色调的选择上，应充分考虑老年人的心理需求。暖色调的植物如海棠、紫薇花和红枫等，能够给内心悲伤孤独的老人带来温暖的感觉，帮助他们缓解心理压力；而冷色调的植物则适合用于半私密或半开敞的休憩区，营造出安静、祥和的氛围。

在植物形态的选择上，应注重植物种类的丰富性，以满足不同景观偏好的老年人的需求。观花、观果植物的种植不仅能够增加季相变化，营造喜悦的气氛，还能吸引鸟类和小型哺乳动物，为老年人的活动空间增添生机和活力。

当然，在营造老年人活动区的植物景观时，还需注意植物的维护和管理。如定期修剪、施肥和病虫害防治等工作是必不可少的，以保证植物的健康生长和良好的景观效果。

此外，在植物景观营造过程中，还应注重与周边环境的协调。如考虑与周边建筑、道路等元素的衔接，使得植物景观与整个公园环境融为一体，形成一个和谐统一的景观体系。

综上所述，综合公园绿地植物景观营造是一个涉及多个方面的复杂过程。在老年人活动区的绿地植物景观营造中，应注重生态化、艺术化的营造方法，同时充分考虑老年人的心理需求和活动特点，选择合适的植物种类和色调，以营造出优美、舒适、宜人的植物景观环境。这不仅能够提升公园的整体品质，还能够为老年人提供一个理想的休闲场所，促进他们的身心健康。

4.儿童活动区绿地

随着城市化进程的加速，人们对公园绿地的需求日益增长。作为城市生态系统的重要组成部分，公园绿地不仅为人们提供了休闲放松的场所，更在调节城市气候、净化空气、缓解城市热岛效应等方面发挥着重要作用。在公园绿地中，植物景观的营造更是关键。特别是公园中的儿童活动区，绿地植物景观的营造更是需要精心设计与规划。

在公园儿童活动区绿地植物景观营造中，我们首先要考虑的是生态化营造法。通过模拟自然生长的状态，利用乔木、灌木等植物群落的多样性特点，可以营造出更接近自然的植物景观。这不仅有助于提升儿童活动区的生态环境质量，更能激发孩子们对自然的热爱与好奇心。同时，在设计过程中，我们还需要注意植物的科学配置，合理搭配常绿树种与落叶树种，以及观花、观叶、观干树种的协调，使得四季景致鲜明，为孩子们提供一个丰富多彩的视觉体验。

艺术化营造法同样不可忽视。通过对植物进行分隔、引导、对比等手法，可以增加植物自身的空间层次，使得绿地景观更加富有层次感与深度感。此外，我们还可以利用植物的线条与造型，发挥植物的可塑性，创造出更具艺术感的植物景观。这样不仅能提高公园的观赏性，更能提升孩子们对美的感知与欣赏能力。

在儿童活动区的植物选择方面，我们需要遵循安全性、趣味性和教育性三个原则。首先，要确保所选植物无毒无害，避免带有浆果、带刺和飞絮等危险植物。其次，要注重植物的趣味性，选择那些花、叶、果、根、干、色、香、形等方面特色明显、观赏价值强的树种，以吸引孩子们的注意力。最后，还要注重植物的教育性，选择一些具有象征意义的植物，帮助孩子们养成坚韧不拔、威武不屈的品质，促进他们的道德发展。

此外，我们还可以结合儿童的心理和行动特点，对植物景观进行针对性设计。例如，在密林中设置森林小屋、游憩设施，满足孩子们的好奇心；在草地上留出开敞性娱乐空间，方便孩子们进行各种户外活动；在途径两侧设置花带、花坛等装饰性小景，用花草颜色激发孩子们对自然的热爱。同时，还可以设置植物角，通过展示各种植物的叶形、叶色、花形、花色、果实等特征，帮助孩子们丰富植物知识，培养他们对花草树木的热爱与保护意识。

总之，综合公园绿地植物景观营造需要注重生态化、艺术化、安全性、趣味性和教育性等方面的结合。通过精心设计与规划，我们可以为孩子们打造出一个既安全又富有教育意义的儿童活动区，让他们在亲近自然、享受美景的同时，也能得到身心的健康成长。

5.公园管理区绿地

公园作为城市绿地的重要组成部分，不仅为人们提供了休闲、娱乐、运动的场所，更是城市生态系统中不可或缺的一环。在公园管理区的绿地植物景观营造中，我们应以生态、艺术、实用相结合的原则，通过合理的植物配置和景观设计，打造出一个既美观又实用的绿色空间。

公园管理区有专用出口，多同公园其他区域相隔离，景观独立性较强。若管理房为中国传统风格建筑，则可以配置中式园林，设置假山水景；若管理房为现代风格建筑，则管理区植物配置多以规则式为主，多用花坛。该区主要功能是管理公园的各项活动，具有内务活动多的特点。多布设在专用出入口交通联系方便处，周围用绿色树木与各区隔开，利用植物遮挡并软化建筑边线。

在植物配置和景观设计的过程中，还应充分考虑公园管理区的功能需求。例如，在入口、道路两旁等区域，我们可以选择观赏性强、形态优美的植物进行种植，以提升公园的整体形象；在休闲区、运动区等区域，我们可以选择具有遮阴、降噪、净化空气等功能的植物，为游客提供一个舒适、健康的休闲环境。

同时，我们还应注重公园管理区的可持续发展。在植物的选择上，应优先选用适应性强、生长迅速的树种，以减少后期维护成本。在景观设计上，应注重与周边环境的协调与融合，使公园成为城市生态系统中不可或缺的一部分。

值得一提的是，在公园管理区绿地植物景观营造过程中，我们还需注重文化元素的融入。通过挖掘地域文化、历史文脉等特色元素，将其巧妙地融入植物景观中，使公园不仅具有美观的外表，更蕴含着深厚的文化内涵。

总之，综合公园绿地植物景观营造是一个涉及生态、艺术、实用等多方面因素的复杂过程。只有充分考虑这些因素，并注重与公园管理区的功能需求、可持续发展和文化内涵相结合，才能打造出一个既美观又实用的绿色空间，为市民提供一个优质的休闲场所。

6. 道路两侧绿地

综合公园作为城市生态系统和休闲体系的重要组成部分，不仅承载着改善城市环境、保护生态平衡的重要功能，而且是市民休闲娱乐、放松身心的理想场所。在综合公园绿地植物景观营造中，道路两侧绿地景观的营造尤为重要，它不仅是公园内交通流线的重要组成部分，更是展示公园植物景观特色的重要窗口。

在道路两侧绿地景观营造中，首先要考虑的是植物配置与道路功能的协调。主道作为公园人流聚集行走的主要通道，应在其两旁配置以高大乔木为主的植物树种，形成浓密的林荫，为游客提供遮阳避暑的舒适环境。同时，高大的乔木还能营造出空间的立体宽敞感，使游客在行走过程中不会因人流密集而产生压抑感。在树种选择上，应优先考虑乡土树种，它们适应性强、生长迅速，且能够形成地方特色。主干道两侧绿地可以种植行道树，用于遮阴。道路植物的营造可以参考园林植物与景观要素章节。乔木种植点距路缘应大于0.75m，植物不应遮挡路旁标识。

次道一般承担着连接公园分散景点的作用，因此在植物配置上应更注重观赏性和景观层次的变化。可以在次道两旁配置以灌木为主的综合植物层次群落，通过不同高度、形态和色彩的植物搭配，形成丰富的视觉效果。同时，利用地被植物、花卉等点缀其间，使游客在前往景点观景的同时，也能欣赏到复合植物群落的艺术美景。

小道一般位于公园各个景点内部，是游客观赏整个景点的主要路径。在小道两旁的植物配置上，应根据景点的特色进行差异化设计。对于以静谧、自然为主题的景点，可以种植一些具有特色树种的植物群落，创造出幽静、深邃的环境意境；对于以活泼、热烈为主题的景点，则可以选用色彩鲜艳、形态优美的花卉和灌木进行点缀，营造出热烈、欢快的氛围。

此外，在道路两侧绿地景观营造中，还应注重植物景观对道路的标识作用。在道路路口、道路连接处、道路转弯处等关键节点，通过设置特色植物群落或标志性树种，引导游客的游览方向，增强公园的导向性。同时，利用植物景观的季相变化，如春季的繁花似锦、秋季的层林尽染等，为道路两侧增添四时不同的景致，使市民在行走过程中能够感受到大自然的魅力。

通行机动车辆的园路，车辆通行范围内的乔木枝下净空大于4.0m。

车道的弯道内侧及交叉口视距三角形范围内，不应种植高于车道中线处路面标高1.2m的植物，弯道外侧宜加密种植以引导视线，交叉路口处应保证行车视线通透，并对视线起引导作用。以游览为主的道路两侧植物应丰富多彩，形式多样，色彩艳丽，富有趣味性。

总之，综合公园的道路两侧绿地景观营造是一项复杂而细致的工作。它需要我们充分考虑道路功能、植物配置、景观效果等多方面因素，通过科学的设计和精心的施工，打造出既美观又实用的道路两侧绿地景观，为市民提供一个舒适、宜人的休闲环境。

7.停车场绿地

在城市的繁华之中，综合公园作为一片绿色的净土，不仅为市民提供了休闲放松的场所，更是城市生态系统的重要组成部分。其中，停车场绿地作为公园的重要组成部分，其植物景观的营造更是关乎公园整体美观和生态功能的实现。

首先，我们需要明确停车场绿地植物景观营造的目标。这不仅仅是为了美化环境，更重要的是通过合理的植物配置，提高土地利用率，优化停车环境，同时实现生态环保的目标。

在植物的选择上，我们应充分考虑到乡土树种与优良品系的结合。乡土树种适应性强，易于生长，能够很好地融入当地的生态环境。而优良品系则能够丰富植物景观的多样性，提升观赏价值。同时，我们还应根据植物的生长习性和季相变化，进行科学的配置，使停车场绿地在四季都能呈现出不同的风貌。

在植物景观的营造手法上，我们可以借鉴生态化营造法和艺术化营造法。通过模拟自然生长的状态，将乔木、灌木等植物群落进行多样性的配置，使停车场绿地更接近于自然的发展。同时，我们还可以通过分隔、引导、对比等艺术手法，使植物景观在空间上更具层次感，提升观赏性。

在具体的营造过程中，我们可以根据停车场的规模和需求，进行有针对性的设计。例如，在每辆车旁设计绿地，根据植物的生长速度和空间需求，确定合适的株距和配置方式。这样既能保证每辆车都能享受到树荫的遮挡，又能提高土地的利用率。此外，我们还可以利用垂直绿化和屋顶绿化的方式，增加停车场的绿化面积，提升整体景观效果。

停车场绿地的树木间距应满足车位、通道、转弯、回车半径的要求，庇荫乔木枝下净空应符合规定，大、中型客车停车场乔木枝下净空大于4.0m，小汽车停车场乔木枝下净空大于2.5m，自行车停车场乔木枝下净空大于2.2m，场内种植池宽度应大于1.5m。

同时，我们还应注重停车场绿地与其他区域的过渡和衔接。通过自然植物群落的引入和配置，使停车场绿地与公园的其他区域形成一个和谐统一的整体。这样不仅能增强公园的自然气息，还能使停车场绿地成为公园景观的一部分，提升公园的整体品质。

此外，我们还应关注停车场绿地的维护和管理。定期对植物进行修剪、施肥和病虫害防治等工作，确保植物的健康生长和良好景观效果。同时，我们还应加强市民的环保意识教育，引导市民共同参与到停车场绿地的维护和管理中来。

综上可知，综合公园的停车场绿地景观营造是一项复杂而重要的工作。通过科学的植物配置、巧妙的设计手法和有效的维护管理，我们可以打造出既美观又生态的停车场绿地景观，为市民提供更加舒适、宜人的停车环境，也为城市的生态文明建设贡献一份力量。

七、社区公园绿地植物景观营造

社区公园的用地独立，规模宜大于1hm²，具有基本的游憩和服务设施，主要为一定社区范围内的居民就近开展日常休闲活动服务，功能区较少。社区公园植物景观相对简单，植物景观形式相对不复杂，层次较为单一，一般为2~3层，主要是营造一个较为舒适的环境。

(一) 社区公园绿地植物景观营造的要求

随着城市化进程的加速，社区公园绿地作为城市生态系统中不可或缺的一部分，其植物景观的营造不仅关系到居民的生活质量，而且直接影响到城市的整体形象。因此，社区公园绿地植物景观的营造有以下要求。

1. 生态优先，注重植物多样性

在植物选择上，应优先考虑乡土树种和适应性强的植物，这些植物能够更好地适应本地气候和土壤条件，减少维护成本。同时，应注重植物多样性的营造，包括乔木、灌木、地被植物等多个层次，形成丰富多彩的植物群落，为社区提供优美的自然景观。

2. 功能性布局，满足居民需求

植物景观的营造需要充分考虑居民的实际需求。例如，在公园入口或活动广场等人流密集区域，可以选择色彩鲜艳、形态优美的植物，营造热烈欢快的氛围；在休息区或儿童游乐区，应选择无毒、无刺、易于管理的植物，确保居民的安全和舒适。

3. 季相变化，创造四时美景

植物景观的营造应充分利用植物的季相变化特点，通过不同季节的植物搭配，创造出四季有景、季相分明的景观效果。例如，春季可以种植樱花、桃花等观花植物，夏季可以选择绿树成荫的乔木，秋季可以欣赏红叶满天的秋色，冬季则可以通过常绿植物保持公园的生机与活力。

4. 文化融入，体现地域特色

植物景观的营造还应融入地域文化元素，体现社区的特色和风格。可以通过种植具有地域特色的植物，如市花、市树等，或者通过植物景观的命名、解说等方式，传递社区的历史文化信息，增强居民的归属感和认同感。

5. 可持续性发展，注重生态保护

在植物景观的营造过程中，应坚持可持续性发展的原则，注重生态保护。应合理利用水资源，采用节水型植物和灌溉方式；减少化肥和农药的使用，采用生物防治等环保措施；同时，通过合理的植物配置和空间设计，提高公园的生态服务功能，如降温、增湿、净化空气等。

6. 人性化管理，便于维护

植物景观的营造不仅要在视觉上达到美观效果，还需要考虑其长期的管理和维护。因此，在选择植物时，应充分考虑其生长习性和管理要求，选择易于维护、适应性强的植物品种。同时，在植物景观的布局和配置上，应便于日常管理和维护工作的进行，如设置合理的灌溉系统、修剪路径等。

综上可知，社区公园绿地植物景观的营造需要综合考虑生态、功能、美观、文化等多个方面的因素，以实现人与自然和谐共生的目标。通过科学合理地规划和设计植物景观，不仅可以为社区居民提供一个舒适、优美、健康的休闲空间，而且有助于提升城市的整体形象和品质。

（二）社区公园绿地植物景观营造的原则

随着城市化进程的加快，社区公园作为城市绿地系统的重要组成部分，不仅为居民提供了休闲娱乐的场所，更在改善城市生态环境、提高居民生活质量方面发挥着不可替代的作用，而植物景观作为社区公园的核心要素，其营造原则至关重要。下面将探讨社区公园绿地植物景观营造的几项基本原则。

1. 生态优先原则

生态优先是社区公园绿地植物景观营造的首要原则。这意味着在植物选择和配置上，应优先考虑植物的生态适应性、生长习性和群落结构，确保植物能够健康生长并发挥最大的生态效益。同时，应注重植物群落的多样性和稳定性，通过合理的植物搭配，构建层次丰富、结构稳定的植物群落，提高生态系统的稳定性和抗干扰能力。

2. 以人为本原则

社区公园的主要服务对象是居民，因此植物景观的营造应充分体现以人为本的理念。在植物选择上，应考虑居民的观赏需求和审美偏好，选择具有观赏价值、文化内涵和季节特色的植物。在植物配置上，应注重空间的开合变化，营造出宜人的活动空间和舒适的休憩环境。此外，还应充分考虑居民的行为习惯和心理需求，通过植物景观的营造，提升居民的幸福感和归属感。

3. 文化融入原则

社区公园不仅是休闲场所，也是文化传播的重要载体。在植物景观营造中，应注重将地域文化、历史文化等元素融入其中，通过植物的象征意义、文化内涵和景观特色，传承和弘扬社区文化。这不仅可以提升植物景观的文化内涵，而且能增强居民对社区的认同感和归属感。

4. 可持续发展原则

可持续发展是现代城市绿地建设的重要理念。在社区公园绿地植物景观营造中，应坚持可持续发展的原则，注重资源的节约利用和环境的保护。在植物选择上，应优先选用乡土植物和适应性强的植物，减少外来物种的引入，降低维护成本。在植物配置上，应注重自然演替和生态平衡，避免过度人工干预和破坏生态环境。

5. 创新性与特色性原则

在遵循传统植物景观营造原则的基础上，社区公园绿地植物景观营造还应注重创新性与特色性。这意味着在植物选择和配置上，可以尝试引入一些新颖的植物品种和配置方式，创造出独特而富有创意的植物景观。同时，应结合社区的特点和居民的需求，打造具有地方特色和文化内涵的植物景观，使社区公园成为展示社区风貌和文化底蕴的重要窗口。

综上可知，社区公园绿地植物景观营造应遵循生态优先、以人为本、文化融入、可持续发展以及创新性与特色性等原则。这些原则相互关联、相互支撑，共同构成了社区公园绿地植物景观营造的基本框架和指导思想。在实践中，应根据具体情况灵活运用这些原则，创造出既符合生态要求又满足居民需求的优美植物景观。

(三) 入口区绿地

与综合公园不同，社区公园入口区设置主要为方便周边的社区居民，相对简单，以营造植物小环境为主。

社区公园绿地作为居民日常生活中不可或缺的一部分，其植物景观的营造不仅关乎美观，更影响着居民的生活品质与身心健康。因此，在营造社区入口区绿地景观时，我们应遵循一些基本原则，以便为居民打造一个方便、舒适且富有生机的植物小环境。

首先，我们需要注重植物的多样性与协调性。在选择植物种类时，既要考虑其观赏价值，也要注重其生态功能。通过搭配不同种类的乔木、灌木、花卉和地被植物，可以形成层次丰富、色彩多样的植物景观。同时，要注意植物之间的生长习性和生态关系，避免相互干扰或产生不良影响。

其次，植物景观的营造应充分考虑居民的实际需求。在入口区，可以设置一些便于居民休憩的设施，如座椅、凉亭等，并搭配一些具有遮阳、降温功能的植物，为居民提供一个舒适的休息空间。

再次，我们还需注重植物景观的可持续性与维护性。在选择植物时，应优先考虑适应本地气候和土壤条件的品种，以减少后期养护成本。此外，还可以通过合理的灌溉和施肥措施，保证植物的健康生长和良好景观效果。

最后，植物小环境的营造应体现社区的文化特色。可以通过设置一些具有地方特色的植物或景观小品，来展现社区的独特魅力。这样不仅可以增强居民的归属感和认同感，还能提升社区的整体形象。

总之，营造社区公园绿地植物景观时，我们应遵循多样性、协调性、实用性、可持续性和文化性等原则，为居民打造一个方便、舒适且富有生机的植物小环境。这样不仅能提升居民的生活品质，还能促进社区的和谐与发展。

(四) 运动区绿地

随着城市化进程的加速，社区公园作为居民休闲娱乐的重要场所，其绿地景观的营造越来越受到人们的关注。运动区作为社区公园的重要组成部分，其绿地景观的营造不仅要满足居民运动健身的需求，还要注重美观与生态的平衡。下面将从多个方面探讨社区公园运动区绿地景观的营造。

首先，运动区绿地景观的营造应注重功能性与美观性的结合。在设计之初，应充分考虑运动区的功能需求，合理规划空间布局。例如，跑道、篮球场、足球场等运动场地应建在开阔平坦的区域，确保运动空间的充足与舒适。同时，利用地形变化，巧妙设置景观节点，如小型水景、雕塑、特色座椅等，增加景观的层次感和趣味性。此外，选用色彩丰富、形态优美的植物进行配置，形成四季有景、步移景异的绿化效果，为运动区增添一抹亮色。

其次，运动区绿地景观的营造应充分考虑生态环保理念。在植物配置上，应选择适应性强、抗病虫害能力好的乡土树种，避免使用易产生飞絮、落果等问题的植物。同时，注重乔、灌、草结合的种植方式，形成稳定的植物群落，提高绿地生态系统的稳定性。此外，通过设置雨水花园、生态草沟等生态设施，实现雨水的自然渗透与净化，减少城市径流污染，提升绿地的生态功能。

再次，运动区绿地景观的营造还应注重人性化设计。在座椅、照明等公共服务设施的布置上，应充分考虑居民的使用习惯和舒适度。例如，座椅的设置应避开风口和阳光直射区域，为居民提供舒适的休息空间。照明设施的选择应充分考虑节能和环保要求，同时确保夜间运动的安全性。此外，运动区还应设置必要的标识系统和导览图，方便居民快速找到所需的运动场地和设施。

最后，运动区绿地景观的营造需要持续管理与维护。定期对植物进行修剪、施肥、病虫害防治等工作，保持绿地的整洁与美观。同时，加强对运动设施的维护与保养，确保其安全、稳定地运行。此外，通过举办各类运动活动和文化活动，吸引居民积极参与，提升社区公园的活力和凝聚力。

综上可知，社区公园运动区绿地景观的营造是一项系统工程，需要综合考虑功能性、美观性、生态性和人性化等多个方面。通过精心的设计与管理，我们可以为居民打造一个既满足运动需求又充满生态与美感的运动空间，让居民在运动中享受生活的美好。

（五）休闲区绿地

随着城市化进程的加快，人们对生活品质的追求也日益提升。社区公园作为城市绿地系统的重要组成部分，不仅为居民提供了休闲放松的场所，更是展现城市风貌和文化底蕴的重要窗口。其中，休闲区绿地景观的营造尤为关键，它直接关系到居民在公园中的体验感和满意度。

休闲区绿地景观的营造，首先要注重空间布局的合理性。设计师应充分考虑公园的整体规划和功能分区，确保休闲区与其他区域之间的衔接自然流畅。同时，休闲区的内部空间也应进行细致划分，既有开阔的草坪供人们自由活动，又有相对私密的角落供人们静享时光。

在植物配置上，休闲区绿地应坚持生态优先的原则，注重植物多样性和季节变化。可以选择一些观赏性强、生长迅速且维护成本低的植物品种，形成丰富的植物景观。同时，还应考虑植物的生态功能，如吸音降噪、净化空气等，为居民创造一个健康舒适的休闲环境。

此外，休闲区绿地景观的营造还应注重文化元素的融入。可以通过设置雕塑、景墙等艺术装置，展示城市的历史文化和特色风貌。同时，也可以结合当地的风俗习惯，开展丰富多彩的文化活动，增强居民对公园的归属感和认同感。

在设施配置上，休闲区应提供完善的休闲设施，如座椅、凉亭、健身器材等，以满足不同年龄段居民的需求。同时，还应注重设施的舒适性和安全性，确保居民在使用过程中的安全和舒适。

最后，休闲区绿地景观的营造还需要注重与周边环境的协调。设计师应充分考虑公园与周边建筑、道路等的关系，确保休闲区在视觉上与周边环境相协调，形成和谐统一的景观效果。

综上可知，社区公园休闲区绿地景观的营造是一项系统工程，需要综合考虑空间布局、植物配置、文化元素、设施配置和周边环境等多个方面。通过精心设计和营造，我们可以为居民打造一个既美观又实用的休闲空间，让他们在忙碌的生活中找到一片宁静与放松的绿洲。

(六) 广场绿地

在城市的繁华与喧嚣中，社区公园作为居民休闲放松的绿色空间，其绿地景观的营造显得尤为重要。广场作为公园的核心区域，其绿地景观的打造更是关乎整个公园的品质与氛围。下面将重点探讨社区公园中广场绿地景观的营造，从小型广场到大型广场，分别介绍其独特的景观特色与设计理念。

1. 社区公园小型广场绿地景观营造

小型广场是社区公园中的重要节点，其绿地景观的营造应注重精致与和谐。在植物的选择上，我们采用了丰富的植物群落进行隔离，通过不同种类、不同高度的植物搭配，形成了层次分明、色彩丰富的绿化效果。这些植物不仅起到了美化环境的作用，还能够有效地分隔空间，使广场的功能区域划分更加明确。

在景观的布置上，我们注重细节的处理。通过巧妙的植物组合和景观小品的点缀，营造出了温馨、舒适的休闲氛围。同时，还应考虑季节的变化，选择四季皆景

的植物，使得广场在不同季节都能呈现出不同的风貌。

2. 社区公园大型广场绿地景观营造

大型广场作为社区公园的主要活动场所，其绿地景观的营造应更加注重功能与美观的结合。在植物的选择上，应采用高大的乔木组成树阵，这些乔木不仅能为广场提供良好的遮阴效果，还能够有效地降低夏季的温度，为居民提供一个凉爽的休闲空间。

在景观的布置上，注重整体与局部的协调。通过树阵的排列组合，形成独特的空间感和视觉效果。同时，应结合广场的功能需求，设置了座椅、花坛等休闲设施，使得广场既能够满足居民的休闲需求，又能够展现出美观的景观效果。

此外，还应注重广场绿地景观的可持续性。在植物的选择上，优先选择适应当地气候和土壤条件的本土植物，这不仅有利于植物的生长和繁衍，还能够减少维护成本。同时，还应注重绿地的灌溉和排水系统的设计，确保植物在干旱或雨季都能得到适当的水分供应。

综上可知，社区公园广场绿地景观的营造是一项综合性的工作，需要充分考虑植物的选择、景观的布置以及可持续性等因素。通过精心的设计和打造，我们可以为居民创造一个美丽、舒适、功能完善的休闲空间，让人们在繁忙的生活中感受到自然的美好与宁静。

(七) 社区儿童活动区绿地植物景观营造

儿童活动区是社区公园绿地的重要组成部分，其植物景观的营造需要兼顾安全性、趣味性和教育性。

首先，安全性是儿童活动区植物配置的首要原则。应选择无毒、无刺、无飞絮的植物品种，避免儿童在玩耍时受伤。同时，植物的布局应合理，避免过于密集或过于稀疏，以确保儿童在活动时的视线畅通和空间舒适。

其次，趣味性是提升儿童活动区吸引力的关键。可以通过设置形状奇特、色彩鲜艳的植物，或者打造具有主题特色的植物景观，如小型的植物园、迷你森林等，以激发儿童的好奇心和探索欲。

最后，教育性也是不可忽视的方面。可以通过设置标识牌、解说牌等方式，向儿童普及植物知识，培养他们的环保意识和生态观念。

(八) 社区道路绿地植物景观营造

社区道路绿地是连接各个功能区的纽带，其植物景观的营造对于提升社区的整体形象和环境质量具有重要意义。

在道路绿地的植物配置上，应注重层次感和节奏感。可以通过种植不同高度、不同形态的植物，形成高低错落、疏密有致的景观效果。同时，根据道路的走向和宽度，合理设置绿化带和行道树，以引导视线和缓解交通压力。

此外，道路绿地的植物选择应考虑到季节变化和生态效应，可以选择一些具有季相变化的植物，如春季开花、秋季变色的树种，以增加道路的景观多样性。同时，注重选择具有生态功能的植物，如能够吸收噪声、净化空气的植物品种，以改善社区的生态环境。

在维护和管理方面，应定期对道路绿地进行修剪、灌溉和施肥等工作，保持植物的健康生长和良好景观效果。同时，加强病虫害防治工作，防止植物病虫害的发生和扩散。

(九) 社区公共配套建筑绿地植物景观营造

社区公共配套建筑绿地是居民日常休闲、娱乐、健身的重要场所，其植物景观的营造应充分考虑功能性与美观性的结合。首先，在植物的选择上，应注重乡土树种与外来树种的合理搭配，既体现地方特色，又保证植物群落的多样性。同时，根据不同季节的特点，选择开花、结果、变色等具有观赏价值的植物，形成四季有景、季相分明的植物景观。

在植物配置上，应注重乔、灌、草的多层次搭配，形成丰富的立体景观。通过合理的空间布局，营造出开敞、半开敞、封闭等不同的空间感受，满足不同活动对空间的需求。此外，还可通过设置花境、花坛等景观小品，增加绿地的趣味性和互动性。

(十) 社区雨水花园绿地植物景观营造

社区雨水花园是一种低影响开发 (LID) 理念下的绿色基础设施，旨在通过植物、土壤和微生物的协同作用，实现对雨水的自然渗透、过滤和储存。在植物景观营造方面，雨水花园应注重生态功能与景观效果的结合。

在植物选择上，应优先选用耐水湿、根系发达、净化能力强的植物种类，如千屈菜、水生鸢尾、旱伞草等。这些植物不仅能有效吸收雨水中的污染物，还能通过蒸腾作用将水分释放到大气中，调节微气候。

在植物配置上，应充分考虑雨水花园的汇水区域和水流方向，通过合理的地形设计和植物布局，引导雨水自然流动和渗透。同时，可结合景观小品和座椅等设施，营造出既具生态功能又具观赏价值的雨水花园景观。

(十一) 社区植草边沟景观营造

植草边沟是社区公园绿地中常见的景观元素，它不仅能够起到排水防涝的作用，还能通过巧妙的设计，增添公园的自然美感。在植草边沟的景观营造中，我们应注重植物的选择与搭配。

首先，要选择适应性强、生长迅速的草种，确保边沟的绿化效果持久且易于维护。同时，可以搭配一些低矮、耐阴的灌木或地被植物，形成丰富的植物层次，增加景观的立体感。

其次，在设计上，可以将植草边沟与公园内的其他景观元素相结合，如步道、座椅等，形成连贯的景观序列。通过巧妙的曲线设计，使植草边沟在视觉上更加柔和自然，与周围环境融为一体。

此外，还可以利用植草边沟的空间，设置一些小型的水景或雕塑，为公园增添趣味性和艺术感。这样的设计不仅能够提升公园的整体品质，还能为居民提供更多的休闲活动空间。

(十二) 社区应急避难场所绿地植物景观的营造

随着城市化进程的加快，社区应急避难场所的重要性日益凸显。在绿地植物景观的营造上，我们既要考虑其美观性，又要注重其功能性。

首先，要选择具有防火、抗风、耐旱等特性的植物品种，确保在紧急情况下能够保持较好的生长状态。同时，通过合理的植物配置，形成能够阻挡风沙、减少噪声的绿色屏障，为避难场所提供安全舒适的环境。

其次，在植物景观的设计上，可以运用丰富的植物材料，营造出错落有致、色彩丰富的景观效果。通过不同植物的组合搭配，形成独特的空间感和视觉焦点，为避难场所增添生机与活力。

此外，还可以结合避难场所的功能需求，设置一些实用的设施，如指示牌、照明设备等。这些设施不仅能够方便居民在紧急情况下的使用，还能提升避难场所的整体品质。

综上可知，社区公园绿地植物景观的营造是一项综合性的工作，需要我们充分考虑居民的需求和公园的功能定位。通过巧妙的设计和精心的维护，我们可以打造出既美观又实用的社区公园绿地，为居民提供更加宜居的生活环境。

第二节 居住绿地植物景观营造

随着城市化进程的加快，人们对于居住环境的要求也越来越高。居住绿地作为城市绿地系统的重要组成部分，对于提升居民生活品质、促进城市生态平衡具有重要意义。本节将从居住绿地的概念出发，探讨其作用及其在现代城市生活中的价值。

一、居住绿地的概念

居住绿地，顾名思义，是指在居住用地内，除社区公园以外的绿地空间。这些绿地包括小区游园、组团绿地、宅旁绿地、配套公建绿地、道路绿地等，它们不仅为居民提供了优美的休闲环境，还发挥着重要的生态功能。

二、居住绿地的作用

(一) 美化环境，提升生活品质

居住绿地作为城市景观的重要组成部分，以其独特的植物景观和优美的环境，为居民提供了休闲、娱乐、健身的场所。在忙碌的工作之余，居民可以在绿地上散步、聊天、运动，享受大自然带来的宁静与舒适。这些绿地空间不仅让居民的生活更加丰富多彩，而且提升了他们的生活品质。

(二) 生态调节，改善空气质量

居住绿地中的植物通过光合作用吸收二氧化碳、释放氧气，有助于改善空气质量。同时，绿地还能减少噪声污染、调节气温、增加空气湿度，为居民创造一个更加宜居的生活环境。此外，绿地中的土壤和植物还能过滤雨水、减少地表径流，对保护城市水资源具有重要作用。

(三) 社交互动，增强社区凝聚力

居住绿地作为居民共享的公共空间，是居民进行社交活动的重要场所。在这里，居民可以结识新朋友，交流生活心得，共同参与社区活动。这些互动不仅增强了邻里之间的友谊和信任，也提高了社区的凝聚力和向心力。

(四) 缓解压力，促进身心健康

现代城市生活的快节奏和高压力使得越来越多的人需要寻找一个可以放松身心

的场所。居住绿地正是一个理想的去处。在这里，居民可以暂时远离城市的喧嚣和繁忙，享受大自然带来的宁静与和谐。绿地中的植物和景观能够让人心情愉悦、精神焕发，对缓解压力、促进身心健康具有重要作用。

综上可知，居住绿地在现代城市生活中发挥着不可替代的作用。它们不仅美化了城市环境、提升了居民的生活品质，还发挥着重要的生态功能和社交价值。因此，在城市规划和建设中，应充分重视居住绿地的建设和保护，为居民创造一个更加宜居、美好的生活环境。

三、居住绿地植物景观营造规范

(一) 植物选择

(1) 优先选择观赏性强的乡土植物。

(2) 选择根系较为发达、抗污染的植物。

(3) 居住绿地的采光总体较差，选用相对耐阴的树种。

(4) 选择寿命较长、无针刺、无落果、无飞絮、无毒、无花粉污染的植物。

(5) 选择保健类及芳香类植物，不宜选有毒、有异味及易引起过敏的植物。

(6) 充分保护和利用绿地内现有树木。

(二) 植物营造

综合考虑植物生态习性和生境，做到适地种树。居住绿地植物配置应合理组织空间，做到疏密有致、高低错落、季相丰富，结合环境和地形创作优美的林缘线和林冠线。植物群落以乔木、灌木和草坪地被植物相结合的多种植物配置形式为主。合理确定快、慢长树的比例，慢长树所占比例一般不少于树木总量的40%。根据地域差异，合理确定常绿植物和落叶植物的种植比例。乔木配置不应影响住户内部空间采光、通风和日照条件。新建居住区的绿色植物种植面积占陆地总面积的比例不应低于70%，改建提升的面积不应低于原指标。

四、居住绿地植物景观营造特点

按照居住绿地组成划分，可以分为组团绿地、宅旁绿地、小区入口区绿地、小区道路绿地、配套公建绿地、垂直绿化和屋顶绿化。依据《城市居住区规划设计标准 (GB 50180—2018)》中居住街坊绿地的要求，居住街坊的集中绿地应首先满足：新区绿地面积应不低于 $0.50m^2$ / 人，旧区改造应不低于 $0.35m^2$ / 人；集中绿地宽度不应低于 8m，标准的建筑日照阴影线范围以外的绿地面积不应少于 1 / 3。

(一) 组团绿地

组团绿地是居住组团中集中设置的绿地，是为居民提供公共活动、休闲活动、日常锻炼的场所。组团绿地依据地形地貌、建筑小品、道路系统等景观元素，考虑功能需求，采取灵活方式进行植物景观营造。由于组团绿地是居住小区的中心公共绿地，绿地面积较大、较集中，植物与地形地貌、建筑小品、道路系统等共同营造形式和功能多样的空间。

尺度较大的空间，应以密林、疏林、草地相结合，乔、灌、花草相搭配的形式进行植物景观营造。利用地形和多层次植物将组团绿地与道路适度隔离，内部营造绿色小山丘和立体景观来增加绿视率，创造一个内向的静谧空间，适当种植落叶大乔木，营造夏季凉爽、冬季明亮之感，避免荫蔽环境的出现。色彩方面，宜选用色调明快的植物，应在品种选择与配置上，应做到三季有花，四季有景。如春季开花的丁香、碧桃、迎春，夏季开花的紫薇，秋季开花的木芙蓉、木槿等。

(二) 宅旁绿地

宅旁绿地是居住区内紧邻住宅建筑周边的绿地，一般呈现带状，面积较小。宅旁绿地的功能其一是柔化建筑，形成过渡空间；其二是阻止居民靠近建筑，避免高空坠物伤人；其三是防止夜间行车眩光。山墙面宅旁绿地面积相对较大，可采用自然式布局，并布置休息坐凳，住宅单元入口可采用植物景观增强可识别性，住宅背面绿地面积小，应以简单绿化为宜。

住宅周围常因建筑物遮挡形成面积不一的庇荫区，应重视耐阴树木、地被的选择和配置，建筑物南面不宜种植过密过大的植物，近窗不宜种植高大乔木与灌木等，不应影响住户的通风采光。建筑物西面，需种植高大阔叶乔木，对于夏季降低室内温度有明显的效果。

在建筑墙基和角隅，采用高大乔木、低矮的灌木软化建筑线条的生硬感，如朴树、南天竹、八角金盘等都是很好的选择。建筑外墙采用黑色等深色调，植物宜选择色彩明亮、疏朗造型的花木，打破沉闷的基调。建筑外墙采用米黄色等浅色调，植物宜选择色彩深绿、枝叶茂密的品种。

(三) 小区入口区绿地

小区入口区是居民进出小区的必经之路，也是小区形象的重要展示区。因此，在绿地植物景观营造上，需要注重美观性、功能性以及文化性的完美结合。

首先，在植物的选择上，应充分考虑其生长习性、观赏价值以及文化内涵。比如，可以选择一些四季常绿、花期长、形态优美的植物，如桂花、樱花、杜鹃花等，以增强入口区的观赏性。同时，还可以根据地域文化特色，选择一些具有象征意义的植物，如竹子、梅花等，以体现小区的文化底蕴。

其次，在植物配置上，应遵循"层次分明、色彩和谐"的原则。通过高低错落、疏密有致的植物布局，形成丰富的立面景观。同时，还可以利用植物色彩的变化，营造出温馨、和谐的氛围。

小区入口的植物景观非常重要，根据不同的风格和场地特征进行配置。如果入口有进深，则可以列植，或者在门卫室绿地种植乔木，与入口建筑、大门协调。

最后，在植物景观的维护上，应建立长效机制，定期修剪、施肥、浇水等，确保植物的健康生长和景观的持久美观。

（四）小区道路绿地

小区道路绿地是居住用地内道路用地（道路红线）界限以内的绿地。小区道路绿化应兼顾生态、防护、遮阴和景观效果，并根据道路等级进行营造。小区主要道路应保证消防功能，空间尺度较大，可以选用地方特色观赏植物，形成特色路网绿化景观，可采用乔、灌、草结合形成层次丰富的景观效果。次要道路绿化以提高居民舒适度为主，植物多选择小乔木和开花灌木，配置形式多样。小区其他道路绿地应保持绿地内植物的连续性和完整性，道路交叉口绿化视线范围内采用通透式布局。

从节能方面考虑，东西方向的道路可选择落叶树作为行道树，南北方向的道路可选择常绿树作为行道树。行道树应尽量选择枝冠水平伸展的乔木，能起到遮阳降温作用。植物一般选择树形优美、季相丰富和遮阴优良的树种，如广玉兰、合欢、香椿、梧桐等。

（五）小区垂直绿化

垂直绿化是近年来兴起的一种新型绿化方式，它充分利用建筑物的立面空间，通过种植攀缘植物或悬挂式植物等方式，实现绿化的立体化。在居住小区中，垂直绿化不仅可以增加绿量、改善环境，还能提升小区的整体形象。

在小区垂直绿化的实践中，应注重以下几点：

（1）选择合适的植物种类。垂直绿化植物应具有较强的攀缘能力和适应性，如爬山虎、常春藤等。同时，还应考虑其观赏价值和生态功能，如一些具有净化空气、降低噪声等功能的植物。

（2）合理设计垂直绿化形式。根据建筑物的立面结构和风格，可以选择墙面绿化、阳台绿化、廊架绿化等多种形式。同时，还可以通过设置灌溉系统、支撑结构等辅助设施，确保植物的正常生长和景观的持久稳定。

（3）加强垂直绿化的管理和维护。垂直绿化植物的生长环境相对特殊，需要定期修剪、施肥、浇水等养护措施。此外，还应加强病虫害防治工作，确保植物的健康生长。

垂直绿化是在具有垂直高差的立面上，以植物材料为主的绿化形式。按照构造形式与使用材料，可分为攀缘式、框架式、种植槽式、模块式、铺贴式、柱杆式、桥墩式、假山式等。垂直绿化能削弱建筑对场地的影响，能显著降温增湿、减弱风速，对人体舒适度有着积极影响。

小区垂直绿化的八种主要形式如下：

（1）攀缘式垂直绿化。攀缘式垂直绿化利用植物的攀缘特性，使其依附于建筑立面或其他结构体上生长。这种绿化形式自然、生动，能够有效地覆盖大面积的建筑墙面，为小区增添绿意。常见的攀缘植物有爬山虎、常春藤等，它们能够沿着墙面或支架生长，形成一道道绿色的屏障。

（2）框架式垂直绿化。框架式垂直绿化是通过在建筑物或构筑物上安装预先制作好的金属、塑料或木质框架，然后在框架内填充土壤或种植介质，种植适合的植物。这种方式可以根据建筑结构和设计风格定制，具有较强的灵活性和可塑性。

（3）种植槽式垂直绿化。种植槽式垂直绿化是在建筑立面或阳台上设置一定宽度的种植槽，然后在其中种植花草、灌木等植物。这种方式不仅能够美化环境，还能为居民提供一处可以近距离接触自然、放松心情的空间。

（4）模块式垂直绿化。模块式垂直绿化采用预制好的植物种植模块，通过组合、拼接等方式，快速形成大面积的绿色墙面。每个模块内部都有独立的灌溉系统，能够确保植物的正常生长。这种绿化形式施工简便、维护方便，适用于各种规模的居住小区。

（5）铺贴式垂直绿化。铺贴式垂直绿化利用特制的植物毯或植物垫，直接铺贴在建筑立面或其他结构体上。植物毯或植物垫内部含有植物种子、肥料和保水材料，通过适当的养护和管理，植物能够逐渐生长出来，形成绿色的墙面。这种方式操作简单、成本较低，适合大面积推广。

（6）柱杆式垂直绿化。柱杆式垂直绿化利用柱形或杆状结构体作为支撑，在其周围种植攀缘植物或悬挂盆栽植物。这种方式能够充分利用小区内的空间资源，增加绿地面积，也能够为居民提供一处观赏和休息的场所。

（7）桥墩式垂直绿化。桥墩式垂直绿化主要针对小区内的桥梁、廊道等结构进行绿化。通过在桥墩或廊道两侧种植植物，不仅能够美化环境，还能够起到降噪、防尘的作用。这种绿化形式能够提升小区的整体景观效果，为居民营造更加宜居的生活环境。

（8）假山式垂直绿化。假山式垂直绿化是结合中国传统园林艺术的一种绿化形式。通过在小区内设置假山或山石景观，并在其上种植植物，营造出一种自然、野趣的氛围。这种绿化形式不仅能够丰富小区的景观层次，还能够提升居民的文化素养和审美情趣。

小区垂直绿化是一种具有广阔应用前景的绿化方式。通过巧妙运用各种垂直绿化形式，不仅能够增加绿地面积、改善环境质量，还能够为居民提供更加舒适、宜居的生活环境。因此，在未来的城市规划和建设中，应大力推广和应用垂直绿化技术，推动城市生态环境的持续改善和提升。

综上可知，居住绿地植物景观的营造是一个综合性的工程，需要充分考虑美观性、功能性以及文化性等多个方面。通过精心设计和维护，可以打造出美丽宜居的居住环境，提升居民的生活品质。

（六）配套公建绿地

配套公建绿地是居住用地内的配套公建用地界限内所属的绿地。配套公建包括管理房、变电箱、煤气调压站、垃圾中转房、通风井、停车场等，配套公建与住宅之间采用多种绿化形式进行隔离，通过绿化协调不同功能建筑、区域之间的景观及空间关系。活动场地内适宜种植高大乔木，夏季植物的遮阴面积不低于场地的50%，枝下净空应大于2.2m。

教育类公建绿化种植应满足相关建筑日照要求，并可适当提高开花、色叶类植物的种植比例。对有一定危险的公共设施（如变电箱等），应采用绿化带对其进行隔离。

（七）屋顶绿化

屋顶绿化是在各类建筑物和构筑物顶面的绿化。种植屋面绿地首先应充分考虑屋面结构的荷载要求。植物设计应遵循"防、排、蓄、植并重，安全、环保、节能、经济，因地制宜"的原则。依据《种植屋面工程技术规程（JGJ 155—2013）》，屋顶绿化不宜选用根系穿刺性强的植物，不宜选用速生乔木、灌木植物，高层建筑屋面宜种植地被植物和小灌木，坡屋面宜种植地被植物。高层建筑屋顶花园设计乔、灌木高度不宜超过2.5m，乔、灌木主干距离女儿墙应大于乔、灌木本身的高度，其他屋顶乔、灌木距离边墙不宜小于2m。根据气候特点、屋面形式及区域文化特点，宜选择适合当地种植的植物种类。

承载力较小的屋顶花园，因种植土层较薄，不适宜种植乔、灌木，而以地被植物和草坪为主，故花园视线通透、空间开阔，可形成开敞式的植物景观。绿地形式分为规则式和自然式。规则式种植宜选择耐修剪的地被，布置成高度一致的规则几何形图案；自然式种植可布置成外轮廓曲折变化的平面形状，形成不需修剪、管理粗放，具有天然野趣的植物景观。承载力较大的屋顶花园，可以种植小乔木和灌木，并结合地被植物和草坪营造丰富多样的疏朗型植物景观。注意选择耐干旱、耐风吹的植物。

五、不同建筑风格植物景观特点

常见小区建筑风格有新中式、欧式、美式、现代等，为保持景观与建筑的风格统一，植物景观风格应与建筑形式保持一致，不同建筑风格小区的植物景观均有自身特点。

(一) 新中式风格

新中式园林景观将传统中式园林材料、色彩、线条等与现代设计手法相结合，是传统中式园林景观的传承与创新。新中式园林景观既具备传统园林的沉着和韵味，又带有现代园林的简约、大气和尊贵，具有清、静、雅的气质。

围合式院落的新中式植物景观，以少胜多，强调个体美、意境美，钟情自然。与中国古典园林植物不同，新中式植物景观更为简洁明朗。古典园林植物种植以自然形、多层次、多品种植物混植，而新中式景观植物种植以自然型和修剪整齐的植物相配合种植，植物层次较少，多为 2~3 层，一般为"乔木层 + 地被层 + 草坪或大灌木"等形式，品种选择也较少。二者的相同点是都营造了诗情画意的意境，植物材料也相同，如都常采用松、竹、梅、荷花、桂花、紫薇、垂柳、芭蕉、迎春、牡丹、月季、兰花等。采用的种植方式也类似，多采用孤植、对植、林植、丛植等设计手法，采用对景、框景、借景等营造方式。

(二) 欧式风格

欧式景观风格传承了欧洲建筑中的皇家贵族气派，以厚重、圆润、贵气为主要特点。景观元素包括廊柱、复杂的雕刻、雕塑、花坛、喷泉水景等。

法式植物景观应用精美的规则式图案，整齐的乔木、绿篱、模纹花坛，常用植物有椴树、欧洲七叶树、山毛榉、意大利柏、黄杨、月季等。英式风格景观园林通常采用自然式疏林草地景观，大面积的自然生长花草是其典型特征之一。自然树丛草地、自然式地形、花卉绿植、花境和爬藤植物随处可见，蜿蜒曲折的河流、道路体现出浓郁的自然情趣。自然式植物群落高低错落、层次丰富、色彩艳丽、林冠线优美，常用植物有悬铃木、槭树、七叶树、花楸、欧洲白蜡、绣球花、菖蒲、天竺葵、虞美人、蔷薇、铁线莲等。

简欧风格是在古典欧式风格基础上的创新发展，但保留了大致风格，仍可以感受到传统的历史痕迹与浑厚的文化底蕴，同时又摒弃了过于复杂的肌理和装饰，简化了线条。植物景观多采用规则式对称，灌木多用绿篱形式，局部做些变化。

地中海风格主要体现热带、亚热带风情，大量运用棕榈科植物和色彩绚丽的花灌木，以及大叶灌木、开放式的草地。地上、墙上、木栏上处处可见花草藤木组成的立体绿化。常用植物有棕榈、蒲葵、加拿利海枣、三角梅、藤本月季、洒金珊瑚、春羽、桃叶珊瑚等。

(三) 美式风格

与欧式风格相比，美式风格趋于简练、自然，布局开敞而且自然，沿袭了英式园林自然风致的风格，展现了乡村的自然景色，让人与自然互动起来，同时讲究线条、空间、视线的多变。

美式风格种植的理念是将高树、大树种植在建筑近处，并在阴阳角部位种植常绿植物，依层次分别种植花树、灌木、地被等植物。力求做到分层次、分颜色，有开阔感，疏密有致。无论是乔木还是灌木，种植时按照高低前后搭配种植。小乔木和灌木按植物的色彩进行搭配种植，种植方式大气豪放。美式园林中最具特色的就是大面积的开放式草坪和观赏草的使用，简洁大方的乔木与草坪的搭配总是能博得人们的喜爱。

(四) 现代简约风格

现代简约风格为硬景塑造形式与自然化处理相结合，多采用折线形式，转角线条流畅，注重微地形空间。通过现代简约的点、线、面手法组织景观元素，运用硬质景观 (如铺装、构筑物、雕塑小品等) 营造视觉焦点，运用自然的草坡、绿化，结合丰富的空间组织，凸显现代园林与自然生态的完美融合。植物造景不注重层次丰富、数量繁多，而在意每株植物的品质，造景手法简洁、明快，植物景观构图简单，整洁纯粹。

第三节　城市公园、道路、广场绿地植物景观营造

一、城市公园绿地植物景观营造

城市公园绿地作为城市生态系统中不可或缺的一部分，不仅为市民提供了休闲放松的空间，也是展示城市绿化水平与文化底蕴的重要窗口。植物景观作为公园绿地的核心要素，其营造的成败直接关系到公园的整体品质与市民的游园体验。因此，如何在城市公园绿地中科学而艺术地营造植物景观，成为城市园林设计领域的重要课题。

在植物景观营造过程中，首先要遵循生态优先的原则。这意味着在植物选择时，应优先考虑本地适生、生长稳定、生态功能强大的物种，通过合理的植物配置，构建稳定的植物群落，提高公园绿地的生态自我调节能力。同时，要注重植物多样性的保护，避免单一物种的大量种植，以保持生态系统的健康与平衡。

其次，植物景观的营造应注重艺术性与文化性的结合。植物作为园林艺术的媒介，其形态、色彩、季相变化等都是表达设计思想的重要手段。设计师可以通过运用不同的植物材料，创造出丰富多彩的植物景观，如色彩对比、形态呼应、空间划分等，营造出独特的艺术氛围。同时，植物景观也是城市文化的重要载体，通过巧妙地运用植物元素，可以展现出城市的历史风貌、地域特色和文化内涵。

再次，植物景观的营造还需注重功能性与实用性的结合。公园绿地作为市民日常活动的场所，其植物景观的设计应充分考虑到市民的需求和使用习惯。例如，在人流密集的区域设置开敞的草坪空间，方便市民进行集体活动；在静谧的角落种植观赏价值高的植物，为市民提供安静的休闲空间。同时，植物景观的营造还应考虑到后期的维护管理，选择易于养护、病虫害少的植物品种，降低维护成本，提高公园的可持续性。

最后，随着科技的不断进步，现代技术手段也为城市公园绿地植物景观的营造提供了更多的可能性。例如，通过运用大数据分析、虚拟现实等技术手段，可以对植物的生长状况进行实时监测和模拟预测，为植物景观的营造提供科学的数据支持。同时，智能化的灌溉系统、病虫害监测系统等现代技术的应用，也可以提高植物景观的维护效率和质量。

综上可知，城市公园绿地植物景观的营造是一项综合性的工作，需要综合考虑生态、艺术、文化、功能等多个方面的因素。只有在科学规划、精心设计和有效管理的基础上，才能创造出既美观又实用的植物景观，为市民提供高品质的休闲空间，也为城市的可持续发展贡献力量。

二、城市道路绿地植物景观营造

(一) 城市道路的概念与分类

城市道路是指由城市专业部门建设和管理、为全社会提供交通服务的各类各级道路的统称，它担负着城市交通的主要功能，是城市生产、生活的文脉，也是组织城市结构布局的骨架，还是绿化、排水和城市其他工程基础设施的主要空间。城市道路系统从功能上可分为道路系统和辅助道路系统，城市道路分为四级：快速路、主干路、次干路和支路。

(二) 城市道路绿地的概念与分类

根据 CJJ／T 85—2017《城市绿地分类标准》，城市道路绿地是指附属绿地中所内含的道路与交通设施附属绿地。城市道路绿地可分为道路绿带、交通岛绿地、广场绿地和停车场绿地。其中道路绿带分为行道树绿带、分车绿带和路侧绿带。

(三) 城市道路断面布置形式

目前，我国城市道路断面常用的形式有一板两带式、两板三带式、三板四带式、四板五带式等类型。

1. 一板两带式

一板两带式道路俗称单幅路，在道路绿化中最常用，即一条车行道，两条绿化带，在车行道的两侧与人行道的分割线上种植行道树。一般支路宜采用单幅路，常见于机动车专用道、自行车专用道以及大量的机动车与非机动车混合行驶的次干路和支路。一板两带式道路具有操作简单、用地经济、管理方便的优点，但是当车行道过宽时，行道树的遮阴效果较差，不利于机动车辆与非机动车辆混合行驶时的交通管理。

2. 两板三带式

两板三带式道路也称为两幅路，是指在车道中心用分隔带或分隔墩将车行道分为两半，上、下行车辆分向行驶，在分隔单向行驶的两条车行道中间绿化，并在道路两侧布置行道树。两板三带式道路也叫作双幅路，一般次干路宜采用单幅路或双幅路。中央分隔带可以解决对向机动车流的相互干扰，适用于纯机动车行驶的车速高、交通量大的交通性干道。在地形起伏变化较大的地段，利用有高差的中央分隔带，还可减少土方量和道路造价。规范规定，当道路设计车速大于50km／h时，必须设置中央分隔带。绿化分隔带有利于形成良好的景观绿化环境，可分离路段上的机动车与非机动车，大大减少二者间的矛盾，常用于景观、绿化要求较高的生活性道路，但交叉口的交通组织不易处理，除某些机动车和自行车流量、车速都很大的近郊区道路外，一般较少采用。

3. 三板四带式

三板四带式道路（三幅路）是指利用两条分隔带把车行道分成三部分，中间为机动车道，两侧为非机动车道，连同车道两侧的行道树共为四条绿带，一般主干路宜采用四幅路或三幅路。三板四带式道路有利于机动车和非机动车分道行驶，可以提高车辆的行驶速度，保障交通安全。在分隔带上布置多层次的绿化能够取得较好的景观效果，夏季荫蔽效果好，组织交通方便，安全可靠，解决了各种车辆混合互相干扰的矛盾。但是，这样也存在部分问题，如对向机动车仍存在相互干扰；机动车与沿街用地、自行车与街道另一侧的联系不方便；道路较宽，占地大，投资高；车辆通过交叉口的距离加大，交叉口的通行效率受到影响。三板四带式道路横断面不适用于机动车和自行车交通量都很大的交通性干道和要求机动车车速快而畅通的城市快速干道。

4. 四板五带式

四板五带式道路也称为四幅路，是用分隔带将车行道划分为四部分，即在三板四带式道路的基础上，增加一条中央分隔带，以便各种车辆上行、下行互不干扰，有利于限定车速和交通安全。一般情况下，快速路或主干路设置为四幅路。当快速路两侧设置辅路时，应采用四幅路；当快速路两侧不设置辅路时，应采用两幅路。一般在城市道路中不宜采用这种道路类型。

（四）城市道路绿地的功能

1. 生态功能

城市道路绿化是城市的基本框架，实现了城市各个区域间的连接，构成了城市绿化系统的"骨架"，也是城市居民日常接触最多、最为亲密的绿色空间，兼具绿地的美化、生态功能，还在城市中发挥着优化城市道路环境、规整街面景观视觉效果、降低城市噪声及汽车尾气污染等生态功能。

城市道路绿地是城市绿地的一部分，通过设置绿化分隔带控制交通，利用绿地植物自身的特性发挥其改善城市环境、调节城市生态气候的作用。城市内部车流量大，交通繁忙，产生的汽车尾气、交通噪声及颗粒物等有害物质对城市环境和空气质量造成了严重的破坏。在城市道路中间和两侧设置隔离绿化带，种植大量绿化植物，能够有效地起到滞尘、减噪、降温降湿调节小气候的作用。树木枝叶茂密，具有强大的减低风速的作用。同时树叶表面粗糙，有绒毛或黏性分泌物，当空气中的尘埃经过树木时，便附着于其叶面及枝干上。因此，植物对烟尘和粉尘有明显的阻挡、过滤和吸附作用。绿地上空灰尘减少，从而减少了黏附其上的细菌，而且许多植物本身具有分泌杀菌素的能力，如悬铃木、桧柏、白皮松、雪松等都是杀菌能力较强的绿化树种，可以有效减少空气中的细菌数量。

汽车尾气等有害气体虽对植物生长不利，但许多植物对它们仍具有吸收和净化作用。在城市道路绿化带中选择与其相应的具有高吸收和强抗性能力的树种进行绿化，对于防止污染、净化空气具有很大意义。相关研究也表明了城市道路绿地的植物群落郁闭度越大，降噪效果越明显；道路绿地林内外的温度变化幅度也有明显差异，道路绿地降温增湿作用明显；绿带越宽，滞尘、降噪效果越好；城市道路绿地建成时间越久，即植物群落越成熟，生态功能越显著。

此外，改善城市环境、提升空气质量要求在城市道路绿地中构建更加稳定的植物生态群落，借由生态系统内部抵抗力和恢复力，维持生态系统功能稳定，产生更多生态效益。稳定的生态群落构建，需要多层次、多元化的植物，在植物的选择上注重因地制宜，适地适树，宜用乡土植物，相比引用的新物种，乡土植物更加适合当地气候、土壤、生境条件，对构建稳定性的植物生态群落更具有保障作用，能有效减少植物病虫害。

2. 景观功能

城市的道路绿化远不止是串联景观轴点、组织交通的城市轴线，更是动态艺术景观，是城市精神面貌的体现。植物自身具有色彩美、形态美等特点，将银杏、蓝花楹这样观花、观叶、观干植物运用到行道树上，可提高景观丰富性，达到缓解视觉疲劳的综合效果。道路绿地在整体视觉上注重审美的连续性，既统一平缓又有波折起伏。从司乘人员的视角出发，道路景观是动态的序列布局，间断和连续的景观变化可构造出三维的空间动画。造景时充分利用和发挥不同植物的不同观赏特性，趣味性的植物景观布局和形态各异、色彩丰富的植物景观，有助于缓解司机疲劳感。在竖向空间上，道路绿地景观林冠线的营造可以通过不同树形如圆球形、塔形、伞形等形态各异的植物构成富有层次变化的空间美感效果。

道路绿地的布局、可达性、景观层次等都体现了在乔、灌、草的搭配上所营造的高低错落的变化和景观空间的丰富程度。在相对狭窄的分车隔离带，优先考虑种植市花或市树，既代表城市文化，体现出人文情怀，又更加经济和生态。

3. 休闲功能

城市人口密集，人工环境的增加和扩大，易使人们感到"自然匮乏"，在生理上和心理上受到损害。城市道路绿地作为城市绿地的一部分，其休闲游憩的功能也在逐步增强，使人们在繁忙紧张的工作之余，通过户外活动消除疲劳，释放压力，调剂生活。城市道路景观绿地的主次干道布局中，宽幅林带既承担着满足市民对自然的需求，又满足了市民休闲运动的功能。在绿地中布置休闲道路、健身场地、公厕、小型商店及读书屋等，以满足不同年龄层次市民的慢行、体育锻炼、交流互动等活动需求。

4.交通功能

设置中央绿化隔离带是满足道路人车分流和快慢车分道、提高通行效率、保证交通安全最高效的措施之一。中央绿化隔离带可以有效减少相向行驶车辆的互相干扰，夜间还能避免对向车灯造成的眩光，降低安全风险。机动车道和非机动车道之间安排绿化隔离带能解决快、慢车混杂的问题，减少机动车和非机动车的剐蹭。人行道和车行道之间设置绿化隔离带能够防止行人随意横穿马路，减少意外事故的发生。

（五）城市道路绿地营造原则

城市道路绿地景观的营造同城市绿地景观营造一样，都需要遵循相关的设计规范，经过系统的规划设计。城市道路绿地植物景观配置应当在考虑道路的功能、性质、人性化和车型的要求、景观空间的构成、立地条件，以及与其他市政公用设施关系的基础上，进行植物种植设计和植物选择。

1.植物选择原则

城市道路绿地植物景观营造，应充分运用灵活的植物造景手法，尽量保留原有的自然景观、有价值的原有树木、名木古树，保护道路原有生态系统和生态功能。应结合当地树种规划，选择乡土树种；应遵循适地适树原则，并符合植物间伴生的生态习性；选择适应道路环境、生长稳定、观赏价值高、环境效益好、便于管理、养护成本低、能体现地域特色的植物。道路绿地应重视对乡土树种和长寿树种的选择和应用，以乔木为主，乔木、灌木、地被植物相结合，使土壤不裸露在外。根据海绵城市建设的要求，设置雨水调蓄设施的道路绿化用地内植物宜根据水分条件、径流雨水水质等进行选择，宜选择耐淹、耐污、耐旱等能力较强的树种；在未设置雨水调蓄设施的道路绿化用地内应选择抗逆性强、节水耐旱、抗污染、耐水湿的树种，可降低绿地建设管理过程中资源和能源的消耗。

路侧绿带宜选用丰富的植物种类，提高道路绿化的生态效益和城市生物多样性。道路绿化植物材料栽植密度应适宜，避免过密栽植影响植物生长。分车绿带、行道树绿带内种植的树木不使用胸径大于20cm的乔木。行道树应选择树干端直、树形端正、分枝点高且一致、冠形优美、深根性、冠大荫浓、生长健壮、适应城市道路环境条件，且落果对行人不会造成危害，具有良好生态效益的树种。行道树及分车绿带树种，应避免选择有污染性或潜在危险的种类，应避免在人流穿行密集的行道树绿带、两侧分车绿带，栽植叶片质感坚硬或锋利的植物。行道树的苗木胸径速生树种不宜小于5cm，慢生树种不宜小于8cm。花灌木应选择花繁叶茂、花期长、生长健壮和便于管理的树种。绿篱植物和观叶灌木应选用萌芽力强、枝繁叶密、耐修剪的树种。地被植物应选择茎叶茂密、覆盖率高、生长势强、萌蘖力强、病虫害少和耐修剪的木本或草本观叶、观花植物。草坪地被植物应选择萌蘖力强、覆盖率高、耐修剪和绿色期长的种类。寒冷积雪地区的城市，分车绿带、行道树绿带内种植的树木，应选择落叶树种或抗雪压树种。易受台风影响的城市，分车带、行道树绿带内种植的乔木，应选择抗风性强的树种。

2. 规划设计原则

城市道路绿化的主要功能是庇荫、滤尘、减弱噪声、改善道路沿线的环境质量和美化城市。以乔木为主，乔木、灌木、地被植物相结合的道路绿化，防护效果最佳，地面覆盖效果最好，景观层次丰富，能更好地发挥其功能作用。

园林景观路应配置观赏价值高、有地方特色的植物，并与街景结合，主干路应体现城市道路绿化景观风貌。同一条道路的绿化宜有统一的景观风格，不同路段的绿化形式可有所变化。同一路段上的各类绿带，在植物配置上应相互配合，并应协调空间层次、树形组合、色彩搭配和季相变化的关系。毗邻山、河、湖、海的道路，其绿化应结合自然环境，突出自然景观特色。不同空间的道路植物配置根据道路的功能、类型的不同因地制宜，适地适树，发挥科学性与艺术性，合理布局出植物景观效果。路侧绿带宜与相邻的道路红线外侧其他绿地相结合。道路两侧环境条件差异较大时，宜将路侧绿带集中布置在条件较好的一侧。

为保证道路行车安全，道路绿化需满足行车视线和行车净空的要求。行车视线要求在道路交叉口视距三角形范围内和弯道内侧的规定范围内种植的树木不影响驾驶员的视线通透，保证行车视距；在弯道外侧的树木沿边缘整齐连续栽植，预告道路线形变化，诱导驾驶员行车视线。行车净空要求在各种道路的一定宽度和高度范围内为车辆运行的空间，树木不得进入该空间。具体范围应根据道路交通设计部门提供的数据确定。

《城市绿地设计规范（2016年版）》GB 50420—2007规定了园林景观道路绿地率不得小于40%，红线宽度大于50m的道路绿地率不得小于30%，红线宽度为40～50m的道路绿地率不得小于25%，红线宽度小于40m的道路绿地率不得小于20%。乔木不宜种植在宽度小于1.5m的分隔带及快速路的中间分隔带上，主干路上的分车绿带宽度不宜小于2～5m，行道树绿带宽度不得小于1.5m。

(六) 城市道路绿地植物景观营造的方法

1. 分车绿带

分车绿带也称为隔离带绿地，用来分离同向或对向的交通，起着引导景观流线、组织交通和分隔空间的作用。分车绿带可以分为中央分车绿带和两侧分车绿带。

分车绿带的植物种植设计首先要考虑是否会影响交通安全，以不妨碍司乘人员视线为原则，发挥植物最大功能性作用。绿带的道路环境一般受到高浓度的大气污染，且土壤干燥、肥力低，因此选择抗逆性强、耐修剪的植物是维护可持续发展的必要性条件。若栽植乔木其主干分枝必须在2m以上，较窄的分隔绿带栽植灌木不超过70cm，随着分隔带宽度的增加，植物配置越来越丰富，布局形式更加多样，上层植物配置可用常绿乔木如香樟、女贞等，下层可用矮小乔木或灌木，如茶花、紫叶李、大叶黄杨等，在不妨碍视线的情况下根据设计造型进行排列种植。地被的选择要注意是否为耐阴种类，常绿耐阴地被一般是多年生，可避免每年更换地被而造成水土流失，这样不仅起到了改善土壤理化性质和肥力的作用，而且在经济效益上也大大提高，减少了一定的经济损失。

分车绿带的植物配置应注意形式简洁，树形整齐，排列一致，使驾驶员容易辨别穿行道路的行人，减轻驾驶员视觉疲劳。被人行横道或道路出入口断开的分车绿带，其端部采取通透式栽植，使穿越道路的行人容易看到过往车辆，以利于行人、车辆安全。乔木树干中心至机动车道路缘石外侧的距离不宜小于0.75m。中间分车绿带应阻挡相向行驶车辆的眩光，植物高度一般为0.6~1.5m，树冠应常年枝叶茂密。合理配置灌木、灌木球、绿篱等枝叶茂密的常绿植物能有效地阻挡对面车辆夜间行车的远光，改善行车视野环境。

在2.5m以上宽度的分车绿带上进行乔木、灌木、地被植物的复层混交，可以提高隔离防护作用。主干路交通污染严重，宜采用复层混交的绿化形式。两侧分车绿带宽度大于或等于1.5m的，应以种植乔木为主，并宜采用乔木、灌木、地被植物相结合的形式，道路两侧乔木树冠不宜在机动车道上方搭接。分车绿带宽度小于1.5m的，应以种植灌木为主，并与灌木、地被植物相结合。

2. 行道树绿带

行道树绿带是指位于人行道与车道之间的绿地，主要以树池或树带的形式依次排列种植大型乔木类的行道树，树池中通常配置耐阴花草，是具有遮阴、防护、生态以及美化环境功能的道路绿地隔离带。行道树绿带主要是为行人及非机动车庇荫。在进行种植时要充分考虑株距，以树种壮年期的冠幅为准，最小距离应大于4m。行道树树干中心至路缘石外侧的最小距离宜为0.75m，这样可使树冠之间有充分的营养面积以保持正常生长。在道路较宽、空间位置相对空旷的街道，行道树下可搭配灌木和地被植物，这样不仅可达到层次多元化的景观效果，而且可维护土壤条件，减少土壤裸露，对树木的根系生长、健康发育起到一定的养护作用。最后，从安全性角度来考虑，还要注意植物是否无毒、颜色是否刺眼、有无飘落毛絮等。灌木的选择上考虑植株无刺或少刺，耐修剪并具有可控性。

行道树绿带种植应以行道树为主，并宜乔木、灌木、地被植物相结合，形成连续的绿带。在行人多的路段，行道树绿带不能连续种植时，行道树之间宜采用透气性路面铺装。树池上宜覆盖树池箅子。为了保证新栽行道树的成活率，在种植后能在较短的时间内达到绿化效果，要求速生树胸径不得小于5cm，慢生树胸径不宜小于8cm。在道路交叉口视距三角形范围内，行道树绿带应采用通透式配置。

3. 路侧绿带

路侧绿带是指位于道路侧方人行道边缘至道路红线间的绿带，是缓和建筑与周围环境的生态绿带。路侧绿带植物种类更为丰富，设计形式多样，施展空间更大，从而在阻挡噪声污染和交通污染方面起到天然屏障的作用。路侧绿带设计应根据相邻用地性质、防护和景观要求进行，保持在路段内连续且完整的景观效果。路侧绿带宽度大于8m时，可设计成开放式绿地。在开放式绿地中，绿化用地面积不得小于该段绿带总面积的70%。濒临江、河、湖、海等水体的路侧绿地，应结合水面与岸线地形将其设计为滨水绿带。滨水绿带的绿化应在道路和水面之间留出透景线。道路护坡绿化应结合工程措施栽植地被植物或攀缘植物，遮挡边坡裸露土壤，起到美化边坡的作用。

路侧绿带的布局首先要考虑生态性，在适地适树的情况下合理选择植物进行配置。其次是功能性，应根据道路环境、行驶车辆数量等，充分利用植物的最大功能达到治理环境的要求。最后是美观性，植物的配置不仅仅是乔、灌木搭配，还要根据周围环境、色彩使其设计手法融会贯通、层次分明，充分利用植物的质感、季相以及形态，烘托出特色鲜明、独有韵味的氛围。

（七）城市交通岛绿地植物景观营造的方法

交通岛是为控制车辆行驶方向和保障行人安全而设置的绿地。交通岛绿地应根据各类交通的功能、规模和周边环境进行设计，方便人流、车流集散。交通岛因其特殊的交通位置与作用，不宜将其布置成开放式绿地，以保证行人安全，控制车流方向。

交通岛绿地的植物配置应该增强其导向作用，在行车安全视距范围内采用通透式配置。交通岛可布置成大花坛，种植一年生或多年生花卉，组成各种图案，或种植草皮，以花卉点缀。交通岛绿地分为中心岛绿地、立体交叉绿岛和导向岛绿地三类。其中，中心岛绿地应保持各路口之间的行车视线通透，布置成装饰绿地；立体交叉绿岛宜种植草坪、地被植物或采用疏林草地模式，在草坪上点缀树丛、孤植树和花灌木，营造疏朗通透的景观效果，桥下宜种植耐阴地被植物，墙面宜进行垂直绿化；导向岛绿地植物配置应以低矮灌木和地被植物为主，平面构图宜简洁。符合条件的交通岛，其绿化设计可因地制宜布置雨水调蓄设施。

高架桥绿地为立体交叉绿岛的一种特殊形式。高架桥绿地的植物景观包括桥面绿化、桥墩绿化、桥下绿化。三者的立地条件不同，植物选择和营造方式也有差异。在桥面上，植物多种植在花箱中，花箱体积小，日照条件好，植物应选择耐旱、美观的品种。桥下绿地一般光线较差，要选择适合本地生长、抗性好、耐旱耐阴、抗污染的植物，如麦冬草、八角金盘、吉祥草、一叶兰等。桥墩绿化应考虑植物生长快慢搭配、常绿与落叶搭配、观叶与观花搭配，同时要考虑桥柱光照情况，常用植物有爬山虎、常春藤等。

(八) 城市交停车场绿地植物景观营造的方法

停车场绿化应有利于汽车集散和人车分隔，保证安全，不影响夜间照明。停车场周边应种植高大庇荫乔木，并宜种植隔离防护绿带，绿化覆盖率宜大于30%。在停车场内宜结合停车间隔带种植高大庇荫乔木，以防止暴晒，起到保护车辆、净化空气、防尘、防噪声的作用。停车场种植的庇荫乔木可选择行道树树种，树木分枝点高度应符合停车位净高度的规定，一般小型汽车为2.5m，中型汽车为3.5m，载货汽车为4.5m。行道树种具有深根性、分枝点高、冠大荫浓等特点，适合于停车场的栽植环境，但应避免有异味、浆果、根系穿透力过强的植物。

停车场绿化主要有两种布置方式，一种是周边式绿化，即四周种植乔木、花灌木、草地、绿篱或围以栏杆。这种布置方式集散方便，视线清楚，四周界限清晰，周边绿化可以和行道树绿化结合，缺点是场地无树木遮阴。另一种是树林式停车场，场地内种植成行、成列的落叶乔木，这类停车场占地面积较大，优点是夏季遮阴效果好，缺点是面积较大，形式较单调。

三、城市广场绿地植物景观营造

城市广场是城市形象的代表，也是城市居民重要的休闲娱乐场所，还承担着组织城市交通的作用。绿地应根据广场的功能、规模和周边环境进行营造，结合周边的自然和人造景观环境，协调与四周建筑物的关系，同时保持自身的风格统一，使其更利于人流和车流的集散。广场绿地布置和植物配置要考虑广场规模、空间尺度，使植物更好地装饰、衬托广场，改善环境，利于市民活动与游憩。广场绿化应选择具有地方特色的树种。

（一）城市广场绿地植物景观营造的原则

随着城市化进程的加速，城市广场作为城市空间的重要组成部分，不仅承载着市民休闲娱乐的功能，更是展示城市文化风貌的窗口。其中，植物景观作为广场绿地的核心元素，其营造原则直接关系到广场的整体效果与市民的使用体验。下面将探讨城市广场绿地植物景观营造的几项基本原则。

1.生态优先原则

生态优先是城市广场绿地植物景观营造的首要原则。在规划与设计过程中，应充分考虑植物群落的生态平衡与生物多样性，选择适应当地气候、土壤条件的植物种类，避免盲目引进外来物种，防止生态失衡。同时，要注重植物群落的层次感和立体感，通过乔灌草相结合的方式，构建稳定的植物生态系统。

2.功能性原则

城市广场绿地作为公共活动空间，其植物景观的营造应满足市民的多种功能需求。例如，通过设置遮阴树、休息座椅等，为市民提供避暑纳凉的场所；通过布置花坛、草坪等，为市民提供观赏和游憩的空间。此外，植物景观还应与广场的其他设施相协调，共同构成功能完善、舒适宜人的活动环境。

3.文化性原则

城市广场是展示城市文化的重要场所，植物景观的营造也应体现城市的文化特色。在植物种类的选择上，可以优先考虑具有地域特色的乡土树种，以彰显城市的文化底蕴。同时，可以通过植物造景的手法，如运用象征、隐喻等，将城市的历史文化元素融入植物景观之中，使市民在欣赏美景的同时，也能感受到城市的文化魅力。

4.可持续性原则

可持续性是城市广场绿地植物景观营造的长期目标。在规划与设计过程中，应注重资源的节约与利用，避免过度消耗和浪费。例如，可以采用节水型植物和节水灌溉技术，减少水资源的消耗；通过合理搭配植物种类和布局方式，提高绿地的自净能力和生态效益。此外，还应加强绿地的养护管理，确保植物景观的持久性和稳定性。

5.美观性原则

美观性是城市广场绿地植物景观营造的基本要求。在植物种类的选择和配置上，应注重色彩、形态、质感等方面的搭配与协调，营造出具有艺术美感的植物景观。同时，应充分考虑季节变化对植物景观的影响，通过选择四季常绿的植物和季相变化明显的植物，使广场绿地呈现出丰富多彩的景观效果。

总之，城市广场绿地植物景观的营造应遵循生态优先、功能性、文化性、可持续性和美观性等原则。这些原则相互关联、相互促进，共同构成了城市广场绿地植物景观营造的基本框架和指导思想。在实际操作中，应根据具体情况灵活运用这些原则，以打造出既符合生态要求又兼具文化特色和艺术美感的城市广场绿地植物景观。

(二)城市广场绿地植物景观营造的功能

城市广场作为城市空间的重要组成部分，不仅承载着市民休闲、娱乐、交流等多种功能，也是展示城市风貌、彰显城市特色的重要窗口。其中，绿地植物景观作为广场的重要构成要素，不仅美化了广场环境，更在生态、社会、文化等多个层面发挥着重要作用。

首先，城市广场绿地植物景观具有显著的生态功能。绿地植物能够吸收空气中的二氧化碳、释放氧气，有效净化空气，改善城市环境质量。同时，植物还能吸收噪声、降低温度、增加湿度，为市民提供一个舒适、宜人的休闲空间。此外，绿地植物还有助于保持水土、减少城市洪涝灾害，对城市的可持续发展具有重要意义。

其次，城市广场绿地植物景观还具有丰富的社会功能。广场作为市民公共活动的重要场所，绿地植物景观为市民提供了休闲、娱乐、锻炼的场所。市民在绿地中散步、跳舞、健身，不仅能够锻炼身体，还能增进彼此之间的交流与互动，促进社会和谐。此外，绿地植物景观还能为市民提供心理层面的慰藉，缓解生活压力，提升生活品质。

最后，城市广场绿地植物景观还具有独特的文化功能。绿地植物作为自然元素的代表，与城市建筑、雕塑等人文景观相互融合，共同构成了城市的文化底蕴。通过精心设计的植物景观，可以展现出城市的历史文化、地域特色以及时代精神，增强市民对城市文化的认同感与归属感。同时，绿地植物景观还能为市民提供丰富的审美体验，提升城市的文化品位。

综上可知，城市广场绿地植物景观在生态、社会、文化等多个层面发挥着重要作用。因此，在城市广场规划与建设中，应充分重视绿地植物景观的营造，通过科学合理的植物配置与景观设计，为市民打造一个既美观又实用的休闲空间，推动城市的可持续发展。

(三)交通广场绿地

交通广场绿地包括汽车、火车、飞机、轮船等广场码头的绿地，包括集中和分散绿地，集中成片绿地不宜小于10%。在不影响交通功能的前提下，见缝插绿、见缝插景，使植物景观最大化。集中绿地采用疏朗通透、高分枝点的乔木规则式种植，保持广场与绿地的空间渗透，扩大广场的视域空间，丰富景观层次，使绿地能够更好地装饰广场。集中绿地沿周边种植高大乔木，起到遮阴、减噪的作用，供休息的绿地不宜设在车流包围或主要人流穿越的地方，步行场地和通道种植乔木遮阴。小块绿地以低矮的绿篱、花境、花池、花坛等形成绚丽的色块，同时起到组织人流的作用。

(四) 市政广场绿地

市政广场一般人流量大，绿地呈周边式配置，中央设置硬质铺装或软质的耐踏草坪，广场内视线通透，广场的植物景观通常呈规则式或自然式。其中，规则式常采用树列、树阵、绿篱、花坛、可移动花箱等形式；自然式常采用花境、花池、树丛、嵌花草坪、疏林草地、花带等形式。总体而言，广场周边绿地以乔木和大面积草坪为主，在边角地带设计彩叶矮灌木，或由彩叶矮灌木组合成线条流畅、造型明快、色彩富于变化的绿篱图案，高度应避免遮挡视线。

(五) 纪念性广场绿地

纪念性广场绿地以景观功能为主，生态功能为辅。植物景观应以烘托纪念环境气氛为主，依据广场的纪念意义、主题来选择植物，并确定与之适应的配置形式和风格。纪念人物的广场常根据人物的身份、地位或生平事迹、性格特征选择有代表性的植物，如松柏等常绿植物，采用规则对称式配植。纪念事物的广场则根据事物的性质不同，采用风格灵活多样的形式。纪念政治事件或悲壮的革命事迹宜采用规则对称式布局，选用绿、蓝、紫、灰等庄重严肃的装饰色彩以及暗色调植物，以营造凝重的气氛，如南昌八一纪念广场等。

(六) 商业广场绿地

商业广场是以商贸活动为主的广场，需兼顾景观功能和生态功能。在不遮挡行人视线的前提下，尽量提供种类丰富的植物景观供人欣赏，宜采用灵活多样的植物配置方式。树干分枝点高的乔木可以树池式种植并适当配以小型花坛、可移动花箱、花架等。宽阔地带的乔木树池，在不影响商贸活动的情况下，可设计成既可围护树干，又可充当座椅的花池。

（七）小游园绿地植物景观营造

1. 小游园概述

小游园是供城市行人作短暂游憩的场地，是城市公共绿地的一种形式，又称为小绿地、小广场、小花园。小游园面积从数十到上万平方米不等。

日本 1923 年关东大地震后重建东京时开始建设小游园，苏联将小游园列入城市园林绿地系统。中国的小游园是绿化广场或居住小区内的小块公共绿地。小游园具有三级质量养护标准。

中国城市中普遍设置小游园，也起到美化城市环境的作用。小游园的面积一般在 1 万平方米左右，也有数百平方米，甚至数十平方米的，绿化率需达到 80% 以上。小游园可利用城市中不宜布置建筑的小块零星空地建造，在旧城改建中具有重要的作用。小游园可以布置得精细雅致，除种植花木外，还可有园路、铺地和建筑小品等。平面布置多采取开放式布局，规划设计可以因地制宜。小游园在绿化配置上要符合它的兼有街道绿化和公园绿化的双重性的特点。一般绿化的覆盖率要求较高。

2. 中国的小游园

绿化广场、居住小区内的小块公共绿地，道路交叉口上较大的绿化交通岛，以及街头、桥头、街旁的小块绿地，在中国一般都习惯统称为"小游园"。我国的小游园面积小，分布广，方便人们利用。小游园以花草树木绿化为主，合理地布置游步道和休息座椅。一般也会布置少量的儿童游玩设施、小水池、花坛、雕塑，以及花架、宣传廊等园林建筑小品作为点缀。

3. 管理质量标准

（1）一级

第一，树木生长旺盛，根据植物生态习性，合理修剪，保持树形整齐美观，枝繁叶茂。

第二，绿篱生长旺盛，修剪整齐合理，无死株、缺档。

第三，草坪生长繁茂，平整、无杂草，高度控制在 5cm 左右，无裸露地面，无成片枯黄。

第四，绿地内保持无杂草，无污物、垃圾，无杂藤攀缘树木等。

第五，树木花草基本无病虫危害症状，病虫害危害率控制在 5% 以下，无药害现象。

第六，无人为损害花草树木。

第七，无枯枝、死树。

第八，花坛图案、造型新颖，花大叶肥，色彩协调，观赏整体效果明显，保持三季有花。

第九，当年植树成活率达 95% 以上，保存率达 90% 以上，老树保存率达 99.8% 以上。

第十，水面无漂浮物，水中无杂物，水质清净，无臭味。

第十一，绿地整洁卫生，无焚烧垃圾、树叶现象，园林建设小品保持清洁，无乱贴乱画。

第十二，园路平整，无坑洼、无积水。

第十三，绿化设施完好无损。

（2）二级

第一，树木生长要旺盛，要根据植物生态习性，进行合理修剪，保持整齐美观，枝繁叶茂。

第二，绿篱生长旺盛，修剪整齐合理，无死株、无明显缺档。

第三，草坪生长繁茂、平整、无杂草，高度控制在 7cm 左右，无裸露地面，无成片枯黄。

第四，绿地内需要保持无杂草，无污物、垃圾，无杂藤攀缘树木等。

第五，树木花草要基本保持无病虫危害症状，病虫害危害程度控制在 10% 以下，无药害。

第六，基本无人为损害花草树木。

第七，无死树、无明显枯枝。

第八，花坛图案、造型要新颖，花大叶肥，色彩协调，观赏整体效果要明显，保持两季有花。

第九，当年植树成活率达 90% 以上，保存率达 85% 以上，老树保存率达 99% 以上。

第十，水面无漂浮物，水中无杂物，水质基本纯净。

第十一，绿地整洁卫生，无焚烧垃圾树叶现象，园林建设小品清洁，无乱贴乱画。

第十二，园路基本平整，基本无坑洼、无积水现象。

第十三，绿化设施完好无损。

（3）三级

第一，树木长势较好，根据植物生态习性，修剪基本合理，树形基本整齐。

第二，绿篱生长旺盛，修剪基本整齐、合理，基本无死株、无严重缺档。

第三，草坪生长较好，基本平整，无较大片杂草，高度控制在 10cm 以下，无片状裸露地面，无较大成片枯黄。

第四，绿地内无较大杂草生长，基本无杂藤攀缘树木，无明显污物、垃圾。

第五，树木花草无严重病虫危害症状，病虫危害程度控制在15%以下，基本无药害。

第六，无严重人为损害花草树木。

第七，基本无死树、枯枝。

第八，花坛有图案、有造型，花大叶肥，有一定观赏效果，保持一季有花。

第九，当年植树成活率达85%以上，保存率达85%以上，老树保存率达98%以上。

第十，水面无漂浮物，水中无较大杂物。

第十一，绿地基本整洁，无焚烧垃圾树叶现象，园林建筑小品整洁，无乱贴乱画。

第十二，园路基本平整，基本无坑洼、无积水现象。

第十三，绿化设施无严重损坏。

4. 小游园养护管理作业要求（年度）

(1) 一级

第一，修剪：乔木两次以上，灌木四次以上，绿篱六次以上，草坪五次以上。

第二，及时清理死树，枯枝。

第三，施肥：观花乔木一次，其他乔木两年一次，灌木、草花各二次，草坪一次。

第四，浇水：乔木四次以上，灌木六次以上，草坪五次以上，及时排水防涝。

第五，绿地中耕、除草八次以上。

第六，人为损害花草树木及时修复。

第七，病虫害防治：药物防治五次以上，人工防治两次以上。

第八，及时更换草花。

第九，水面漂浮物、水中杂物及时清理。

第十，园林建筑小品每天打扫一次以上，乱贴乱画及时清除。

第十一，破损的园路及时修复。

第十二，园林设施每年全面检修一次以上，保持完好。

(2) 二级

第一，修剪：乔木一次以上，灌木一次以上，绿篱二次以上，草坪四次以上。

第二，及时清理死树、枯枝。

第三，施肥：观花乔木两年一次，其他乔木三年一次，灌木、草花、草坪各一次。

第四，浇水：乔木四次以上，灌木四次以上，草坪八次以上，及时排水防涝。

第五，绿地中耕、除草六次以上。

第六，被人为损害的花草树木要及时修复。

第七，病虫害防治：药物防治四次以上，人工防治一次以上。

第八，定时更换草花。

(3) 三级

第一，修剪：观花乔木、花灌木一次以上，其他乔、灌木两年一次，绿篱一次以上，草坪二次以上。

第二，及时清理死树、枯枝。

第三，施肥：观花乔木两年一次，其他乔木四年一次，灌木、草花、草坪各一次。

第四，浇水：乔木、灌木各两次以上，草坪四次以上，适时排水防涝。

第五，绿地中耕、除草四次以上。

第六，人为损害花草树木定时修复。

第七，病虫害防治：药物防治三次以上，人工防治一次以上。

第八，适时更换草花。

第九，水面漂浮物、水中杂物定时清理。

第十，主要园林建筑小品每天打扫一次，乱贴乱画及时清除。

第十一，破损的园路定时修复。

第十二，园林设施每三年全面检修一次以上，保持基本完好。

5. 小游园绿地植物景观营造

在现代都市生活中，小游园绿地不仅是人们休闲娱乐的好去处，更是城市生态系统中不可或缺的一部分。它们以独特的植物景观，为繁忙的都市生活带来一抹绿意和宁静。下面将探讨小游园绿地植物景观的营造，以期为城市绿化建设提供有益的参考。

(1) 植物选择的多样性

小游园绿地的植物景观营造，首先应注重植物选择的多样性。通过合理配置乔木、灌木、地被植物以及水生植物等，可以营造出层次丰富、色彩多样的植物景观。同时，考虑到地域气候特点和土壤条件，选择适应性强的植物品种，能够确保绿地景观的稳定性和可持续性。

(2) 空间布局的合理性

在植物景观的空间布局上，应注重营造开放与私密相结合的空间感。通过设置景观节点、路径引导等手法，可使绿地空间既具有开放性，又能满足人们不同的休闲需求。此外，通过植物的高低错落、疏密有致，可以营造出丰富的空间层次和视觉效果。

（3）生态功能的强化

小游园绿地的植物景观不仅具有观赏价值，还应注重其生态功能的发挥。通过选择具有固碳释氧、降噪除尘、调节微气候等功能的植物，可以有效改善城市环境质量。同时，建立合理的植物群落结构，有利于维护生态平衡，提高绿地的自我修复能力。

（4）文化特色的融入

在植物景观营造中，还应注重融入当地的文化特色。通过选用具有地域特色的植物品种，或者结合当地的历史文化元素进行景观设计，可以使小游园绿地成为展示城市文化的重要窗口。这不仅有助于提升绿地的文化内涵，而且能增强市民对绿地的认同感和归属感。

（5）维护管理的可持续性

小游园绿地植物景观的营造不是一蹴而就的，而是一个长期的过程。因此，在营造过程中应注重维护管理的可持续性。通过制订合理的养护计划，定期修剪、施肥、灌溉等，确保植物的健康生长和景观的持久美观。同时，加强绿地的安全管理，防止人为破坏和自然灾害的影响，也是维护绿地可持续性的重要措施。

综上可知，小游园绿地植物景观的营造是一项综合性的工作，需要充分考虑植物选择、空间布局、生态功能、文化特色以及维护管理等多个方面。通过科学规划和精心设计，我们可以打造出既美观又实用的绿地景观，为城市生活增添更多的色彩和活力。

第四章　城市园林硬质景观建设

第一节　实用型硬质景观

实用型硬质景观，作为城市环境的重要组成部分，以其独特的实用性和美感，为人们的生活空间增添了丰富的色彩。实用型硬质景观不仅满足了人们的日常需求，还通过其独特的设计语言，提升了城市空间的品质与内涵。

一、硬质景观概述

实用型硬质景观包括道路环境、活动场所和设施小品三类。其中，道路环境又由步行环境和车辆环境组成，主要包括人行道、游路、车行道、停车场等；活动场所包括游乐场、运动场、休闲广场等；设施小品即照明灯具、休息座椅、亭子、公共停靠站、垃圾箱、洗手池等。这类景观是以应用功能为主而设计的，突出体现了硬质景观使用功能强大、经久耐用等特点。

实用型硬质景观的主要功能在于其实用性。这些景观设施承载着人们的日常生活需求。道路环境是城市的血脉，连接着各个角落，为人们提供便捷的出行条件；活动场所则是人们聚会、休闲的场所，举办各种文化活动的舞台；设施小品以其独特的形态和色彩，点缀着城市的空间，使城市环境更加宜人。

除了实用性，实用型硬质景观还体现了艺术与科学的完美结合。在设计过程中，景观设计师需要充分考虑空间布局、材料选择、色彩搭配等因素，以营造出既实用又美观的景观效果。他们运用各种设计手法，如对比、重复、韵律等，使硬质景观与城市环境相融合，形成独特的视觉体验。

同时，实用型硬质景观的建造也需要借助科学的力量。设计师需要了解材料的性能、施工的技术以及环境的适应性等方面的知识，以确保景观设施的安全性和耐久性。此外，随着科技的不断进步，新型材料和技术也为实用型硬质景观的建造提供了更多的可能性。

实用型硬质景观在塑造城市空间方面发挥着重要的作用。它们不仅提升了城市的环境品质，还为人们的生活带来了便利和愉悦。未来，随着人们对生活质量要求的不断提高，实用型硬质景观的设计和建设将更加注重人性化和可持续性，为城市的发展注入新的活力。

总之，实用型硬质景观作为城市空间的重要组成部分，既具有实用性，又体现了艺术与科学的完美结合。在未来的城市建设中，我们应当更加注重实用型硬质景观的设计和建设，使其成为提升城市品质、传播城市文化、实现生态环保的重要途径。

二、实用型硬质景观建设——以园路铺装工程为例

(一) 园路铺装工程基础知识

园林空间是园林观赏性与艺术性的统一，空间的变化与连续性通过园路来组织与实现。园路是贯穿全园的交通网络，也是构成园林景观的重要组成部分，起着组织空间、引导游览、交通联系并作为散步休息场所的作用。它像脉络一样，把园林的各个空间连成整体。

狭义上的园路是城市道路的延续，指绿地中的道路，是贯穿全园的交通网络，是连接每处景区、景点的纽带。广义上讲园路还包括广场铺装场地、步石、汀步、园桥、台阶、坡道、礓磜、栈台、嵌草铺装等。

1. 园路的功能

园路是园林中重要的组成部分，贯穿于整个园林，是园林布局的重要因素。园路的形式与设置往往反映了不同的园林风格。

(1) 组织交通

园路与市政道路相连接，起到集散人流、车流的作用，满足日常通行、园林养护管理的交通要求。

(2) 联系空间、引导游览

园路起到联系空间的作用，通过园路把各个景区、景点有序联系在一起，引导游人在园中游览。园路规划决定了全园的整体布局。各景区、景点以园路为纽带，通过有意识地布局，有层次、有节奏地展开，使游人感受园林艺术之美。

(3) 构成园景

园路引导游人通往各景区，沿路设置休憩设施供人休息观景，其本身也是园林景观的一部分，通过各种形式与材料、颜色的组合，形成了丰富图案形象，并包含着美好的寓意，给人以美的感受。

(4) 渲染气氛，创造意境

意境不是某一独立的艺术形象或造园要素的单独存在所能创造的，它还必须有一个能使人深受感染的环境共同渲染这一气氛。中国古典园林中的园路铺装花纹、材料与意境相结合，有其独特的风格与表达方式。

(5) 参与造景

通过园路的引导，不同角度、不同方向的园林景观表现出不同的观赏效果，形成一系列动态的画面，此时园路参与风景的造景构图；园路本身的曲线、材质、色彩、纹样、图案、尺度等都与周围环境协调统一，构成丰富的园林景观。

(6) 影响空间感受

园路铺装的图案、纹理与园路的比例大小，能够给人不同的空间感受。面积大的图案、体块与园路构成了较大的空间感，而细小的材料、图案则给人以紧缩的空间感。

园路铺装材料的选择不同，能够形成细腻、粗犷、亲切、冷峻等感觉，丰富视觉趣味，增强空间的独特性。

(7) 综合功能

园林道路是影响水电管网的重要布置因素，并且直接影响园林给排水和供电的布局设置。

2. 园路类型

(1) 按构造形式分

园路按构造形式，分为路堑型、路堤型和特殊型三种基本类型。

① 路堑型。道牙位于道路边缘，通常为立道牙，路面低于两侧地面，利用道路排水，通常为挖方工程。

② 路堤型。道牙位于道路靠近边缘处，通常为平道牙，路面高于两侧地面，利用明沟排水。

③ 特殊型。包括步石、汀步、磴道、攀梯等。

(2) 按使用功能分

园路按使用功能的不同，可以划分为主干道、次干道、游步道、小径等。

① 主干道。联系园林主要出入口、园内各景区、主要风景点和活动设施的路，是全园道路系统的骨架，多呈环形布置。

② 次干道。主干路的分支，贯穿各景区，是各景区内部的骨架，联系着各景点和活动场所。

③ 游步道。各景区内连接各个景点，主要供散步休息、引导游人深入各个角落，如山上、水边、林中、花丛等处的游览小路，多曲折且自由布置。

④ 小径。园林中园路系统的末梢，是联系园景的捷径，最能体现艺术性，它以优美婉转的曲线构图成景，与周围的景物相互渗透、吻合，极尽自然变化之妙。

(3) 按面层材料

① 整体路面最具代表性的有现浇水泥混凝土路面和沥青混凝土路面。其特点是

平整、耐压、耐磨，适用于通行车辆或人流集中的公园主路和出入口。

② 水泥混凝土路面：用水泥、粗细骨料 (碎石、卵石、砂等)、水按一定的配比搅拌均匀后现场铺筑的路面。整体性好，耐压强度高，养护简单，便于清扫。初凝之前，还可以在表面进行纹样加工。为增加色彩变化，也可以添加一些不溶于水的无机矿物颜料，形成彩色混凝土。但是在力学性能上呈现出较大的刚性，行走在上面的脚感相对较差。

③ 沥青混凝土路面：用热沥青、碎石和砂的拌和物现场铺筑的路面。颜色深，反光小，一般直径 6 ~ 8mm，间距 200 ~ 250mm，双向布筋。预制混凝土铺砌的顶面，常加工成光面、彩色水磨石面或露骨料面。

(4) 预制混凝土砌块和草皮相间铺装路面，能够很好地透水透气

绿色草皮呈点状或线状有规律地分布，在路面形成美观的绿色纹理美化了路面。砌块嵌草铺装的路面，主要用在人流量不太大的公园散步道、小游园道路、草坪道路或庭院内道路等处，一些铺装场地如停车场等，也可采用这种路面。

预制混凝土砌块按照设计可有多种形状，大小规格也有很多种，也可做成各种彩色的砌块，但其厚度都不小于 800mm。一般厚度都设计为 100 ~ 150mm，砌块的形状基本可分为实心的和空心的两类。

由于砌块是在相互分离状态下构成路面，使得路面特别是在边缘部分容易发生歪斜、散落。因此，在砌块嵌草路面的边缘。最好设置道牙加以规范和保护路面。另外，也可用板材铺砌作为边带，使整个路面更加稳定，不易损坏。

(二) 园路工程设计

1. 园路平面线形设计

园路平面线形设计应充分考虑造景的需要，以达到曲折变化、蜿蜒起伏的效果；在设计中与地形、水体、植物、构筑物及其他园林设施相结合，形成完整的风景构图，创造连续空间变化，形成步移景异的景观效果。在设计中应尽可能利用原有地形，保证路基的稳定性并减少土方工程量。

(1) 园路宽度设计

在进行园路的设计时，首先要确定园林的宽度，即设计时要考虑游人容量、流量、功能，并排通行人数、车道数及车身宽度。

通常情况下，园路宽度的参考值如下：

① 主路。是园林内大量游人行进的路线，必要时可通行少量管理用车，应考虑能通行卡车、大型客车，宽度通常为 4 ~ 6m，一般最宽不宜超过 6m。

② 次路。考虑到园务交通的需要，应也能通行小型服务用车。对重点文物保护

区的主要建筑物四周的道路，应能通行消防车，其路面宽度通常为 2~4m。

③ 支路。通常情况下考虑两人并排通行，其宽度一般为 1.2~2.5m，由于游览的特殊需要，游步道宽度的上下限均可灵活些。

④ 小路。一般为 1m 左右，通常只考虑一人通行。

(2) 平曲线设计

① 平面线形。

平面线形就是园路中心线的水平投影形态。园路的线形种类大致可以分为直线、自由曲线和圆弧曲线几类。直线多见于规则式园林，自由曲线则多见于自然式园林。

园路的线形设计应主次分明、组织交通和游览、疏密有致、曲折有序。为了组织风景，延长游览路线，扩大空间，园路在空间上应有适当的曲折。

园路平面线形设计应符合下列规定：

第一，园路应与地形、水体、植物、建筑物、铺装场地及其他设施相结合，满足交通和游览需要并形成完整的风景构图。

第二，园路应创造有序展示园林景观空间的路线或欣赏前方景物的透视线。

第三，园路的转折、衔接应通顺。

第四，通行机动车的主路，其最小平曲线半径应大于 12m。

② 平曲线半径的选择。

当道路由一段直线转到另一段直线上去时，其转角的连接部分均采用圆弧形曲线，这种圆弧的半径称为平曲线半径。

自然式园路曲折迂回，在平曲线变化时主要由下列因素决定：

第一，园林造景的需要。

第二，当地地物、地形条件的要求。

第三，在通行机动车的地段上，要注意行车安全。在条件困难的个别地段上，在园内可以不考虑行车速度，适当减小半径，但不得小于汽车本身的最小转弯半径，如小汽车 $R=6m$、普通消防车 $R=9m$。

③ 曲线加宽。

汽车在弯道上行驶，由于前后轮的轨迹不同，前轮的转弯半径大，后轮的转弯半径小，因此，弯道内侧的路面要适当加宽。

在设计曲线加宽的时候，要注意以下几点：

第一，园路的曲线加宽值与车体长度的平方成正比，与弯道半径成反比。

第二，当弯道中心线平曲线半径大于 200m 时，可不必加宽。

第三，为了使直线路段上的宽度逐渐过渡到弯道上的加宽值，需设置加宽缓和段。

第四，为了通行方便，园路的分支和交会处应加宽其曲线部分，使其线形圆润、流畅，形成优美的视角。

④ 交叉口的处理。

在园路系统中，不可避免地涉及不同园路的交叉，在设计过程中，对交叉口的处理要注意以下几点：

第一，尽量避免多条道路交叉在一起。如在一起，应采取补救措施。主环路不穿越建筑物、不与建筑物斜交或走死胡同。

第二，两路交叉时，在交叉处设中心花坛、广场等可起到缓冲作用，绿岛也可起缓冲作用。

第三，在视线所及的范围内不应有两个以上的交叉路口。

第四，道路应在弧外交叉，最好为直角或钝角相接。

第五，交叉口要根据园路的类型，做到主次分明。

2. 园路竖向设计

园路竖向设计包括道路的纵横坡度、弯道、超高等。园路除交通功能外，还具有造景、导游等功能，因此园路竖向设计要根据地形要求及景点的分布等因素综合考虑进行设置。

(1) 纵断面设计

① 纵断面设计主要内容。

第一，确定路线合适的标高。

第二，设计各路段的纵坡及坡长。

第三，保证视距要求，选择竖曲线半径，配置曲线，计算施工高度等。

② 设计要求。

第一，园路一般应根据造景的需要，随地形的起伏变化而变化。

第二，在满足造景艺术的要求下，尽量利用原地形，保证路基的稳定，并减少土方量。

第三，园路与相连的城市道路在高程上应有合理的衔接。

第四，园路应配合组织园内地面水的排除，并与各地下管线密切配合，共同达到经济合理的要求。

第五，纵断面控制点应与平面控制点一并考虑，使平竖曲线尽量错开。

第六，满足常见机动车辆线形尺寸对竖曲线半径及会车安全的要求。

③ 园路的纵横坡度。

一般路面应有 8% 以下的纵坡和 1%~4% 的横坡，以保证路面水的排出。不同材料路面的排水能力不同，因此，各类型路面对纵横坡度的要求也不同。

当车行路的纵坡在1%以下时，方可用最大横坡。

在游步道上，道路的起伏可以更大一些，一般在12°以下为舒适的坡道，超过12°时行走较费力。一般地形坡度超过15°时，应设置台阶。山体坡度大于6%~8%时，应设登山道，并与等高线斜交。

④竖曲线。

一条道路总是上下起伏的，在起伏转折的地方，由一条圆弧连接，这种圆弧是竖向的，工程上把这样的弧线叫作竖曲线。竖曲线设计应考虑会车安全。

⑤弯道与超高。

当汽车在弯道上行驶时，产生的横向推力叫作离心力。这种离心力的大小，与行车速度的平方成正比，与平曲线半径成反比。为了防止车辆向外侧滑移，抵消离心力的作用，就要把路的外侧抬高。在设计游览性公路时，还要考虑路面视距与会车视距。

(2)公园园路纵断面设计相关规定

第一，主路不应设台阶。

第二，主路、次路纵坡宜小于8%，同一纵坡坡长不宜大于200m；山地区域的主路、次路纵坡应小于12%，超过12%应做防滑处理；积雪或冰冻地区道路纵坡不应大于6%。

第三，支路和小路纵坡宜小于18%；纵坡超过15%的路段，路面应做防滑处理；纵坡超过18%的路段，宜设计为梯道。

第四，与广场相连接的纵坡较大的道路，连接处应设置纵坡小于或等于2.0%的缓坡段。

第五，自行车专用道的坡度宜小于2.5%；当大于或等于2.5%时，纵坡最大坡长应符合现行行业标准《城市道路工程设计规范》(CJJ 37—2021)的有关规定。

第六，园路横坡以1.0%~2.0%为宜，最大不应超过4.0%。降雨量大的地区，宜采用1.5%~2.0%的横坡。积雪或冰冻地区园路、透水路面横坡以1.0%~1.5%为宜。纵、横坡坡度不应同时为零。

第七，无障碍园路设计要求。

①路面宽度不宜小于1.2m，回车路段路面宽度不宜小于2.5m。

②道路纵坡一般不宜超过4%，且坡长不宜过长，在适当距离应设水平路段，不应有阶梯。

③应尽可能减小横坡。

④坡道坡度为1/20~1/15时，其坡长一般不宜超过9m；每逢转弯处，应设

置不小于 1.8m 的休息平台。

⑤ 园路一侧为陡坡时，为防止轮椅从边侧滑落，应设 10cm 高以上的挡石，并设扶手栏杆。

⑥ 排水沟箅子等，不得突出路面，并注意不得卡住轮椅的车轮和盲人的拐杖。

具体做法参照相应的无障碍设计规范。

3. 园路结构设计

(1) 园路的结构

园路的结构形式同城市道路一样具有多样性，但由于园林中通行车辆较少，园路的荷载较小，因此其路面结构比城市道路简单。园路一般由路面结构层、路基和附属工程三部分组成，其中路面结构层自上而下分别为面层和基层，对块料路面来说，面层和基层之间通常会有一个结合层。园路路面结构层各层间结合必须紧密稳定，以保证结构的整体性和应力传递的连续性。荷载和自然因素对园路各结构层的影响随深度的增减而逐渐减弱，因而对各层材料的相关要求也随深度的增加而逐渐降低。

(2) 园路结构的设计原则

① 就地取材。

园路修建的经费，在整个园林建设投资中，占有很大的比例。为了节省资金，在园路设计时，应该尽量使用当地的材料、建筑废料、工业废渣等。

② 薄面、强基、稳基土。

在设计园路时，往往有对路基的强度重视不够的情况。在公园里常看到一条装饰性很好的路面，没有使用多久，就变得坎坷不平，破破烂烂了。其主要原因：一是园林地形多经过整理，其基土不够坚实，修路时又没有充分夯实。二是园路的基层强度不够，在车辆通过时路面被压碎。

为了节省水泥、石板等建筑材料，降低造价，提高路面质量，应尽量采用薄面、强基、稳基土，使园路结构经济、合理和美观。

(3) 路基设计

路基是路面的基础，它不仅为路面提供一个平整的基面，承受路面传递下来的荷载，也是保证路面强度和稳定性的重要条件之一。路基应稳定、密实、均质，为路面结构提供均匀的支撑，即路基在环境和荷载作用下不产生不均匀变形。

路基根据材料不同，路基可以分为土方路基、石方路基、特殊土路基。根据断面形式不同，可以分为挖方路基、填方路基及半挖半填路基。

对于挖方路基，一般黏土或砂性土开挖夯实后，就可以直接作为路基。对于填方路基，建筑垃圾和有机质含量较高的腐殖土不能用作路基填料。

地下水位高时，应提高路基顶面标高，当设计标高受限时，应选用粗粒土或低剂量石灰稳定土、水泥稳定土作路基填料，同时应采取设置排水渗沟等降低地下水位的措施。在严寒地区，严重的过湿冻胀土或湿软的橡胶土，必须进行路基加固，通常采用 1∶9 或 2∶8 的灰土进行加固改善，厚度一般为 150mm。

岩石或填石路基顶面应铺设整平层。整平层可采用未筛分碎石和石屑或低剂量水泥稳定粒料，其厚度视路基顶面不平整程度而定，一般为 100～150mm。

（4）路面结构层设计

① 基层。

基层位于路基之上，是路面结构中的承重层，主要承受面层传递的荷载，并把面层下传的应力扩散到路基，还可以控制或减少路基不均匀冻胀或沉降对面层产生的不利影响。基层为面层施工提供了稳定而坚实的工作面。基层应有足够的水稳定性，并要求具有较好的不透水性，以防止基层湿软后变形大，导致面层破坏。

基层不直接接受车辆和气候因素的作用，对材料的要求比面层低，一般为碎石、灰土或各种工业废渣。常用的基层材料主要分为以下几种：

第一，无机结合料。稳定粒料，如石灰稳定土、水泥稳定土、石灰粉煤灰稳定砂等，这类基层属于半刚性基层。

第二，嵌锁型和级配型材料。如级配砂砾、级配碎（砾）石等，这类属于柔性基层。

第三，水泥混凝土基层。在园路中的应用也较为常见，但对强度等级有一定的要求，它属于刚性基层。

② 面层。

面层是路面最上面的一层，它直接承受人流、车辆和大气因素如烈日、严冬以及风、雨、雪等的破坏。如果面层选择不好，就会导致"无风三尺土、有雨一脚泥"或给游人造成反光、刺眼、脚感不佳等不利影响。因此，要求面层坚固、平稳、耐磨、具有一定的粗糙度、少尘埃，便于清扫。

更为重要的是，对于园路来讲，其本身还是一个非常重要的造景要素，而这种景观功能的主要表现载体就在于面层，因此，面层在材料和铺装形式的选择上，要与周围的景观氛围和谐统一，形成美的景观体验。

③ 结合层。

在采用块料铺装面层时，在面层和基层之间，为了结合和找平而设置的一层。一般用 30～50mm 厚的粗砂或干硬性水泥砂浆作为结合层。常见结合层如下：

第一，白灰干砂。施工时操作简单，遇水后会自动凝结，由于白灰体积膨胀，密实性好。

第二，干净粗砂。施工简便，造价低。经常遇水会使砂子流失，造成结合层不平整。

第三，混合砂浆。由水泥、白灰、砂组成，整体性好，强度高，黏结力强。适用于铺装块料路面。造价较高。

第四，干硬性水泥砂浆。坍落度比较低的水泥砂浆，即拌和时加的水比较少，1m高松手自由落在地上就散开呈散粒，"手握成团，落地开花"，一般按水泥∶砂＝1∶3进行配制。由于水灰比较小，砂浆收缩变形小，砂与水泥颗粒之间的固结时间短，常用来铺装石材。

(5) 附属工程设计

① 道牙。

道牙也称为路缘石，设置在路面的两侧，使路面与路肩在高程上起衔接作用，并能保护路面、便于排水、标志行车道、防止路面横向伸展。道牙一般采用砖、花岗岩等石材、预制混凝土块等材料，园林中有时也会用木材、金属、瓦等作为道牙材料。

② 明沟和雨水井。

明沟和雨水井是为了收集路面雨水而建的构筑物。在园林中，明沟通常由砖、石等砌筑而成，雨水井通常为砖砌，玻璃钢等成品雨水井在实践中也有应用。

③ 台阶、礓磘、磴道。

第一，台阶。当路面坡度超过一定范围时，为了便于行走，在不通行车辆的路段上，可设台阶。一般情况下台阶不宜连续使用，在地形许可的情况下，每隔一段应设置平台，使游人能够恢复体力。在园林中，根据造景的需要，台阶可以用天然石材、混凝土仿木纹板等各种形式装饰园景。

第二，礓磘。在坡度较大的地段上，本应设置台阶，但为了能通行车辆，将斜面做成锯齿形坡道称为礓磘。

第三，磴道。在地形陡峭的路段，可结合地形或利用露岩设置磴道。当纵坡过大时，还要做防护处理，并设置扶手栏杆。

4.园路铺装设计

(1) 园路铺装的设计要求。

① 园路路面应具有装饰性，或称地面景观作用，它以多种多样的形态、花纹来衬托景色、美化环境。在进行铺装图案设计时，应与景区的意境相结合，根据园路所在环境，选择路面的材料、质感、形式、尺度与研究路面图案的寓意、趣味，使路面更好地成为园景的组成部分。

② 园路路面应有柔和的光线和色彩，减少反光、刺眼的感觉。

③ 路面应与地形、植物、山石等配合。

在进行铺装设计时，应与地形、植物、山石等很好地配合，共同构成景色。园路与植物的配合，不仅能丰富景色，使路面变得生机勃勃，而且嵌草的路面可以改变土壤的水分和通气的状态，为广场的绿化创造有利的条件，并能降低地表温度，对改善局部小气候有利。

(2) 园路铺装的形式

① 花街铺地。

花街铺地源于我国传统古典园林的江南园林中，指的是以两种以上的卵石和青石板、黄石、碎瓷片等碎料拼合而成的路面。它精美的视觉景观和独特的意境含蕴丰富着古典园林的内涵。

"各式方圆，随宜铺砌，磨归瓦作，杂用钩儿"，是《园冶》中对花街铺地利用碎料进行用工分工讲究的描述，保证简单用材的碎料铺地，经无数人踩踏仍基本完好便说明了花街铺地的精细工艺。

花街铺地十分讲究铺装用材与环境的协调，它所用的材料体量小，多为碎料，属于碎料铺装，所处的环境尺度也小，在林中的窄路最好铺石，厅堂周围铺砖，庭院内小路用小乱石铺地，卵石则用在不常走的地方。如古典园林中，拙政园海棠春坞的海棠铺地，狮子林问梅阁的梅花铺地，都强调花街铺地与环境的融合。

② 卵石铺地。

卵石指的是风化岩石经水流长期搬运而成的粒径为 60～200mm 的无棱角的天然粒料；大于 200mm 则称漂石。以各色卵石为主嵌成的园路地称为卵石路面。它借助卵石的色彩、大小、形状和排列的变化可以组成各种图案，具有很强的装饰性，能起到强化景区特色、深化意境的作用，人行走于其中，会感到非常舒适。这种铺地耐磨性好，防滑，富有铺地的传统特点，但清扫困难，且卵石容易脱落，多用于水旁亭榭周围。

③ 雕砖卵石路面。

雕砖卵石路面又被誉为"石子画"，是选用精雕的砖、细磨的瓦和经过严格挑选的各色卵石拼凑成的路面。其图案内容丰富，如以寓言、故事、盆景、花鸟鱼虫、传统民间图案等为题材进行铺砌加以表现。多用于古典园林中的道路，如故宫御花园甬路，精雕细刻，精美绝伦，不失为我国传统园林艺术的杰作。

④ 嵌单路面。

嵌草路面属于透水透气性铺地的一种。它分为两种类型，一种为在块料路面铺装时，在块料与块料之间，留有 3～5cm 的缝隙，在其间填入培养土，然后种草，如冰裂纹嵌草路、空心砖纹嵌草路、人字纹嵌草路等；另一种是制作成可以种草的各种纹样的混凝土路面。

⑤块料路面。

块料路面是指用各种不同形状和尺寸的块状材料铺成的路面。所用材料有砖块、石块、木块、橡胶块、金属块、水泥混凝土预制块等。这类铺地一般用于宽度和荷载较小的一般游览步道，而用于车行道、停车场和较大面积铺装时需要采用较厚的块料，并加大基层的厚度。

⑥整体路面。

第一，沥青混凝土作为面层使用的整体路面根据骨料粒径大小，有细粒式、中粒式、粗粒式之分，根据颜色和性能，有传统和彩色、透水和不透水之分。

第二，黑色沥青混凝土一般不用其他方法对路面进行装饰处理。

第三，彩色沥青路一般用于公园和风景区的行车主路。由于彩色沥青混凝土具有一定的弹性，也适用于运动场所及一些儿童和老人活动的地方。

第四，水泥混凝土对路面的装饰有三种途径，在混凝土表面直接处理形成各种变化；在混凝土表面增加抹灰处理；用各种贴面材料进行装饰。水泥混凝土表面处理的方式通常有抹光、拉毛、水刷以及通过压纹实现仿砖、仿木、仿石等。

⑦步石。

步石是在绿地上放置一块至数块天然石或预制成圆形、树桩形、木纹板形等铺块。

第一，材料的选择。自然石的选择，以呈平圆形的花岗岩最为普遍。人工石是指水泥砖、混凝土制平板或砖块等，通常形状工整一致。木质的包括粗树干横切成有轮纹的木桩、竹竿或平摆的枕木类等。

第二，步石的基本要求。面要平坦、不滑，不易磨损或断裂，一组步石的每块石板在形色上要类似且调和，不可差距太大。30cm 直径的小型到 50cm 直径的大块均可，厚度在 6cm 以上为佳。一般成人的脚步间隔平均是 45 ~ 55cm，石块与石块间的间距则保持在 10cm 左右。

⑧汀石。

汀石是设置在水中的步石，且适用于浅而窄的水面，如小溪、滩地等。水中汀步应尽量亲近水面，营造仿佛浮于水上的效果，尽量避免汀步基座外露。

为了游人的安全，石墩不宜过小，距离不宜过大，数量也不宜过多。汀步直径 2m 范围内的水深不得大于 0.5m。

(三) 园路铺装工程施工

1.园路铺装工程施工准备

(1) 熟悉图纸资料

认真阅读施工图纸对施工图中出现的差错、疑问，应提出书面建议；熟悉工程合同以及与工程有关的现行技术标准、规范；全面了解施工现场的供水、供电、地下管线、地上交通等有关因素。

(2) 施工机械及工具

根据施工工艺需要，合理选择施工机械及施工器具，如土方机械、压实机械、摊铺机械等，所有进场机械均需调试合格。准备好必备的施工器具，如木桩、皮尺、绳子、模板、夯、铁锹等。

(3) 材料准备

根据设计要求，结合施工工艺流程和现场条件，合理安排材料的种类、数量和堆放地点，尽量减少二次搬运的发生。

(4) 铺设试验段

如果确有必要，在正式施工之前，可铺设试验段。通过试验段的施工，确定集料配合比例、每一作业段的合适长度、每一次铺设的合适厚度、材料的松铺系数、标准施工方法等内容。

2.园路铺装工程施工

(1) 放线

按路面设计的中线，在地面上每 20～50m 放一中心桩，在弯道的曲线上应在曲头、曲中、曲尾各放一个中心桩，并在各中心桩上写明桩号，再以中心桩为准，根据路面宽度定边桩，最后放出路面的平曲线。

(2) 准备路槽

按设计路面的宽度，每侧放出 20cm 挖槽，路槽的深度应等于路面的厚度，槽底应有 2%～3% 的横坡度。路槽做好后，在槽底洒水，使它潮湿，然后用蛙式打夯机夯 2～3 遍，路槽平整度允许误差不大于 2cm。

(3) 铺筑基层

根据设计要求准备铺筑的材料，在铺筑时应注意对于灰土基层，一般实厚为 15cm，虚铺厚度，由于土壤情况的不同而为 21～24cm。对于炉灰土，虚铺厚度为压实厚度的 160%，即压实 15cm，虚铺厚度为 24cm。

(4) 铺筑结合层

一般用水泥、白灰、砂混合砂浆或 1∶3 白灰砂浆。砂浆摊铺宽度应大于铺装面层5~10cm，已拌好的砂浆应当日用完；也可以用3~5cm厚的粗砂均匀摊铺而成。

（5）铺筑面层

面层铺筑时铺砖应轻轻放平，用橡胶锤敲打稳定，不得损伤砖的边角；如发现结合层不平，应拿起铺砖重新用砂浆找齐，严禁向砖底填塞砂浆或支垫碎砖块等。采用橡胶带做伸缩缝时，应将橡胶带平正直顺紧靠方砖。铺好砖后应沿线检查平整度，发现方砖有移动现象时，应及时修整，最后用干砂掺入1:10的水泥，拌和均匀，将砖缝灌注饱满，并在砖面泼水，使砂灰混合料下沉填实。

铺卵石路一般分预制和现浇两种，现场浇筑方法是先垫水泥砂浆厚3cm，再铺水泥素浆2cm，待素浆稍凝，即用备好的卵石，一个个插入素浆内，用抹子压平，卵石要扁、圆、长、尖，大小搭配。根据设计要求，将各色石子插出各种花卉、鸟兽图案，然后用清水将石子表面的水泥刷洗干净，第二天可再以水重的30%掺入草酸液体，洗刷表面，则石子颜色鲜明。

铺砖的养生期不得少于3d，在此期间内应严禁行人、车辆等走动和碰撞。

（6）道牙的安砌

道牙基础宜与路床同时挖填碾压，以保证有整体的均匀密实度。结合层用1:3白灰砂浆2cm。安道牙要平稳牢固，后用水泥砂浆勾缝，道牙背后应用白灰土夯实，其宽度50cm，厚度15cm，密实度在90%以上即可。

3. 各类园路铺装施工技术

（1）小青砖园路

小青砖园路铺装前，应按设计图纸的要求选好小青砖的尺寸、规格。先将有缺边、掉角、裂纹和局部污染变色的小青砖挑选出来，完好地进行套方检查，规格尺寸有偏差，应磨边修正。在小青砖铺设前，应先弹线，然后按设计图纸的要求铺装样板段，特别是铺装成席纹、人字纹、斜柳叶、十字绣、八卦锦、龟背锦等各种面层形式的园路，更应预先铺设一段，看一看面层形式是否符合要求，然后再大面积进行铺装。

操作步骤：

① 基层、垫层基层做法一般为：素土夯实→碎石垫层→素混凝土垫层→砂浆结合层。

在垫层施工中，应做好标高控制工作，碎石和素混凝土垫层的厚度应按施工图纸的要求，砂石垫层一般较薄。

② 弹线预铺在素混凝土垫层上弹出定位十字中线，按施工图标注的面层形式预铺一段，符合要求后，再大面积铺装。

③ 做园路两边的"子牙砖"，相当于现代道路的侧石。先进行铺筑，用水泥砂

浆作为垫石，并加固。

④ 小青砖与小青砖之间应挤压密实，铺装完成后，用细灰扫缝。

(2) 水泥砖园路

园林工程施工中常见的水泥面砖是以优质色彩水泥、砂，经过机械拌和成型，充分养护而成，其强度高、耐磨、色泽鲜艳、品种多。水泥面砖表面还可以做成凸纹和圆凸纹等多种形状。水泥面砖园路的铺装与花岗石园路的铺装方法大致相同。水泥面砖由于是机制砖，色彩品种要比花岗石多，因此在铺装前应按照颜色和花纹分类，有裂缝、掉角，表面有缺陷的面砖，应剔除。

具体操作步骤如下：

① 基层清理。在清理好的地面上，找到规矩和泛水，扫好水泥浆，再按地面标高留出水泥面砖厚度做灰饼，用1∶3干硬砂浆冲筋、刮平，厚度约为20mm，刮平时砂浆要拍实、刮毛并浇水养护。

② 弹线预铺。在找平层上弹出定位十字中线，按设计图案预铺设花砖，砖缝顶预留2mm，按预铺设的位置用墨线弹出水泥面砖四边边线，再在边线上画出每行砖的分界点。

③ 浸水湿润铺贴前，应先将面砖浸水2～3h，再取出阴干后使用。

④ 水泥面砖的铺贴工作，应在砂浆凝结前完成。铺贴时，要求面砖平整、镶嵌正确。施工间歇后继续铺贴前，应将已铺贴的花砖挤出的水泥混合砂浆予以清除。

⑤ 铺砖石，地面黏接层的水泥混合砂浆，拍实搓平。水泥面砖背面要清扫干净，先刷出一层水泥石灰浆，随刷随铺，就位后用小木槌凿实。注意控制黏结层砂浆厚度，尽量减少敲击。在铺贴施工过程中，如出现非整砖时用石材切割机切割。

⑥ 水泥面砖在铺贴1～2d后，用1∶1稀水泥砂浆填缝。面层上溢出的水泥砂浆在凝结前予以清除，待缝隙内的水泥砂浆凝结，再将面层清洗干净。完成24h后浇水养护，完工3～4d内不得上人踩踏。

(3) 木铺地园路

木铺地园路是采用木材铺装的园路。在园林工程中，木铺地园路是室外的人行道，面层木材一般是采用耐磨、耐腐、纹理清晰、强度高、不易开裂、不易变形的优质木材。

一般木铺地园路做法是：素土夯实→碎石垫层→素混凝土垫层→砖墩→木格栅→面层木板。从这个顺序可以看出，木铺地园路与一般块石园路的基层做法基本相同，所不同的是增加了砖墩及木格栅。

木板和木格栅的木材含水率应小于12%。木材在铺装前还应做防火、防腐、防蛀等处理。

① 砖墩。

一般采用标准砖、水泥砂浆砌筑，砌筑高度应根据木铺地架空高度及使用条件而确定。砖墩与砖墩之间的距离一般不宜大于2m，否则会造成木格栅的端面尺寸加大。砖墩的布置一般与木格栅的布置一致，如木格栅间距为50cm，那么砖墩的间距也应为50cm，砖墩的标高应符合设计要求，必要时可以在其顶面抹水泥砂浆或细石混凝土找平。

② 木格栅。

木格栅的作用主要是固定与承托面层。如果从受力状态分析，它可以说是一根小梁。木格栅断面的选择，应根据砖墩的间距大小而有所区别。间距大，木格栅的跨度大，断面尺寸相应也要大些。木格栅铺筑时，要进行找平。木格栅安装要牢固，并保持平直。在木格栅之间要设置剪刀撑。设置剪刀撑的目的主要是增加木格栅的侧向稳定性，将一根根单独的格栅连成一体，增加了木铺地园路的刚度。另外，设置剪刀撑，对于木格栅本身的翘曲变形也起到了一定的约束作用。所以，在架空木基层中，格栅与格栅之间设置剪刀撑，是保证质量的构造措施。剪刀撑布置于木格栅两侧面，用铁钉固定于木格栅上，间距应按设计要求布置。

③ 面层木板的铺设。

面层木板的铺装主要采用铁钉固定，即用铁钉将面层板条固定在木格栅上。板条的拼缝一般采用平口、错口。木板条的铺设方向既可以垂直于人们行走的方向，也可以顺着人们行走的方向，这应按照施工图纸的要求进行铺设。铁钉钉入木板前，也可以顺着人们行走的方向，这也应按照施工图纸的要求进行铺设。铁钉钉入木板前，应先将钉帽砸扁，然后再钉入木板内。用工具把铁钉钉帽捅入木板内3～5mm。木铺地园路的木板铺装好后，应用手提刨将表面刨光，然后由漆工师傅进行砂、嵌、批、涂刷等油漆的涂装工作。

(4) 植草砖铺地

植草砖铺地是在砖的孔洞或砖的缝隙间种植青草的一种铺地。如果青草茂盛，这种铺地看上去是一片青草地，且平整、地面坚硬。有些是作为停车场的地坪。

植草砖铺地的基层做法是：素土夯实→碎石垫层→素混凝土垫层→细砂层→砖块及种植土、草籽。

也有些植草砖铺地的基层做法是：素土夯实→碎石垫层→细砂层→砖块及种植土、草籽。

从以上种植草砖铺地的基层做法中也可以看出，素土夯实、碎石垫层、混凝土垫层，与一般的花岗石道路的基层做法相同，不同的是在种植草砖铺地中有细砂层，还有就是，面层材料不同。因此，植草砖铺地做法的关键在于面层植草砖的铺装。

应按设计图纸的要求选用植草砖，目前常用的植草砖有水泥制品的二孔砖，也有无孔的水泥小方砖。植草砖铺筑时，砖与砖之间留有间距，一般为50mm左右，此间距中，撒入种植土，再拨入草籽。目前也有一种植草砖格栅，是一种有一定强度的塑料制成的格栅，成品是500mm×500mm的一块格栅，将它直接铺设在地面，再撒上种植土，种植青草后，就成了植草砖铺地。

（5）透水砖铺地

随着园林绿化事业的发展，有许多新的材料应用在园林绿地和公园建筑中，透水砖铺地就是一种新颖的砖块。透水砖的功能和特点如下：

① 所有原料为各种废陶瓷、石英砂等。广场砖的废次品用来做透水砖的面料，底料多是陶瓷废次品。

② 透水砖的透水性、保水性非常强，透水速率可以达到5mm/s以上，其保水性达到12L/m²以上。由于其良好的透水性、保水性，下雨时雨水会自动渗透到砖底下直到地表，部分水保留在砖里面。雨水不会像在水泥路面上一样四处横流，最后通过地下水道完全流入江河。天晴时，渗入砖底下或保留在砖里面的水会蒸发到大气中，起到调节空气湿度、降低大气温度、清除城市"热岛"的作用。

其优异的透水性及保水性源于该产品20%左右的气孔率。该产品强度可以满足行驶载重为10t以上的汽车。在国外，比如日本，城市人行道、步行街、公寓停车场等地铺筑透水砖。

透水砖的基层做法是：素土夯实→碎石垫层→砾石砂垫层→反渗土工布→1∶3干拌黄沙→透水砖面层。

从透水砖的基层做法中可以看出基层中增加了一道反渗土工布，使透水砖的透水、保水性能能够充分地发挥显示出来。

土工布的铺设可以参照产品说明书的要求进行操作。

透水砖的铺筑方法，同花岗石块的铺筑方法，由于其底下是干拌黄沙，因此比花岗石铺筑更方便些。

（6）鹅卵石园路

鹅卵石是指10~40mm形状圆滑的河川冲刷石。用鹅卵石铺装的园路看起来稳重而又实用，且具有江南园林风格。这种园路也常作为人们的健身径。完全使用鹅卵石铺成的园路往往会稍显单调，若干鹅卵石间加几块自然扁平的切石，或少量的色彩鹅卵石，就会出色许多。铺装鹅卵石路时，要注意卵石的形状、大小、色彩是否调和，特别是在与切石板配置时，相互交错形成的图案要自然，切石与卵石的石质及颜色最好避免完全相同，才能显出路面变化的美感。

施工时，因卵石的大小、高低完全不同，为使铺出的路面平坦，必须在路基上下功夫。首先将未干的砂浆填入，然后把卵石及切石一一填下，鹅卵石呈蛋形，应选择光滑圆润的一面向上，在作为庭院或园路使用时一般横向埋入砂浆中，在作为健身径使用时一般竖向埋入砂浆中，埋入量约为卵石的 2 / 3，这样比较牢固。埋入砂浆的部分应使路面整齐，高度一致。切忌将卵石最薄一面平放在砂浆中，这将极易脱落。摆完卵石后，在卵石之间填入稀砂浆，填充实后就算完成了。卵石排列间隙的线条要呈不规则的形状，千万不要弄成十字形或直线形。此外，卵石的疏密也应保持均衡，不可部分拥挤、部分疏松。如果要做成花纹则要先进行排版放样再进行铺设。

鹅卵石地面铺设完毕应立即用湿抹布轻轻擦拭其表面的灰泥，使鹅卵石保持干净，并注意施工现场的成品保护。

鹅卵石园路的路基做法是：素土夯实→碎石垫层→素混凝土垫层→砂浆结合层→卵石面层。这种基层的做法与一般园路基层做法相同，但是因为其表面是鹅卵石，黏结性和整体性较差，如果基层不够稳定则卵石面层很可能松动剥落或开裂，所以整个鹅卵石园路施工中基层施工也是非常关键的一步。

(7) 彩色混凝土压模园路

彩色混凝土压模园路是一种面层为混凝土地面采用水泥耐磨材料铺装而成，它是以硅酸盐水泥或普通硅酸盐水泥、耐磨骨料为基料，加入适量添加剂组成的干混材料。

具体工艺流程为：地面处理→铺设混凝土→振动压实抹平混凝土表面→覆盖第一层彩色强化粉→压实抹平彩色表面→洒脱模粉→压模成型→养护→水洗施工面→干燥养护→上密封剂→交付使用。

基层做法与一般园路基层的做法相比，关键是彩色混凝土压模园路的面层做法，它的好坏直接影响到园路的最终质量。初期彩色混凝土一般采用现场搅拌、现场浇捣的方法，平板式振捣机进行振捣，直接找平，木蟹打光。在混凝土即将终凝前，用专用模具压出花纹，目前也可使用商品混凝土地面用水泥基耐磨材料。彩色混凝土应一次配料、一次浇捣，避免多次配料而产生色差。彩色混凝土压模园路的花纹是根据模具而成型的，因此模具应按施工图的要求来定制，或向有关专业单位采购适合的模具。

(四) 特殊地质及气候条件下的园路施工

一般情况下，园路施工是在温暖干爽的季节进行，理想的路基应当是砂性土和砂质土，但有时施工活动无法避免冬雨季，路基土壤也可能是软土、杂填土或膨胀土等不良地质条件，在施工时应采取适当措施以保证工程质量。

1. 不良土质路基施工

(1) 软土路基

先将泥炭、软土全部挖除，使路基筑于基地或尽量换填渗水性材料，也可采用抛石挤淤法、砂垫层法等对地基进行加固。

(2) 杂填土路基

可采用片石表面挤实法、重锤夯实法、振动压实法等使路基达到相应的密实度。

(3) 膨胀土路基

膨胀土是一种易吸水膨胀、失水收缩变形的高液性黏土。这种路基应当尽量避免在雨季施工，挖方路段首先做好路堑堑顶排水设施，并保证在施工期内不得沿坡面排水；其次要注意压实质量，宜用重型压路机在最佳含水量条件下碾压。

(4) 湿陷性黄土路基

此种土含有易溶解盐类，遇水易冲蚀、崩解、塌陷。施工中关键是做好排水工作，对地表水应遵循拦截、分散、防冲刷、防渗、远接远送的原则，将水引离路基，防止黄土受到水浸湿陷；路堤边坡要整平拍实；基底用重型机械碾压、重锤夯实、石灰桩挤密加固或换填土等，提高路基的承载力和稳定性。

2. 特殊气候条件下园路施工

(1) 雨季施工

① 雨季路槽施工。先在路基外侧设排水设施(如明沟或辅以水泵抽水)及时排除积水。下雨前选择因雨水易翻浆处或低洼处等不利地段先行施工，注意雨后重点段拱和边坡的捧水情况、路基渗水与路床积水情况，及时疏通被阻塞、溢满的排水设施，防止积水倒流。路基因雨水造成翻浆时，要立即挖出或填石灰土、沙石等，刨挖翻浆要彻底干净，不留隐患。所处理的地段最好在雨前做到"挖完、填完、压完"。

② 雨季基层施工。当基层材料为石灰土时，降水对基层施工影响最大。施工时，应首先注意天气情况，做到"随拌、随铺、随压"；其次应注意保护石灰，避免被水浸湿，对于被水泡过的石灰土在找平前应检查含水量，如含水量过大，应翻拌晾晒达到最佳含水量后才能继续施工。

③ 雨季面层施工。水泥混凝土路面施工应注意水泥的防雨防潮，已铺筑的混凝土严禁雨淋，施工现场应预备轻便易于挪动的工作台雨棚；对雨淋过的混凝土要及时补救处理。此外，要注意排水设施的畅通。如为沥青路面，要特别注意天气情况，尽量缩短施工路段，各工序紧凑衔接，下雨或面层的下层潮湿时均不得摊铺沥青混合料。对未经压实即遭雨淋的沥青混合料必须全部清除，更换新料。

(2) 冬季施工

① 冬季路槽施工。应在冰冻前进行现场放样，做好标记；将路基范围内的树根、杂草等全部清除。如有积雪，在修整路槽时先清除地面积雪、冰块，并根据工程需要与设计要求决定是否刨去冰层。严禁用冰土填筑，且最大松铺厚度不得超过30cm，压实度不得低于正常施工时的要求，当天填方的土务必当天碾压完毕。

② 冬季面层施工。沥青类路面不宜在5℃以下的环境施工，否则要采取以下工程措施：

· 运输沥青混合料的工具须配有严密覆盖设备以保温。

· 卸料后应用苫布等及时覆盖。

· 摊铺时间宜于9：00—16：00进行，做到"三快两及时"(快卸料、快摊铺、快搂平，及时找细、及时碾压)。

· 施工做到定量定时，集中供料，避免接缝过多。

水泥混凝土路面，或以水泥砂浆做结合层的块料路面在冬季施工时应注意提高混凝土(或砂浆)的拌和温度(可用加热水、加热石料的方法)，并注意采取路面保温措施，如选用合适的保温材料覆盖路面。此外，应请注意减少单位用水量，控制水灰比在0.54以下，混料中加入合适的速凝剂；混凝土搅拌要搭设工棚，最后可延长养护和拆模时间。

(五) 园路常见病害及原因

园路的"病害"是指园路破坏的现象。一般常见的病害有裂缝、凹陷、啃边、翻浆等。现就造成各种病因的原因分析如下。

1. 裂缝与凹陷

造成这种病害的主要原因是基土过于湿软或基层厚度不够，强度不足，在路面荷载超过土基的承载力时造成的。

2. 啃边

路肩和道牙直接支撑路面，使之横向保持稳定。因此，路肩与基土必须紧密结实，并有一定的坡度。否则，由于雨水的侵蚀和车辆行驶时对路面的边缘啃蚀，会使之损坏，并从边缘起向中心发展，这种破坏现象称为啃边。

3. 翻浆

在季节性冰冻地区，地下水位高，特别是对于粉砂性土基，由于毛细管的作用，水分上升到路面以下，冬季气温下降，水分在路面下形成冰粒，体积增大，路面就会出现隆起现象，到春季上层冻土融化，而下层尚未融化，这样使冰冻线土基变成湿软的橡皮状，路面承受力下降，这时如果车辆通过，路面下陷，邻近部分隆起，并将泥土从裂缝中挤出来，使路面破坏，这种现象称为翻浆。

(六) 园路铺装工程质量检测

1. 路面铺装工程检测规范

(1) 混凝土路面工程

① 混凝土面层不得有裂缝，并不得有石子外露和浮浆、脱皮、印痕、积水等现象。

② 伸缩缝必须垂直，缝内不得有杂物，伸缩缝必须完全贯通。

③ 切缝直线段线直，曲线段应弯顺，不得有夹缝，灌缝不漏缝。

(2) 路沿石安装工程

① 路沿石应边角齐全、外形完好、表面平整，可视面宜有倒角。除斜面、圆弧面、边削角面构成的角之外，其他所有角宜为直角。路沿石 (料) 面层厚度，包括全角的表面任何一部位的厚度，都应不小于 4mm。

② 路沿石铺装必须稳固，并应线直、弯顺、无折角，顶面应平整无错牙，路沿石不得阻水。

③ 路沿石回填必须密实。

2. 块料路面施工质量检测规范

① 各层的坡度、厚度、平整度和密实度等符合设计要求，并且上下层结合牢固。变形缝的位置与宽度、填充材料质量及块料间隙大小合乎要求。

② 不同类型面层的结合及图案正确。各层表面与水平面或与设计坡度的偏差不得大于 30mm。

③ 水泥混凝土、水泥砂浆、水磨石等整体面层和铺在水泥砂浆上的块状层与基层结合良好，无空鼓。面层不得有裂纹、脱皮、麻面和起砂等现象。

④ 各层的厚度与设计厚度的偏差，不宜超过该层厚度的 10%。

⑤ 各层的表面平整度应达到检测要求，如水泥混凝土面层允许偏差不宜超过 4mm，大理石、花岗岩面层允许偏差不超过 1mm，用 2m 直尺检查。铺装的石材不能有断齿的地方，铺装缝隙一致，石材表面颜色一致，石材之间对缝整齐。

3. 嵌草砖铺地施工质量检测

① 所有材料品种、规格、质量必须符合设计要求。

② 用于停车场的嵌草砖单块抗压强度不得小于 50MPa，厚度不得小于 80mm。检验方法：尺量，检查合格证及检测报告。

③ 铺砌必须平整稳定，灌缝应饱满，不得有翘动现象。

④ 块料无裂纹、无缺棱、掉角等缺陷，接缝均匀，表面较清洁，块之间均为种

植土，嵌草到位平整。

⑤ 无积水现象。

4. 广场铺地施工质量检测规范

① 铺砌必须平整稳定，灌缝应饱满，不得有翘动现象，面层与其他构筑物应接顺，不得有积水现象。

② 大小方砖表面平整，不得有蜂窝、脱皮、裂缝，色彩均匀、棱角整齐。

(七) 特殊园路施工质量检测规范

1. 踏步的检测

园路设置踏步时不应少于 2 步并符合以下要求：

① 踏步宽一般为 30 ~ 60cm，高度以 10 ~ 15cm 为宜，特殊地段高度不得大于 25cm。

② 踏步面应有 1% ~ 2% 的向下坡度，以防积水和冬季结冰。

③ 踏步铺设要求底层塞实、稳固、周边平直，棱角完整，接缝在 5mm 以下，缝隙用石屑扫实。石料的强度、色彩、加工精度，应符合设计要求。

④ 踏步的邻接部位，其叠压尺寸应不少于 15mm。

2. 自然石及汀步石检测

① 所用材料品种、规格、质量必须符合设计要求。

② 面层与下一层应结合牢固、无空鼓。

③ 大小搭配均匀，摆放自然，铺同一块地面时，宜选用同一产地或统一质地的石块。

④ 表面平整，不滑，不易磨损或断裂；排列应整齐，安放牢固，不得晃动；布局美观。相邻步石中心间距应保持 55 ~ 65cm，宽度应为 30 ~ 40cm。

⑤ 步石平面放线位置应符合设计要求，自然顺接。

⑥ 允许偏差项目：外露高度宜为 3 ~ 6cm，步石厚度应 ≥ 6cm。检验方法：观察，尺量。

3. 道牙及收水井工程

① 侧石、道牙安装必须稳固，不得阻水。

② 侧石背后回填必须密实。

③ 自然形园林道路的边界线应自然弯顺，侧石、道牙衔接应无折角。

④ 园路广场的边界线应直。

⑤ 顶面应平整无错牙，侧石勾缝应严密。

第二节　装饰型硬质景观

一、装饰型硬质景观概述

装饰型硬质景观以街道小品为主，又分为雕塑小品和园艺小品两类。现代雕塑作品的种类、材质、题材都十分广泛，已经逐渐成为景观设计中的重要组成部分。园艺小品即园林绿化中的假山置石、景墙、花架、花盆等。这类景观是以装饰需要为主而设置的，都具有美化环境、赏心悦目的特点，体现了硬质景观的美化功能。

二、装饰型硬质景观建设——以山石景观工程为例

叠石造园在我国园林中具有悠久的历史，叠石、理水、建筑、植物，称为中国古典园林造园四大要素。其中假山是具有中国园林特色的人造景观，作为中国自然山水园的基本骨架，对园林景观的组成、园林空间的划分具有十分重要的作用。假山工程是园林建设中的专业工程，研究假山的功能作用、规划布局设计、造型与结构，掌握假山工程的施工工艺及技法是园林工程的一项重要任务。

(一) 山石景观的类型

1. 假山

假山是以造景游览为主要目的，充分结合其他多方面的功能作用，以土、石等为材料，以自然山水为蓝本并加以艺术的提炼和夸张，用人工再造的山水景物的通称。假山的体量大而集中，可观可游，使人有置身于自然山林之感。

2. 置石

置石是以山石为材料做独立性或附属性的造景布置，主要表现山石的个体美或局部组合而具备完整的山形。置石以观赏为主，结合一些功能方面的作用，体量较小而分散。

3. 塑山

塑山是用现代材料及工艺仿自然山石塑造出来的假山或置石。

(二) 山石景观的功能作用

1. 作为自然山水园的主景和地形骨架

以山为主景或为山石为驳岸的水池做主景，整个园子的地形骨架、起伏、曲折皆以此为基础进行变化。我国的大部分山水园在不同程度上采取了这种形式，如江南私家园林中的各名园，突出的代表为扬州个园、苏州狮子林、环秀山庄等。

2. 作为园林划分空间和组织空间的手段

园林空间划分与组织有多种手法，利用假山分隔、组织空间则更具有自然、灵动的特点。特别是用山水结合的方式组织空间，其变化形式更为丰富，能够创造出更为理想的园林景观变化。在组织空间时可以结合障景、对景、背景、框景、夹景等手法灵活运用，通过山石景观来转换建筑空间轴线，也可在两个不同类型的空间之间运用假山实现自然过渡。

3. 运用山石小品作为点缀园林空间和陪衬建筑、植物的手段

园林空间变化多样，对于一些平淡的空间，用山石加以点缀，可以起到画龙点睛的作用，如苏州留园东部庭院的空间利用山石和植物进行装点，有的以山石做花台，或以石峰凌空，或置于粉墙前，或与植物结合成为廊间转折的小空间和窗外的对景；再如扬州个园内山石与植物互为陪衬，形成了春、夏、秋、冬四景。

4. 用山石做驳岸、挡土墙、护坡和花台等

规整的驳岸、挡土墙、护坡和花台，其人工制作痕迹过于明显，不易与自然山水环境相协调。可利用自然山石做挡土墙，其功能与整形挡土墙相同，而在外观则表现出山石的纹理，自然的起伏、曲折、凹凸，与自然环境更为协调。在人工挖湖堆山时，在坡度较陡的土山坡散置山石作为护坡，可分散、阻挡地表径流，减少水土流失。在坡度陡峭的山上开辟自然式的台地，在山体内侧形成垂直土面，多采用山石做挡土墙。如颐和园的圆朗斋、写秋轩，北海公园的酣古堂、亩鉴室，周围都是自然山石挡土墙的佳品。在用地面积的有效情况下堆起较高的土山，常利用山石作山脚的藩篱，通过这种方法既可以缩小土山所占面积，又具有相当的高度与体量。如颐和园仁寿殿西面的土山、无锡寄畅园西岸的土山都是采用此种做法。

江南私家园林中还广泛地利用山石作花台种植牡丹、芍药及其他观赏植物，并利用其组织庭院中游览线路，或与墙壁、驳岸结合，在规整的建筑范围中创造出自然、曲折的变化。

假山与景石的功能与作用都和造景密切相关，并与园林其他造园要素组成各式各样的园景，使人工建筑和构筑物与自然环境相融合，减少人工痕迹，创建自然、和谐的园景。

(三) 山石造景设计

1. 景石布局设计与造景

景石是以山石为材料作独立性造景或作附属性的配置造景布置，表现山石的个体美或组合美，但不具备完整的山形。园林中的景石以观赏为主，结合一些功能方面的作用，体量较小而分散。根据造景作用和观赏效果方面的差异，有特置、对置、

散置、群置和作为器设小品等。

（1）特置

特置指将体量较大、形态奇特，具有较高观赏价值的峰石单独布置成景的一种置石方式，也称为单点、孤置山石。如杭州的绉云峰、苏州留园的三峰（冠云峰、瑞云峰、岫云峰）、上海豫园的玉玲珑、北京颐和园的青芝岫、广州海幢公园的猛虎回头、广州海珠花园的飞鹏展翅、苏州狮子林的嬉狮石等都是特置山石名品。

①选石。

特置石品应选体量巨大、轮廓线突出、姿态多变、色彩突出，具备独特的观赏价值，并不是任何山石都适合于特置。

特置石尽可能做到多方位皆为景观，但一块山石很难面面俱到。选择特置石时要相石择面，保证主要观赏面。如冠云峰正对入口的南侧观赏价值最高，东西两侧皆可，背面平淡则朝向北方。

特置石不一定都是整块的立峰，也可以小拼大。在其体量或形体不佳时，可拼零为整。拼石要因形而先，大小恰到好处，结合显得天衣无缝、浑然一体。如颐和园东宫门内的太湖石，高 4m 左右，是由数块拼合而成的。

②基座设置。

单峰石必须固定在基座上，由基座进行支承，对其进行突出表现。

基座可由砖石砌筑成规则形状，常采取须弥座的形式。基座也可以采用稳重的墩状自然座石做成，称为"磐"。峰石要稳定、耐久，关键在于结构合理。传统立峰一般用石榫头固定，《园冶》有"峰石一块者，相形何状，选合峰纹石，令匠凿眼为座……"就是指这种做法。石榫头必须正好在峰石的重心线上，并且榫头周边与基磐接触以受力，榫头只定位，并不受力。安装峰石时，在榫眼中浇灌少量黏合材料即可。

③形象处理。

峰石的布置状态一般应处理为上大下小，置石显得生动。有的峰石适宜斜立，就要在保证稳定安全的前提下布置成斜立状态。对有些单峰石精品，将石面涂成灰黑色或古铜色，并在外表涂上透明的聚氨酯做保护层。对峰石上美中不足的平淡部分，可以镌刻著名的书法作品或名言警句。

（2）对置

两个置石布置在相对的位置上，呈对称或者对立、对应状态，这种置石方式即是对置。对置强调山石间的对称、呼应、协调，有交流、对话之趣。形体只是形象的一个方面，还要从石质、姿态、颜色、纹理等多方面寻求关系。

（3）散置

散置是模拟自然山石分布之状，施行点置的一种手法。散置的主要目的是固定土壤，防止径流对土壤的冲刷，使山体与水体、建筑与自然间协调地过渡，有宛若自然之相貌，为游人提供临时休息场所，常用于布置内庭山坡上，采取"攒三聚五""散漫理之"的布局形式。常用于园门两侧、廊间、粉墙前、山坡上、小岛上、水池中或与其他景物结合造景。它的布置要点在于有聚有散、有断有续、主次分明、高低曲折、顾盼呼应、疏密有致、层次丰富。清代画家龚贤所著《画诀》中说："石必一丛数块，大石间小石，然后联络。面宜一向，即不一向亦宜大小顾盼。石小宜平，或在水中，或从土面，要有着落。"

散置石景有生长之势，犹如滚落之石，风吹日晒，覆土冲蚀而又长出地面的形状，固定埋石时，土不掩脖，石不露脚。施工要防止滚滑、翻倒，埋入地下5cm以上，上面比较平，不可有利刃，便于坐歇。

（4）群置

山石成群布置，作为一个整体来体现，称为群置，即用数块山石相互搭配点置。群置用石与散置基本相同，不同在于群置所处空间较大，堆数多、石块多。

（5）山石器设

用山石作室内外的家具或器设也是我国园林中的传统做法。李渔在《一家言》中讲："若谓如拳之石，亦需钱买，则此物亦能效用于人。使其斜而可依，则与栏杆并力。使其肩背稍平，可置香炉茗具，则又可代几案。花前月下有此待人，又不妨于露处，则省他物运动之劳，使得久而不坏。名虽石也，而实则器也。"山石器设一般包括仙人床、石桌、石凳、石室、石门、石屏、名牌、花台、踏跺（台阶），以自然山石代替建筑的台阶，随形而做，自然活泼。

（6）山石花台

山石花台即用自然山石叠砌的挡土墙，其内种花植树。山石花台的作用有三个方面：一是降低底下水位，为植物的生长创造适宜的生态条件，如牡丹、芍药要求排水良好的条件；二是取得合适的观赏高度，免去躬身弯腰之苦，便于观赏；三是通过山石花台的布置组织游览路线，增加层次，丰富园景。

花台的布置讲究平面上的曲折有致和立面上的起伏变化，就花台的个体轮廓而言，应有曲折、进出的变化。要有大弯兼小弯的凹凸面，弯的深浅和间距都要自然多变。在庭院中布置山石花台时，应占边、把角、让心，即采用周边式布置，让出中心，留有余地。山石花台在竖向上应有高低的变化，对比要强烈，效果要显著，切忌把花台做成"一码平"。一般是结合立峰来处理，但要避免体量过大。花台中可少量点缀一些山石，花台外也可埋置一些山石，似余脉延伸，变化自然。

（7）园林建筑与置石

①山石踏跺与蹲配。

《长物志》中"映阶旁砌以太湖石垒成者曰涩浪"所指的山石布置即为此种。山石踏跺和蹲配常用于丰富建筑立面，强调建筑入口。中国建筑多建于台基之上，这样出入口的部位就需要有台阶作为室内上下的衔接。若采用自然山石做成踏跺，不仅具有台阶的功能，而且有助于处理从人工建筑到自然建筑之间的过渡，北京的假山师傅也将其称为"如意踏跺"。踏跺的石材宜选用扁平状的。踏跺每级的高度和宽度不一，随形就势、灵活多变。台阶上面一级可与台基地面同高，体量稍大些，使人在下台阶前有个准备。石级每一级都向下坡方向有2%的坡度以利于排水。石级断面不能有"兜脚"现象，即要上挑下收，以免人们上台阶时脚尖碰到石级上沿。用小块山石拼合的石级，拼缝要上下交错，上石压下缝。山石踏跺有石级平列的，也有互相错列的；有径直而入的，也有偏径斜上的。

蹲配是常和如意踏跺配合使用的一种置石方式。从实用功能上来分析，它可兼备垂带和门口对置的石狮、石鼓之类装饰品的作用，但又不像垂带和石鼓那样呆板。它一方面作为石级两端支撑的梯形基座，也可以由踏跺本身层层叠上而用蹲配遮挡两端不易处理的侧面。在保证这些实用功能的前提下，蹲配在空间造型上则可利用山石的形态极尽自然变化。所谓"蹲配"，以体量大而高者为"蹲"，体量小而低者为配。实际上除了"蹲"以外，也可"立""卧"，以求组合上的变化，但务必使蹲配在建筑轴线两旁有均衡的构图关系。

②抱角与镶隅。

建筑的外墙转折多成直角，其内、外墙角都比较单调、平滞，常用山石来进行装点。对于外墙角，山石成环抱之势紧包基角墙面，称为抱角；内墙角则以山石镶嵌其中，称为镶隅。山石抱角和镶隅的体量均须与墙体所在的空间取得协调。一般园林建筑体量不大时，无须做过于臃肿的抱角。当然，也可以采用以小衬大的手法，即用小巧的山石衬托宏伟、精致的园林建筑，如颐和园万寿山上的园院廊斋等建筑均采用此法且效果甚佳。山石抱角的选材应考虑如何使山石与墙接触的部位，特别是可见的部位融合起来。

③粉壁置石。

粉壁置石即以墙作为背景，在面对建筑的墙面、建筑山墙或相当于建筑墙面前基础种植的部位做石景或山景布置，因此也有称为"壁山"的。粉壁置石也是传统的园林手法。在江南园林的庭院中，这种布置随处可见。有的结合花台、特置和各种植物布置，式样多变。苏州网师园南端琴室所在的院落中于粉壁前置石，石的姿态有立、蹲、卧的变化，加以植物和院中台景的层次变化，使整个墙面变成一个丰富多彩的风景画面。苏州留园"鹤所"墙前以山石做基础布置，高低错落，疏密相间，并用小石峰点缀建筑立面，白粉墙和暗色的漏窗、门洞的空处都形成衬托山石的背景，竹、石的轮廓非常清晰。粉壁置石在工程上需注意两点：一是石头本身必须直立，不可倚墙；二是注意排水。

④廊间山石小品。

园林中的廊子为了争取空间的变化或使游人从不同的角度去观赏景物，在平面上往往做成曲折回环的半壁廊。这样便会在廊与墙之间形成一些大小不一、形体各异的小天井空隙地。这是可以用山石小品"补白"的地方，使之在很小的空间里也有层次和深度的变化，同时可以诱导游人按设计的游览序列出游，丰富沿途的景色，使建筑空间小中见大，活泼无拘。

⑤"尺幅窗"和"无心画"。

为了使室内外景色互相渗透，常用漏窗透石景，这种手法是清代李渔首创的。他把内墙上原来挂山水画的位置开成漏窗，然后在窗外布置竹石小品之类，使景入画，这样便以真景入画，较之画幅生动百倍，称为"无心画"。以"尺幅窗"透取"无心画"是从暗处看明处，窗花有剪影的效果，加以石景以粉墙为背景，从早到晚，窗景依时而变。

⑥云梯。

云梯即以山石掇成的室外楼梯。既可以节约使用室内建筑面积，又可以成为自然石景。如果只能在功能上作为楼梯而不能成景则不是上品。最容易出现的问题是，山石楼梯暴露无遗，和周围的景物缺乏联系和呼应，而做得好的云梯往往组合丰富，变化自如。

2. 假山类型

假山是以土、石等为材料，以自然山水为蓝本并加以艺术的提炼和夸张，用人工再造的山水景物的通称。不论是土山还是石山，只要是人工堆成的，均可称为假山。作为我国自然山水园林组成部分，假山是一种具有高度艺术性的建设项目之一，对于我国园林民族特色的形成有重要的作用。

假山根据使用材料、环境、规模大小可以分为以下类别：

(1) 按掇山材料的不同分类

① 土山。堆假山的材料全部或绝对大的量为土。此类假山造型比较平缓，可形成土丘与丘陵，占地面积较大。土山利于植物生长，能形成自然山林的景象，极富野趣，所以在现代城市园林中应用较多，并在地形设计中加以专门研究。这种类型的假山占地面积往往比较大，是构成园林基本地形和基本景观背景的重要内容。

② 石山。掇山的材料全部或几乎全部为石。此类假山一般体型比较小，李渔所

说的"小山用石，大山用土"就是个道理。石山堆山材料主要是自然山石，多在间隙处设置种植坑或种植带以配种植物。这种假山一般造价高，花费的人工多，但占地面积可较少，故规模也比较小，常用于庭园、水池等空间比较闭合的环境中，或作为瀑布、跌水的山体。

③石土混合山。由土石共同组成，有石多土少和石少土多之分。

带石土山又称为"土包石"，是指土多石少的山。其主要堆砌材料为泥土，或者在山的内部使用建筑垃圾等物而表面覆土，仅在土山的山坡、山脚点缀山石，在陡坎或山顶部分用自然石堆砌成悬崖绝壁之类的石景，或用山石构成云梯磴道等。带石土山可以做得山体比较高，但其占用的地面面积可以较少，所以此种假山一般用于较大的庭园中。

带土石山又称为"石包土"，是表面石多土少的山。山体内部由泥土或建筑垃圾等物堆成，山的表面都用山石置景处理，所以从外观看山体主要由山石组成。这种土石结合而露石不露土的假山，占地面积较小，但山的特征容易形成，方便于构筑奇峰悬崖、深峡峻岭等多种山地景观，是一种简单经济、适宜多样构景的假山。

④塑山。水泥等塑的景观石和假山，成为假山工程一种新的专门工艺，能减轻山石景物重量，且能随意造型。

(2) 按山体数量多少分类

①群山。在较大的园林中，山体数量较多，以近及远，有近山、次山、远山，岗阜相连，重叠翻覆，即为群山。

②独山。即一个假山单独成景。多出现在较小的园林空间或庭院中，占地面积小。

(3) 按假山规模大小分类

①大假山。占地范围较广，形体高大而陡峭崎岖，是园林中的主景或园林的骨架，并常有溪流、瀑布、洞窟等景观。

②小假山。低而范围小的山，山体虽小，但也具有自然山体峭壁悬崖、洞穴洞壑之趣。

③小品山。用较少的山石勾勒出山景的轮廓，不具备山体的完整结构，常作为一些建筑空间或平缓草坪地的点缀品。

(4) 按假山在园林的位置不同分类

分为园山、庭山、池山、楼山、壁山、厅山等。

(5) 按施工方式不同分类

分堆山、掇山、凿山和塑山。

堆山也称为筑山，指篑土筑山；掇山指用山石掇叠成山；凿山指开凿自然岩石，所余之物成山；塑山指用石灰浆、水泥、砖、钢丝网、玻璃钢等材料塑成假山。

3. 假山平面设计

(1) 假山平面布局

假山布置应遵循因地制宜的设计原则，处理好假山与环境的关系、假山的观赏关系、假山与游人活动的关系和假山造型形象方面的关系等。

① 山景布局与环境处理。假山的风景效果应当具有多样性，不但有峰、谷、山脚景观，还要有悬崖、峭壁、幽洞、怪石、瀑布等多种景观形式，通过配置一定园林植物，进一步烘托假山气氛。利用对比手法、按比例缩小景物、增加山景层次、逼真的造型、小型植物衬托等方法，在有限的空间中创造无限的山岳意境，形成小中见大的景观效果。在山路安排时增加路线的曲折、起伏变化和路旁景物的布置，形成"步移景异"的空间景观变化。在布局中调整好假山的方向，将假山最好的一面朝向视线最集中的方向。如在湖边的假山，其正面应朝向湖对岸；在风景林边缘的假山其正面应朝向林外，背面朝向林内。确定假山朝向时，还应考虑山形轮廓，要以轮廓最好的一面向视线最集中的方向。假山的观赏视距要根据设计的效果考虑。需要突出假山的高耸和雄伟，视距应在山高的 1~2 倍，使山顶成为仰视的风景；需要突出假山优美的立面形象时应采取假山高度的 3 倍以上距离，使人能够看到假山全貌。

② 造景并兼顾其他功能。假山一方面为园林增添重要的山地景观，另一方面在假山上合理布置台、亭、廊、轩等设施，能够为观赏提供良好条件，使假山造景与观景两者兼顾。此外，在布局上还要充分利用假山的组织空间作用，创造良好的生态环境和实用小品，满足多方面造景的需求。

(2) 假山平面形状设计

假山的平面形状设计就是对由山脚线所围合成的平面轮廓线的设计，是对山脚线的线形、位置、方向的设计。山脚轮廓线形设计，在造山实践中叫作"布脚"。在布脚时，应当按照下述的方法和要点进行。

① 山脚线应当设计为回转自如的曲线形状，要尽量避免成为直线。曲线向外凸，假山的山脚也随之向外凸出；向外凸出达到比较远的时候就可形成山的一条余脉。曲线若是向里凹进，就可能形成一个回弯或山坳；如果凹进很深则会形成一条山谷。

② 山脚曲线凸出或凹进的程度，根据山脚的材料而定。土山山脚曲线的凹凸程度应小一些，石山山脚曲线的凹凸程度则可加大。从曲线的弯曲程度来考虑，土山山脚曲线的半径一般不小于 2m，石山山脚曲线的半径则不受限制，可以小到几十厘米。在确定山脚曲线半径时，还要考虑山脚坡度的大小。在陡坡处山脚曲线半径可

适当缩小，在坡度平缓处曲线半径应大一些。

③要注意由山脚线所围合成的假山基底平面形状及地面面积大小的变化情况。其形状要随弯就势，宽窄变化仿若自然。充分考虑假山基底面积大小的变化；基底面积越大，则假山工程量越大，假山的造价也相应会增大。所以必须控制好山脚线的位置和走向，使假山只占用有限的地面面积，就能造出具有分量感的山体。

④设计石山的平面形状要注意为山体结构的稳定提供条件，石山平面形状呈直线式条状，山体的稳定性最差，并导致石山成为一道平整的石墙，整体显得单薄，整体景观特征被削弱。当石山平面形状是转折的条状或是向前向后伸出山体余脉的形状时，山体能够获得最好的稳定性，而且使山的立面有凸有凹、有深有浅，山体看起来结实厚重，山的形象更为显著。

（3）假山平面的变化手法

假山平面设计是假山立面造型的基础和前提。假山平面必须结合场地的地形条件进行变化，才能使假山与环境充分协调。在假山设计中，通过转折、错落、断续、延伸、环抱等变化手法进一步丰富假山的造型。

4. 假山立面设计

假山立面设计主要是解决假山的整体造型问题，根据园林环境设计具有趣味性、内涵性的假山造型。

（1）假山立面造型

假山的立面造型主要解决假山山形轮廓、立面形态和山体各局部之间的比例、尺度等关系。假山造型设计可以遵循以下规律：

①变化与统一。假山造型中的变化是假山获得自然效果的首要条件。假山没有变化，山石拼叠则规则划一，如同石墙，无自然之美感。变化不遵循一定的章法，则假山胡乱堆叠如同乱石堆，无法创造出令人愉悦的自然效果。假山的变化要随形就势，仿自然山体之形态，在假山立面造型中运用山石的大小、形状，合理设计山体的形与势。在造型上可采取高低、深浅变化，增加山体的层次与意味，在山石的材质上同一假山要采用颜色相近、纹理一致的石料，假山所反映的地质现象与地貌特征也需统一。在设计假山立面形象时，一方面要突出其山形的多样变化，另一方面则突出其质感、纹理的统一和协调，在变化中求得统一，在统一中又有不同变化，这样才能模拟自然山体的真实形象。

②动静结合。假山、石景的造型是否生动自然还和其形状、姿态等外观视觉形象与其相应的气势等内在的视觉感受相关。在形态、气势方面处理好的假山，才能真正做到生动自然，让人从其外观形象感受到山形的意象与趣味。山石造型中，使景物保持低重心、姿态平正、轮廓与皱纹线条平行的状态，都形成静势。造成动势

的方法包括：将山石的形态姿势处理成有明显方向性的倾斜状；将外观重心布置在较高处，使山石形体向外悬出等。叠石与造山中，山石的静势与动势要结合起来，形成动静对比，创造良好的景观效果。

③虚实相生。假山造型在藏露结合中尽量扩大假山的景观容量。藏景的做法是将景物的部分进行遮挡，通过外露的部分引人联想，在意象中扩大风景内容。假山造景常用的方法包括：以前山掩藏部分后山，而使后山有远望之感；以植物掩蔽山体、山洞，增加假山的深度；通过山路曲折蜿蜒，增加空间的变化，以不规则山石分隔、掩藏山内空间等。经过藏景处理的假山，虚实相间，由实景引人注意，由虚景引人联想。

④意境交融。假山意境的形成是综合应用多种艺术手法的结果。第一，将假山造型制作得形象逼真，使人体会到自然山体的真实感，就容易产生关于真山的联想与意境；第二，景物处理含蓄有度，如同国画处理的"留白"，能够给人留下想象的余地；第三，要强化山石景物的姿态表现，提炼出高于自然的假山形象；第四，在山景中融入人文元素，通过诗词、牌匾、楹联、建筑、小品等元素增加假山的文化气息，深化意境。

（2）假山立面设计方法

①明确设计意图。在开始设计前要确定假山的功能，控制其高度、宽度及大致的工程量，确定假山所用石材和假山的基本造型方向。

②构建轮廓。根据假山设计平面图，在预定的山体高度与宽度条件下给出假山的立面轮廓。轮廓线的形状要照顾到预定的假山石材轮廓特征。假山轮廓线与石材轮廓线基本保持一致，则便于施工，且造出的假山能够与图纸上所表现的形象相吻合。在设计中为使假山立面形象更加自然生动，可适当突出山体外轮廓线较大幅度的起伏曲折变化。

③反复推敲，确定构图。初步构成的立面轮廓要不断推敲并反复修改，才能得到比较令人满意的轮廓图形。在推敲、研究、修改过程中要特别研究轮廓的悬挑、下垂部分和山洞洞顶部位的结构，考虑施工是否能够完成，保证不发生坍塌，根据力学方面进行计算与考虑，保证足够的安全系数。对于跨度较大的部位要准确确定其跨度，然后衡量能否做到结构安全，如在悬崖部分前面的轮廓悬出，则后部应坚实稳固，不再悬出。假山立面轮廓的修改必须照顾到施工的便利性与安全性，考虑现有技术条件下能够完成的可行性。

④构建皴纹。在立面的各处轮廓确定后，要添加皴纹线表明山石表现的凹凸、褶皱、纹理形态。

⑤添加配景。在立面适当部分添加人物、植物等配景，表现山体的形态特征与

大小比例；在假山上种植植物的，要绘制出假山种植植物的位置；如果假山上还设计有观景平台、山路、亭廊等，按照比例关系绘制到立面图上。

⑥ 绘制侧立面。主立面确定后，根据对应关系和平面图所示的前后位置，参照前述方法绘制假山的重要侧立面。

⑦ 完成设计。完成各立面图后，将立面图与平面图相互对照，检查其形状的对应关系。如有不能对应处，则需修改平面或立面，完成后即可定稿。最后在图纸上添加相关尺寸数据、材料说明等内容。

5. 假山结构设计

(1) 假山基础设计

假山基础设计要根据假山类型和假山工程规模而定。人造土山和低矮的石山一般不需要基础，山体直接在地面上堆砌。高度在3m以上的石山，就需要考虑设置适宜的基础。一般情况下高大、沉重的大型石山选用混凝土基础或块石浆砌基础；高度和重量适中的石山可用灰土基础或桩基础。

① 混凝土基础。混凝土基础坐下至上的构造层次及其材料做法如下：最下层是素土地基夯实；夯实层上做砂石垫层，根据假山的体量，厚度为30~70cm；垫层上即为混凝土基础层。混凝土层的厚度与强度要求：陆地上选用不低于C10的混凝土强度，水中采用C15水泥砂浆浆砌块石，混凝土的厚度；陆地上10~20cm，水中基础50cm。水泥、砂和碎石配合的重量比为1:2:4~1:2:6。如假山体量大则酌情增加基础厚度或采用钢筋混凝土替代砂浆混凝土。毛石应选用未风化的石料，用150号水泥砂浆浆砌，砂浆必须填满空隙，不得出现孔洞和缝隙。如果基础是较为软的土层要对基土进行特殊处理。

② 浆砌块石基础。假山基础可用1:2.5或1:3水泥砂浆砌一层块石，厚度为300mm；水下砌筑所用水泥砂浆的比例则应为1:2，块石基础层下可铺300mm厚粗砂作为找平层，地基应作夯实处理。

③ 灰土基础。基础的材料主要是用石灰和素土按3:7的比例混合而成。灰土每铺一层厚度为30cm，夯实到15cm厚时，则称为一步灰土。设计灰土基础时，要根据假山高度和体量大小来确定采用几步灰土。一般高度在2m以上的假山，其灰土基础可设计为一步素土加两步灰土；高度在2m以下的假山，则可按一步素土加一步灰土设计。

④ 桩基础。古代多用直径10~15cm、长1~2m的杉木桩或柏木桩做桩基，木桩下端为尖头状。现代假山的基础已基本不用木桩桩基，只有地基土质松软时偶尔采用混凝土桩基加强地下结构强度。做混凝土桩基先要设计并预制混凝土桩，其下端仍为尖头状。直径可比木桩基大一些，长度可与木桩基相近，打桩方式参考木

桩基。

(2) 假山山体结构设计

① 环透式结构。是指采用不规则孔洞和孔穴的山石，组砌堆叠成具有曲折环行通道或通透空洞的山体。一般使用太湖石和石灰岩风化后的景石堆叠。

② 层叠式结构。是指采用片状的山石组砌堆叠有层次感的山体。层叠式结构依层次的走势不同分为水平层叠和斜面层叠两种。

水平层叠的山体，假山主面上的主导线条呈水平，山石向近似水平向伸展，故山石须水平设置组砌。斜面层叠的山体，假山主面上的主导线与水平成一定的夹角，一般为10°～30°，最大不应超过45°，故山石需倾斜组砌成斜卧或斜升状。

③ 竖立式结构是指采用直立状组砌堆叠山石的山体。这种结构的假山，从立面上看，山体内外的沟槽及山体表面的主导线条，都呈竖向布局，从而整个山势有一种向上伸展的动态。

竖立式山体又可分为直立结构与斜立结构两种。直立结构中的山石，全部呈直立状态组砌，山体表面线条基本平行，并垂直于地平线。斜立结构中的山石，大部分以斜向组砌，其斜向夹角为45°～90°。竖立式结构的山体，一般使用条状或长片状的山石。为了加强山石侧面之间的砌筑砂浆黏结力，石材质地以粗糙或表面小孔密布者为佳。

④ 填充式结构是指内部由泥土、废砖石、碎混凝土块等建筑垃圾填起来的山体。有时为了减少山石的用量或加强山体的整体性，在山体的内部直接浇筑强度C10、C15的混凝土，就能堆叠起外形奇特或高度较大的山体。

填充式结构的假山，一般造价比较低，体量可以做得比较大。但是，必须注意填入物的沉降不均、地下水被污染等问题。

(3) 假山山洞结构设计

根据受力结构不同，假山山洞的结构形式主要有梁柱式结构、挑梁式结构、券拱式结构三种。假山山洞的结构根据所制作的假山体量或者需要而定。一般情况下，黄石、青石等成墩块状的山石宜采用梁柱式结构，天然的黄石山洞也是沿其相互垂直的节理面崩落、坍陷而成；湖石类假山山洞宜采用券拱式结构，长条状、薄片状的山石可做挑梁式结构。假山山洞结构要防垮塌、防渗漏。

假山山洞若要形象自然，可从以下几方面着手：

① 假山山洞的布置。布置假山山洞时应清楚如何使洞口的位置相互错开，由洞外观洞内，是洞中有洞。洞口要宽大，洞口以内的洞顶与洞壁要有高低和宽窄变化，洞口的形状既要不违反所用石材的石性，又要使其具有生动自然的变化性。假山山洞的通道布置在平面上要有曲折变化，做到宽窄相继，开合相接。

② 洞壁的设计。洞壁设计在于处理好壁墙和洞柱之间的关系。如墙式洞壁的构成，要根据假山山体所采用的结构形式来设计。如果整个假山山体是采用层叠式结构，那么山洞洞壁石墙也应采用这种结构。山石一层一层不规则层叠砌筑，直到预定的洞顶高度，这样就形成了墙柱式洞壁。墙柱式洞壁的设计关系到洞柱和柱间石山墙两种结构部分。

③ 洞底设计。洞底可铺设不规则石片作为路面，在上坡和下坡处则设置块石阶梯。洞内路面宜有起伏但不可过大。洞内宽敞处可设置一些石笋、石球、石柱以丰富洞内景观。如果山洞是按水洞形式设计的，则应在适当地点挖出浅池或浅沟，用小块山石铺砌成石泉池或石涧。石涧一般应布置在洞底一侧边缘，平面形状宜蜿蜒曲折。

④ 洞顶设计。一般条形假山石的长度有限，多数条石的长度在 1～2m。如果山洞设计为 2m 左右的宽度，则条石的长度不足以直接用作洞顶石梁，这样就要求采用特殊的方法才能做出洞顶。常见做法有盖梁、挑梁与券拱三种结构形式。

(4) 假山山顶结构设计

假山山顶的设计直接关系到整个假山的艺术形象，是假山立面最突出、最集中视线的部位。根据假山山顶形象特征，可将假山顶部的基本造型分为峰顶、峦顶、崖顶和平顶几种类型。

① 峰顶。又可分为剑立式，上小下大，竖直而立，挺拔高矗；斧立式，上大下小，形如斧头侧立，稳重而又有险意；流云式，峰顶横向挑伸，形如奇云横空，参差高低；斜立式，势如倾斜山岩，斜插如削，有明显的动势；分峰式，一座山体上用两个以上的峰头收顶；合峰式，峰顶为一主峰，其他次峰、小峰的顶部融合在主峰的边部，成为主峰的肩部等。

② 峦顶。可以分为圆丘式峦顶，顶部为不规则的圆丘状隆起，像低山丘陵，此顶由于观赏性差，一般主山和重要客山多不采用，个别小山偶尔可以采用；梯台式峦顶，形状为不规则的梯台状，常用板状大块山石平伏压顶而形成；玲珑式峦顶，山顶由含有许多洞眼的玲珑型山石堆叠而成；灌丛式峦顶，在隆起的山峦上普遍栽植耐旱的灌木丛，山顶轮廓由灌丛顶部构成。

③ 崖顶。山崖是山体陡峭的边缘部分，既可以作为重要的山景部分，又可以作为登高望远的观景点。山崖主要可以分为平顶式崖顶，崖壁直立，崖顶平伏；斜坡式崖顶，崖壁陡立，崖顶在山体堆砌过程中顺势收结为斜坡；悬垂式崖顶，崖顶石向前悬出并有所下垂，致使崖壁下部向里凹进。

④ 平顶。园林中，为了使假山具有可循、可想的特点，有时将山顶收成平顶。其主要类型有平台式山顶、亭台式山顶和草坪式山顶。

所有收顶的方式都在自然地貌中有本可寻。收顶往往是在逐渐合凑的中层山石顶面加以重力的镇压，使重力均匀地分层传递下去。往往用一块收顶的山石同时镇压下面几块山石，如果收顶面积大而石材不够，就要采取"拼凑"的手法，并用小石镶缝使之成一体。

(四) 假山工程施工

1. 施工准备

假山施工前，应根据假山的设计，确定石料，并运抵施工现场，根据山石的尺度、石形、山石皱纹、石态、石质、颜色选择石料，同时准备好水泥、石灰、沙石、钢丝、铁爬钉、银锭扣等辅助材料以及倒链、支架、铁吊架、铁扁担、桅杆、撬棒、卷扬机、起重机、绳索等施工工具，并应注意检查起重用具的安全性能，以确保山石吊运和施工人员安全。

(1) 分析施工图纸，熟悉施工环境

① 施工前应由设计单位提供完整的假山叠石工程施工图及必要的文字说明，进行设计交底。

② 施工人员必须熟悉设计，明确要求，必要时应根据需要制作一定比例的假山模型小样，并审定确认。

(2) 落实施工机具

根据施工条件备好吊装机具，做好堆料及搬运场地、道路的准备。吊具一般应配有吊车、叉车、吊链、绳索、卡具、撬棍、手推车、振捣器、搅拌机、灰浆桶、水桶、铁锹、水管、大小锤子、凿子、抹子、柳叶抹、鸭嘴抹、笤帚等。

绳索是绑扎石料的工具，也是假山施工中的基本工具。常用黄麻绳和棕绳，因其质地柔软，便于打结与解扣，可使用次数较多，并具有防滑作用。为了解扣方便，绳索必须打成活结，并保证起吊就位后能顺利将绳索抽出，避免被山石卡压。捆绑山石时，应选择石块的重心位置或稍上处，以使起吊平稳。绳索打结必须牢固，以防因滑落造成事故。山石的捆绑常用"元宝扣"式，此法使用方便，结活扣后靠山石自重将绳索压紧，绳的长度可自行调整。

杠棒是抬运石料的原始工具，因其简单灵活，在机械化程度不高的施工现场仍有应用。杠棒材料在南方多用毛竹，在北方可用榆木和柞木，长度（L）为8m左右。严禁使用腐朽材，以免发生事故。

撬棍是用来撬拨移动山石的手工工具，常用六角钢制作，长为1.0～1.6m，两端锻打成楔形，便于插入石下。

榔头用于击开大块石料，铁锤用于修劈凿击山石。石块间的缝口需要嵌缝时，一般用小抹子将水泥砂浆嵌抹在缝口处，因其小巧灵活，俗称柳叶抹。

对于嵌好的灰缝，在外观上为了使之与山石协调，除了在水泥砂浆中加入颜色外，还可用刷子刷去砂浆的毛渍处。一般用毛刷（油漆用）蘸水，待水泥初凝后进行刷洗；也可用竹刷进行扫除，除去水泥光面，显得柔和自然。

对于大型假山，为了便于施工，一般需搭设脚手架铺设跳板。脚手架的材料一般有毛竹、原条、铸铁管等，分为木竹脚手架和扣件式钢管脚手架。脚手架可根据假山体量做成条凳式或架式，以利于施工为原则。跳板多用毛竹制成，也可直接用木板制作。

（3）清楚施工用石质量要求

① 根据设计构思和造景要求对山石的质地、纹理、石色进行挑选，山石的块径、大小、色泽应符合设计要求和叠山需要。湖石形态宜"透、漏、皱、瘦"，其他种类山石形态宜"平、正、角、皱"。选用的山石必须坚实，无损伤、无裂痕，表面无剥落。特殊用途的山石可用墨笔编号标记。

② 假山叠石工程常用的自然山石，如太湖石、黄石、英石、斧劈石、石笋石及其他各类山石的块面、大小、色泽应符合设计要求。

③ 孤赏石、峰石的造型和姿态，必须达到设计构思和艺术要求。

（4）认真做好山石的开采

山石开采因山石种类和施工条件不同而有不同的采运形式。对半埋在山土中的山石采用掘取的方法，挖掘时要沿四周慢慢掘起，这样既可以保持山石的完整性又不致太费工力。济南附近所产的一种灰色湖石和安徽灵璧县所产的灵璧石都分别浅埋于土中，有的甚至是天然裸露的单体山石，稍加开掘即可得。但整体的岩系不可能挖掘取出。有经验的假山师傅只需用手或铁器轻击山石，便可从声音大致判断山石埋的深浅，以便决定取舍。

对于整体的湖石，特别是形态奇特的山石，最好用凿取的方法开采，把它从整体中分离出来。开凿时力求缩小分离的剖面以减少人工开凿的痕迹。湖石质地清脆，开凿时要避免因过大的震动而损伤非开凿部分的石体。湖石开采以后，对其中玲珑嵌空易于损坏的好材料应用木板或其他材料作保护性的包装，以保证在运输途中不致损坏。

对于黄石、青石一类带棱角的山石材料，采用爆破的方法不仅可以提高工效，还可以得到合乎理想的石形。一般凿眼，上孔直径为5cm，孔深25cm。如果下孔直径放大一些使爆孔呈瓶形，则爆破效力要增大0.5～1倍。一般炸成500～1000kg一块，少量可更大一些。炸得太碎则破坏了山石的观赏价值，也给施工带来很多困难。

山石开采后，首先应对开采的山石进行挑选，将可以使用的或观赏价值高的放置一边，然后做安全性保护，用小型起吊机械进行吊装，通常用钢丝网或钢丝绳将石料起吊至车中，车厢内可预先铺设一层软质材料，如沙子、泥土、草等，并将观赏面差的一面向下，加以固定，防止晃动碰撞损坏。应特别注意石料运输的各个环节，宁可慢一些，多费一些人力、物力，也要尽力保护好石料。

（5）重视假山石运输工作

① 假山石在装运过程中，应轻装、轻卸。在运输车中放置黄沙或虚土，高约20cm，而后将峰石仰卧于沙土之上，这样可以保证峰石的安全。

② 特殊用途的假山石，如孤赏石、峰石、斧劈石、石笋等，要轻吊、轻卸；在运输时，应用草包、草绳绑扎，防止损坏。

③ 假山石运到施工现场后，应进行检查，有损伤或裂缝的假山石不得作面掌石使用。

（6）注意假山石选石与清洗

施工前，应进行选石，对山石的质地、纹理、石色按同类集中的原则进行清理、挑选、堆放，不宜混用。必须对施工现场的假山石进行清洗，除去山石表面积土、尘埃和杂物。

（7）假山定位与放样

审阅图纸。假山定位放样前要将假山工程设计图的意图看懂摸透，掌握山体形式和基础的结构。为了便于放样，要在平面图上按一定的比例尺寸，依工程大小或平面布置复杂程度，采用 2m×2m、5m×5m 或 10m×10m 的尺寸画出方格网，以其方格与山脚轮廓线的交点作为地面放样的依据。

实地放样。在设计图方格网上，选择一个与地面有参照的可靠固定点，作为放样定位点，然后以此点为基点，按实际尺寸在地面上出方格网；对应图纸上的方格和山脚轮廓线的位置，放出地面上相应的白灰轮廓线。

为了便于基础和土方的施工，应在不影响堆土和施工的范围内，选择便于检查基础尺寸的有关部位，如假山平面的纵横中心线、纵横方向的边端线、主要部位的控制线等位置的两端，设置龙门桩或埋地木桩，以便在挖土或施工时的放样白线被挖掉后，作为测量尺寸或再次放样的基本依据。

2. 掇山施工

掇山的根本法则在于"因地制宜，有真有假，作假成真"，其石块位置并非随意摆放，而是掺进人们的意识，通过设计人员的主观思维活动，对自然山水的素材进行去粗取精的艺术加工，加以艺术的提炼，使之呈现更打动人心的表达。

（1）制作假山模型

① 熟悉图纸。包括假山底层平面图、顶层平面图、立面图、剖面图、洞穴、结

顶大样图等。

② 按 1：20～1：50 的比例放大底层平面图，确定假山范围及各山景位置。

③ 选择、准备模型材料。可用石膏、水泥砂浆、泡沫塑料、黏土等可塑材料。

④ 制作模型。根据假山图纸尺寸，结合山体布局、山体形态、峰谷设置制作假山模型，要尽量做到体量适宜、比例精确，能充分体现设计意图，为掇山施工提供参考。

(2) 施工放线

根据设计图纸在施工场地放出假山的外形轮廓。假山基础比假山本身外形要宽大，放线时可根据设计适当加宽。假山有较大幅度外挑时要根据假山的重心位置来确定基础的大小。

(3) 基础开挖

根据基础的深度与大小进行土方挖掘。南北方假山的堆叠方式各有差异，北方假山一般采用满拉底的方式，基础范围覆盖整个假山底面；南方一般沿假山外形及山洞位置设置基础，山体内多填石，对基础的承重要求相对较低。因此，基础开挖的范围与深度需要根据设计图纸要求进行确定。

(4) 基础施工

① 基础类型。基础是假山施工的前提，其质量优劣直接影响假山的稳定性与艺术造型。最理想的假山基础是天然基岩，否则就需要人工立基。基础的做法有以下几种。

灰土基础：北方园林中位于陆地上的假山多采用灰土基础。石灰为气硬性胶结材料。灰土凝固后不透水，可有效防止土壤冻胀现象。灰土基础的宽度要比假山底面宽出 500mm 左右，即"宽打窄"。气灰土比例常用 3：7，厚度依据假山高度确定，一般 2m 以下一步灰土，以后每增加 2m 基础增加一步。灰土基础埋置深度一般为500～600mm。

毛石或混凝土基础：陆地上选用不低于 C10 的混凝土或采用 M10 水泥砂浆砌筑毛石；水中采用不低于 C15 的混凝土或采用 M15 水泥浆砌筑毛石。毛石基础的厚度：陆地上为 300mm 左右，水中为 600mm 左右；混凝土基础的厚度：陆地上为 200mm 左右，水中为 400～500mm。如遇高大的假山应通过计算加厚基础的厚度，或采用钢筋混凝土基础。如果基础下的基地土层力学性能较差，应进行相应的加固构造措施，如采用换土、加铺垫石等。

桩基：这是一种古老的基础做法，至今仍有实用价值，特别是在水中的假山和假山石驳岸。

② 基础浇注确定了主山体的位置和大致的占地范围，就可以根据主山体的规模

和土质情况进行钢筋混凝土基础的浇注。

浇注基础的方法很多，首先是根据山体的占地范围挖出基槽，或用块石横竖排立，于石块之间注进水泥砂浆，或用混凝土与钢筋扎成的块状网浇注成整块基础。在基土坚实的情况下可利用素土槽浇注。陆地上选用不低于 C10 的混凝土，水中采用 C15 水泥砂浆浆砌块石，混凝土的厚度为：陆地上 10～20cm，水中基础约为 50cm。水泥、沙和碎石配合重量比为 1∶2∶4～1∶2∶6。如遇高大的假山酌情加厚或采用钢筋混凝土替代砂浆混凝土。毛石应选未经风化的石料，用 150 号水泥砂浆浆砌，砂浆必须填满空隙，不得出现空洞和缝隙。如果基础为较软弱的土层，要对基土进行特殊处理。做法是先将基槽夯实，在素土层上铺钉石 20cm 厚，尖头向下夯入土中 6cm 左右，其上再铺设混凝土或砌毛石基础。至于砂石与水泥的混合比例、混凝土的基础厚度、所用钢筋的直径粗细等，则要根据山体的高度、体积以及重量和土层情况而定。叠石造山浇注基础时应注意以下事项：

调查了解山址的土壤立地条件，地下是否有阴沟、基窟、管线等。

叠石造山如系以石山为主则配植较大植物的造型，预留空白要确定准确。仅靠山石中的回填土常常无法保证足够的土壤供植物生长需要，加上满浇混凝土基础，就形成了土层的人为隔断，不接地气也不易排水，使得植物不易成活和生长不良。因此，在准备栽植植物的地方要根据植物大小预留一块不浇混凝土的空白处，即留白。

从水中堆叠出来的假山，主山体的基础应与水池的底面混凝土同时浇注形成整体。如先浇主山体基础，待主山体基础完成再做水池池底，则池底与主山体基础之间的接头处容易出现裂缝，产生漏水，而且日后处理极难。

如果山体是在平地上堆叠，则基础一般低于地平面至少 2m。山体堆叠成形后再回填土，同时沿山体边缘栽种花草，使山体与地面的过渡更加自然生动。

(5) 拉底

拉底即在基础上铺置最底层的自然山石，古代匠师把"拉底"看成叠山之本，这是因为拉底山石虽然大部分在地面或水面以下，但仍有一小部分露出，为山景的一部分。而且假山空间的变化都立足于这一层，如果底层未打破整形的格局，则中层叠石也难以变化。

拉底山石不需形态特别好，但要求耐压、有足够的强度。通常用大块山石拉底，避免使用过度风化的山石。

① 拉底的方式。

满拉底：将山脚线范围内用山石满铺一层。适用于规模较小、山底面积不大的假山，或者有冻胀破坏的北方地区及有震动破坏的地区。

线拉底：按山脚线的周边铺砌山石，内空部分用乱石、碎砖、泥土等填补筑实。适用于底面积较大的假山。

拉底时主要注意以下几个方面。

统筹向背：根据造景的立地条件，特别是游览路线和风景透视线的关系，确定假山的主次关系，再根据主次关系安排假山的组合单元，从假山组合单元的要求来确定底石的位置和发展的走向。要精于处理主要视线方向的画面以作为主要朝向，然后再照顾到次要的朝向，简化处理那些视线不可及的部分。

曲折错落：假山底脚的轮廓线要破平直为曲折，变规则为错落。在平面上要形成具有不同间距、不同转折半径、不同宽度、不同角度和不同支脉走向的变化，或为斜"八"字形，或为"5"形，或为各式曲尺形，为假山的虚实、明暗变化创造条件。

断续相间：假山底石所构成的外观不是连绵不断的，要为中层做出"一脉既毕，余脉又起"的自然变化做准备。因此，在选材和用材方面要灵活运用，或因需要选材，或因材施用。用石之大小和方向要严格按照续纹的延展来决定。大小石材成不规则的相间关系安置，或小头向下渐向外挑，或相邻山石小头向上预留空当以便往上卡接，或从外观上做出"下断上连""此断彼连"等各种变化。

密接互咬：外观上做出断续的变化，但结构上却必须一块紧连一块，接口力求紧密，最好能互相咬合。尽量做到"严丝合缝"，因为假山的结构是"集零为整"，结构上的整体性最为重要，它是影响假山稳定性的又一重要因素。假山外观所有的变化都必须建立在结构重心稳定、整体性强的基础上。在实际中山石间很难完全自然地紧密结合，可借助于小块的石皮填入石间的空隙部分，使其互相咬合，再填充以水泥砂浆使之连成整体。

找平稳固：拉底施工时，通常要求基石以大而平坦的面向上，以便后续施工，向上垒接。通常为了保持山石平稳，要在石之底部用"刹片"垫平以保持重心稳定、上面水平。北方掇山多采用满拉底石的办法，即在假山的基础上满铺一层，形成一整体石底，而南方则常采用先拉周边底石再填心的办法。

②技术要点。底脚石应选用硬质坚硬、不易风化的山石。每块山脚石必须垫平垫实，用水泥砂浆将底脚空隙灌实，不得有丝毫摇动感。各山石之间要紧密啮合，互相连接形成整体，以承托上面山体的荷载分布。拉底的边缘要错落变化，避免做成平直和浑圆形状的脚线。

(6) 中层施工

中层即底石以上、顶层以下的部分。由于这部分体量最大、用材广泛、单元组合和结构变化多端，因此是假山造型的主要部分。其变化丰富与上、下层叠石乃至山体结顶的艺术效果关联密切，是决定假山整体造型的关键层段。

叠石造山无论其规模大小，都是由一块块形态、大小不同的山石拼叠起来的。对假山师傅来说，造型技艺就是相石拼叠的技艺。"相石"就是假山师傅对山石材料的目视心记。相石拼叠的过程依次是：相石选石→想象拼叠→实际拼叠→造型相形，而后再从造型后的相形回到上述相石拼叠的过程。每一块山石的拼叠施工过程都是这样，都需要把这一块山石的形态、纹理与整个假山的造型要求和纹理脉络变化联系起来。如此反复循环，直到整体的山体完成为止。

① 技术要点。

接石压茬：山石上下的衔接要求石石相接、严丝合缝，避免在下层石上面显露一些很破碎的石面，这是皴纹不顺的一种反应，会使山体失去自然气氛而流露出人工的痕迹。如果是为了做出某种变化，故意预留石茬，则另当别论。

偏侧错安：在下层石面之上，再行叠放，应放于一侧，破除对称的形体，避免成四方形、长方形、等边（正品形）形、等腰三角形等形体。因偏得致，错综成美。掌握每个方向呈不规则的三角形变化，以便为各个方向的延伸发展创造基本的形体条件。

仄立避"闸"：将板状山石直立或起撑托过河者，称为"闸"。山石可立、可蹲、可卧，但是不宜像闸门板一样仄立。仄立的山石很难和一般布置的山石相协调，显得呆板、生硬，而且向上接山石时接触面较小，影响稳定。但事情也不是绝对的，自然界中也有仄立如闸的山石，特别是作为余脉的卧石处理等，但要求用得很巧。有时为了节省石材而又能有一定高度，可以在视线不可及之处以仄立山石空架上层山石。

等分平衡：掇山到中层以后，平衡的问题就很突出了。《园冶》中"等分平衡法和悬崖使其后坚"便是此法的要领。无论挑、拷、悬、垂等，凡有重心前移者，必须用数倍于"前沉"的重力稳压内侧，把前移的重心再拉回到假山的重心线上。

② 技术措施。"靠压不靠拓"是叠山的基本常识。山石拼叠，无论大小，都是靠山石本身重量相互挤压、咬合而稳固的，水泥砂浆只是一种补连和填缝的作用。

刹石虽小，却承担平衡和传递重力的重任，在结构上很重要，打"刹"也是衡量叠山技艺水平的标志之一。打刹一定要找准位置，尽可能用数量最少的刹片而求稳定，打刹后用手推试一下是否稳定，两石之间不着力的空隙要用石皮填充。假山外围每做好一层，即用块石和灰浆填充其中，称为"填肚"，凝固后便形成一个整体。

对边：叠山需要掌握山石的重心，应根据底边山石的中心来找上面山石的重心位置，并保持上、下山石的平衡。

搭角：是指石与石之间的相接，石与石之间只要能搭上角，便不会发生脱落倒塌的危险，搭角时应使两旁的山石稳固。

防断：对于较瘦长的石料应注意山石的裂缝，如是石料间有夹砂层或过于透漏，则容易断裂，这种山石在吊装过程中会发生危险。另外，此类山石也不宜作为悬挑石用。

忌磨："怕磨不怕压"是指叠石数层以后，其上再行叠石时如果位置没有放准确，需要就地移动一下，则必须把整块石料悬空起吊，不可将石块在山体上磨转移动来调整位置，否则会因带动下面石料同时移动，而造成山体倾斜倒塌。

勾缝和胶结：掇山之事虽在汉代已有明文记载，但宋代以前假山的胶结材料已难以考证。不过，在没有发明石灰以前，只可能是干砌或用素泥浆砌。从宋代李诚撰《营造法式》中可以看到用灰浆泥胶结假山，并用粗墨调色勾缝的记载，因为当时风行太湖石，宜用色泽相近的灰白色灰浆勾缝。此外，勾缝的做法还有用桐油石灰（或加纸筋）、石灰纸筋、明矾石灰、糯米浆拌石灰勾缝等多种。湖石勾缝再加青煤、黄石勾缝后刷铁屑盐卤等，使之与石色相协调。

现代掇山广泛使用1：1水泥砂浆，勾缝用"柳叶抹"，有勾明缝和暗缝两种做法。一般是水平向缝都勾明缝，即在结构上连成一体，而外观上仿若有自然山石缝隙。勾明缝务必不要过宽，最好不要超过2cm，如缝过宽，可用随形之石块填后再勾浆。

（7）山体加固

① 加固措施。

刹：当安放的石块不稳固时，通常打入质地坚硬的楔形石片，使其垫牢，称为"加刹"。

戗：为保证立石的稳固，沿石块力的方向的迎面，用石块支撑叫戗。

灌筑：每层山石安放稳定后，在其内部缝隙处，一般按1：3：6的水泥：沙：石子的配比灌筑、捣固混凝土，使其与山石结为一体。

铁活：假山工程中的铁活主要有铁吊链、铁过梁、铁爬钉、铁扁担等。

铁制品在自然界中易锈蚀，因此这些铁活都埋于结构内部，而不外露，它们均系加固保护措施，而非受力结构。

② 叠山的艺术处理。石料通过拼叠组合，或使小石变成大石，或使石形组成山形，这就需要进行一定的技术处理使石块之间浑然一体，作假成真。在叠山过程中要注意以下几方面：

同质：指掇山用石，其品种、质地、石性要一致。如果石料的质地不同，品种不一，必然与自然山川岩石构成不同，同时不同石料的石性特征不同，强行混在一起拼叠组合，必然是乱石一堆。

同色：即使是同一种石质，其色泽相差也很大，如湖石类中，有黑色、灰白色、褐黄色、发青色等。黄石有淡黄、暗红、灰白等色泽变化。所以，同质石料的拼叠在色泽上也应一致。

接形：将各种形状的山石外形互相组合拼叠起来，既有变化而又浑然一体，这就叫作"接形"。在叠石造山这门技艺中，造型的艺术性是第一位的，因此，用石不应一味地求得石块体形大。但块料小的山石拼叠费时费力，而且在观赏时易显得破碎，同样不可取。正确的接形除了石料的选择要有大有小、有长有短等变化外，石与石的拼叠面应力求形状相似，石形互接，讲究随形顺势。如向左则先用石造出左势，如向右则先用石造出右势；欲高先接高势，欲低先出低势。

合纹：纹是指山石表面的纹理脉络。当山石拼叠时，合纹不仅指山石原来的纹理脉络的衔接，还包括外轮廓的接缝处理。

过渡：山石的"拼整"操作，常常是在千百块石料的拼整组合过程中进行的，因此，即使是同一品质的石料也无法保证其色泽、纹理和形状上的统一，所以在色彩、外形、纹理等方面要有所过渡，这样才能使山体具有整体性。

(8) 做缝

将假山石块间的缝隙，用填充材料填实或修饰。这一工序是对假山形体的修饰。其做法是一般每堆 2~3 层，做缝一次。做缝前先用清水将石缝冲洗干净，如石块间缝隙较大，应先用小石块进行补形，再随形做缝。做缝时要尽力表现岩石的自然节理，增加山体的皱纹和真实感。做缝时砂浆的颜色应尽力与山石本身的颜色相统一。做缝的材料传统上使用糯米汁加石灰或桐油加纸筋加石灰，捶打拌和而成，或者用明矾水与石灰捣成浆，如用于湖石加青煤，用于黄石加铁屑盐卤。现代通常用标号 32.5 的水泥加沙，其配比为 3:7，如堆高在 3m 以上则用标号 42.5 的水泥。做缝的形式也根据需要做成粗缝、光缝、细缝、毛缝等。

(9) 收顶

收顶即处理假山最顶层的山石，这是假山立面上最突出、最集中视线的部位，故顶部的设计和施工直接关系到整个假山的艺术形象。从结构上讲，收顶的山石要求体量大，以便紧凑收压。从外观上看，顶层的体量虽不如中层大，但有画龙点睛的作用，因此要选用轮廓和体态都富有特征的山石。收顶一般有峰顶、峦顶、崖顶和平顶四种类型 (收顶的方式见假山山顶设计)。

(10) 做脚

做脚就是用山石堆叠山脚，它是在掇山施工大体完工以后，于紧贴拉底石外缘部分拼叠山脚，以弥补拉底造型的不足。做脚也要根据主山的上部造型来造型，既要表现出山体如从土中自然生长的效果，又要特别增强主山的气势和山形的完美。

① 山脚的造型。假山山脚的造型应与山体造型结合起来考虑，施工中的做脚形式主要有凹进脚、凸出脚、断连脚、承上脚、悬底脚、平板脚等造型形式。当然，无论是哪一种造型形式，它在外观和结构上都应当是山体向下的延续部分，与山体是不可分割的整体。即使采用断连脚、承上脚的造型，也还要"形断迹连，势断气连"，在气势上连成一体。

② 做脚的方法。具体做脚时，可以采用点脚法、连脚法或块面脚法。

点脚法：主要运用于具有空透型山体的山脚造型。所谓点脚，就是先在山脚线处用山石做成相隔一定距离的点，点与点之上再用片状石或条状石盖上，这样就可在山脚的一些局部造出小的空穴，加强假山的深厚感和灵秀感。如扬州个园的湖石山就是用点脚法做脚的。

连脚法：做山脚的山石依据山脚的外轮廓变化，呈曲线状起伏连接，使山脚具有连续、弯曲的线形，同时以前错后移的方式呈现不规则的错落变化。

块面脚法：一般用于拉底厚实、造型雄伟的大型山体，如苏州的耦园主山山脚。这种山脚也是连续的，但与连脚法不同的是，做出的山脚线呈现大进大退的形象，山脚突出部分与凹陷部分各自的整体感都很强，而不是连脚法那样小幅度的曲折变化。

(五) 塑山、塑石工艺

塑山是用雕塑艺术的手法，以天然山岩为蓝本，人工塑造的假山或石块。采用现代的园林材料，用雕塑艺术的手法仿造自然山石。

这种工艺是在继承发扬岭南庭园的山石景艺术和灰塑传统工艺的基础上发展起来的，具有用真石掇山、置石同样的功能。

常见类型包括：砖石塑山，钢筋混凝土塑山，FRP 塑山、塑石，GRC 假山造景，CFRC 塑石。

1.砖石塑山

首先在拟塑山石土体外缘清除杂草和松散的土体，按设计要求修饰土体，沿土体外开沟做基础，其宽度和深度视基地土质和塑山高度而定；接着沿土体向上砌砖，要求与挡土墙相同，但砌砖时应根据山体造型的需要而变化，如表现山岩的断层、节理和岩石表面的凹凸变化等；再在表面抹水泥砂浆，进行面层修饰；最后着色。

塑山工艺中存在的主要问题，一是由于山的造型、皴纹等的表现要靠施工者手上功夫，因此对师傅的个人修养和技术的要求高；二是水泥砂浆表面易发生龟裂，影响强度和观瞻；三是易褪色。

2. 钢筋混凝土塑山

（1）基础

根据基地土壤的承载能力和山体的重量，经过计算确定其尺寸大小。通常的做法是根据山体底面的轮廓线，每隔4m做一根钢筋混凝土桩基，如山体形状变化大，局部柱子应加密，并在柱间做墙。

（2）立钢骨架

它包括浇注钢筋混凝土柱子、焊接钢骨架、捆扎造型钢筋、盖钢板网等。其中造型钢筋架和盖钢板网是塑山效果的关键之一，目的是为造型和挂泥。钢筋要根据山形做出自然凹凸的变化。盖钢板网时一定要与造型钢筋贴紧扎牢，不能有浮动现象。

（3）面层批塑

先打底，即在钢筋网上抹灰两遍，材料配比为水泥＋黄泥＋麻刀，其中水泥：沙比为1：2，黄泥为总重量的10%，麻刀适量。水灰比1：0.4，以后各层不加黄泥和麻刀。砂浆拌和必须均匀，随用随拌，存放时间不宜超过1h，初凝后的砂浆不能继续使用。

（4）表面修饰

① 皴纹和质感修饰重点在山脚和山体中部。山脚应表现粗犷，有人为破坏、风化的痕迹，并多有植物生长。山腰部分，一般在1.8～2.5m处，是修饰的重点，追求皴纹的真实，应做出不同的面，强化力感和棱角，以丰富造型。注意层次，色彩逼真，主要手法有印、拉、勒等。山顶，一般在2.5m以上，施工时不必做得太细致，可将山顶轮廓线渐收，同时色彩变浅，以增加山体的高大和真实感。

② 着色直接用彩色配制，此法简单易行，但色彩呆板。还有一种方法是选用不同颜色的矿物颜料加白水泥再加适量的107胶配制而成。颜色要仿真，可以有适当的艺术夸张，色彩要明快，着色要有空气感，如上部着色略浅，纹理凹陷部色彩要深。常用手法有洒、弹、倒、甩、刷，效果一般不好。

③ 光泽可在石的表面涂过氧树脂或有机硅，重点部位还可打蜡。应注意青苔和滴水痕的表现，时间久了，还会自然地长出真的青苔。

④ 其他。

种植池：种植池的大小应根据植物（含塑山施工现场土球）总重量决定其大小和配筋，并注意留排水孔。给排水管道最好塑山时预埋在混凝土中，做时一定要做防腐处理。在兽舍外塑山时，最好同时做水池，可便于兽舍降温和冲洗，并方便植物供水。

养护：在水泥初凝后开始养护，要用麻袋片、草帘等材料覆盖，避免阳光直射，并每隔 2～3h 洒水一次。洒水时要注意轻淋，不能冲射。养护期不少于半个月，在气温低于5℃时应停止洒水养护，采取防冻措施，如遮盖稻草、草帘、草包等。假山内部一切外露的金属均应涂防锈漆，并以后每年涂1次。

3. FRP 塑山、塑石

FRP，玻璃纤维强化塑胶（fiber glass reinforced plastics）的英文缩写，它是由不饱和聚酯树脂与玻璃纤维结合而成的一种重量轻、质地韧的复合材料。不饱和聚酯树脂由不饱和二元羧酸与一定量的饱和二元羧酸、多元醇缩聚而成。在缩聚反应结束后，趁热加入一定量的乙烯基单体配成黏稠的液体树脂，俗称玻璃钢。下面介绍 191# 聚酯树脂玻璃钢的胶液配方为：191# 聚酯树脂 70%；苯乙烯（交联剂）30%。加入过氧化环乙酮糊（引发剂），占胶液的 4%；再加入环烷酸钴溶液（促进剂），占胶液的 1%。先将树脂与苯乙烯混合，这时不发生反应，只有加入引发剂后，产生游离基才能激发交联固化，其中环烷酸钴溶液是促进引发剂的激发作用，达到加速固化的目的。

玻璃钢成型工艺有以下几种：

（1）席状层积法

利用树脂液、毡和数层玻璃纤维布，翻模制成。

（2）喷射法

利用压缩空气将树脂胶液、固化剂（交联剂、引发剂、促进剂）、短切玻纤同时喷射沉积于模具表面，固化成型。通常空压机压力为 200～400kPa，每喷一层用辊筒压实，排除其中气泡，使玻纤渗透胶液，反复喷射直至 2～4mm 厚度，并在适当位置做预埋铁，以备组装时固定，最后再敷一层胶底，可根据需要调配着色。喷射时使用的是一种特制的喷枪，在喷枪头上有 3 个喷嘴，可同时分别喷出树脂液加促进剂；喷射短切 20～60mm 的玻纤树脂液加固剂，其施工程序如下：泥模制作→翻制模具→玻璃钢元件制作→运输或现场搬运→基础和钢骨架制作→玻璃钢元件拼装→焊接点防锈处理→修补打磨→表面处理，最后罩以玻璃钢油漆。

这种工艺的优点在于成型速度快、薄、质轻，便于长途运输，可直接在工地施工，拼装速度快，制品具有良好的整体性。存在的主要问题是树脂液与玻纤的配比不易控制，对操作者的要求高，劳动条件差，树脂溶剂乃易燃品，工厂制作过程中产生有毒和气味，玻璃钢在室外是强日照下，受紫外线的影响，易导致表面酥化，故此寿命为 20～30 年。但作为一个新生事物，它总会在不断的完善之中发展。

4. GRC 假山造景

GRC 指玻璃纤维强化水泥（glass fiber reinforced cement），是将抗碱玻璃纤维加入低碱水泥砂浆中硬化后产生的高强度的复合物。随着时代科技的发展，20 世纪 80

年代在国际上出现了用 GRC 造假山。它使用机械化生产制造假山石元件，使其具有重量轻、强度高、抗老化、耐水湿，易于工厂化生产，施工方法简便、快捷，成本低等特点，是目前理想的人造山石材料。用新工艺制造的山石质感和皴纹都很逼真，它为假山艺术创作提供了更广阔的空间和可靠的物质保证，为假山技艺开创了一条新路，使其达到"虽由人作，宛自天开"的艺术境界。

GRC 假山元件的制作主要有两种方法：一是席状层积式手工生产法；二是喷吹式机械生产法。现就喷吹式工艺简介如下。

（1）模具制作

根据生产"石材"的种类、模具使用的次数和野外工作条件等选择制模的材料。常用模具的材料可分为软模如橡胶模、聚氨酯模、硅模等；硬模如钢模、铝模、GRC 模、FRP 模、石膏模等。制模时应以选择天然岩石皴纹好的部位和便于复制操作为条件，脱制模具。

（2）GRC 假山石块的制作

该法是将低碱水泥与一定规格的抗碱玻璃纤维以二维乱向的方式同时均匀分散地喷射于模具中，凝固成型。喷射时应随吹射随压实，并在适当的位置预埋铁件。

（3）GRC 的组装

将 GRC "石块"元件按设计图进行假山的组装。焊接牢固、修饰、做缝，使其浑然一体。表面处理主要是使"石块"表面具憎水性，产生防水效果，并具有真石的润泽感。

5. CFRC 塑石

CFRC 指碳纤维增强混凝土（carbon fiber reinforced cement or concrete）。20 世纪 70 年代，英国首先制作了聚丙烯腈基（PAN）碳素纤维增强水泥基材料的板材，并应用于建筑，开创了 CFRC 研究和应用的先例。

在所有元素中，碳元素在构成不同结构的能力方面似乎是独一无二的。这使碳纤维具有极高的强度，高阻燃，耐高温，具有非常高的拉伸模量，与金属接触电阻低和良好的电磁屏蔽效应，故能制成智能材料，在航空、航天、电子、机械、化工、医学器材、体育娱乐用品等领域中广泛应用。

CFRC 人工岩是把碳纤维搅拌在水泥中，制成的碳纤维增强混凝土，并用于造景工程。CFRC 人工岩与 GRC 人工岩相比较，其抗盐侵蚀、抗水性、抗光照能力等方面均明显优于 RGC，并具抗高温、抗冻融干湿变化等优点。其长期强度保持力高，是耐久性优异的水泥基材料。因此，适用于河流、港湾等各种自然环境的护岸、护坡。由于其具有的电磁屏蔽功能和可塑性，因此可用于隐蔽工程等，更适用于园林假山造景、彩色路石、浮雕、广告牌等各种景观的再创造。

第三节　综合功能硬质景观

一、综合功能硬质景观概述

一些硬质景观同时具有实用性和装饰性的特点。如设施小品中的灯具、洗手池、坐凳、亭子等，既具有使用功能，也有美化装饰作用；装饰小品中的假山、花架、喷泉等，既是观赏美景的对象，也是人们休憩游玩的好去处。这类具有综合功能硬质景观设计正是体现了形式与功能的协调统一，在现代景观设计中被广泛应用。

二、综合功能硬质景观建设——以园林景观照明工程为例

(一) 园林景观照明的电光源分类及应用

1. 光源分类

根据光源发光特性，园林中使用的电光源有如下分类。

（1）热辐射光源

利用金属灯丝通电加热到白炽状态而辐射发光，如白炽灯和卤钨灯。这类光源的优点主要为显色性好，可即开即关，可使用于较低电压的电源上，可以调光、品种规格多、选择余地大等。

（2）气体放电光源

利用气体放电辐射发光原理制造的光源，如高压汞灯、氙灯、荧光灯等。气体放电光源的优点主要为灯效高、寿命长、品种多、特色性明显与多样。

（3）新型光源

随着科学技术的进步，新型的发光材料得以广泛应用，新光源在照度、节能、色彩等方面有更好的表现。目前在园林中使用的新型光源有 LED、光纤、场致发光等，为园林照明提供了更多的选择。

2. 光源应用

园林景观中一般宜采用白炽灯、荧光灯、节能灯、LED 灯或其他气体放电光源，但因光源存在频闪现象，在特定场地不宜使用气体放电光源。振动较大的场所，宜采用荧光高压汞灯或高压钠灯；在有高挂条件又需要大面积照明的场所，宜采用金属卤化物灯、高压钠灯或长弧氙灯。当需要人工照明和天然采光相结合时，应使照明光源与天然光相协调，常选用色温在 4000～4500 K 的荧光灯或其他气体放电光源。

(二) 园林景观照明的方式和照明质量

1. 照明方式

(1) 一般照明

一般照明是指在设计场所 (如景点、园区) 内不考虑局部的特殊需要，为照明整个场所而设置的照明。一般照明的照明器均匀或均匀且对称地分布在被照明场所的上方，因而可以获得必需的、较为均匀的照度。

(2) 局部照明

局部照明是为了满足景区内某些景点、景物的特殊需要而设置的照明。如景点中某个场所或景物需要有较高的照度并对照射方向有所要求，宜采用局部照明。局部照明具有高亮点的特性，容易形成被照明物与周围环境呈亮度对比明显的视觉效果。

(3) 混合照明

混合照明是一般照明和局部照明共同组成的照明方式，即在一般照明的基础上，对某些有特殊要求的点实行局部照明，以满足景观设施的要求。

2. 照明质量

(1) 合理的照度

照度是决定被照物体明亮程度的间接指标。在一定范围内，照度增加，视觉反应能力也相应提高。各种场景、各项活动的性质，需要相应的照度。

(2) 照明均匀度

对于单独采用一般照明的场所，表面亮度与照度是密切相关的，在视野内照度的不均匀容易引起视觉疲劳。游人置身于园林中，如果有彼此亮度不相同的表面，当视觉从一个面转到另一个面时，眼睛就有一个被迫适应的过程。当适应过程不断反复时，就会导致视觉疲劳。所以，在设计园林照明时，除了满足景色的置景要求外，还要注意周围环境的照度与亮度的分布，力求均匀。

(3) 眩光控制

由于亮度分布不均匀或亮度变化幅度过大，在空间和时间上存在极端的亮度对比，引起不舒服或降低观察物体的能力，这种现象称为眩光。严重的眩光可以使人眩晕，甚至引发事故。控制眩光的方法主要是减少在水平视线以上、高度角在 45° ~ 90° 范围内的光源表面照度。为了防止眩光产生，常采用的方法为：

① 注意照明灯具的最低设置高度。

② 力求使照明灯源来自合理方向。

③ 使用发光表面积大、亮度低的灯具。

（4）阴影控制

定向的光照射到物体上就会形成阴影和产生反射光，这种现象称为阴影效应。不良的阴影效应可能构成视觉障碍，产生不良的视觉观赏效果；良好的阴影效应可以把景物的造型和材质完美地表现出来。阴影效应与光的强弱、光线的投射方向、观察者的视线位置和方向等因素有关。

（三）园林供电及景观照明工程设计

1. 园林供电设计内容及程序

园林供电设计由于与园林规划、园林建筑、给排水等设计联系紧密，因此供电设计应与上述设计密切配合，形成合理的布局。

（1）园林供电设计的内容

① 确定各种园林设计中的用电量，选择变压器和数量及容量。

② 确定电源供给点（或变压器的安装地点）进行供电线路的配置。

③ 进行配电导线截面的计算。

④ 绘制电力供电系统图、平面图。

（2）设计程序

在进行具体的设计之前应收集以下相关资料。

① 设计区域内各建筑、用电设备、给排水、暖通等平面布置图及主要剖面图，并附有备用电设备的名称、额定容量（kW）、额定电压（V）、周围环境（潮湿、灰尘）等。这些是设计的重要基础资料，也是进行负荷计算和选择导线、开关设备及变压器的重要依据。

② 了解各用电设备及用电点对供电可靠性的要求。

③ 供电局同意供给的电源容量。

④ 供电电源的电压、供电方式（架空线或电缆线、专用线或非专用线）、进入用电区域或绿地的方向及具体位置。

⑤ 当地电价及电费收取方法。

2. 用电量估算

园林用电量分为动力用电和照明用电两类。

（1）动力用电估算

园林中的动力用电具有较强的季节性和周期性，因此做动力用电估算时应考虑这些相关因素。

（2）照明用电估算

照明设备的容量，在初步设计中可按不同性质建筑物的单位面积照明容量法

(W / m^2) 来估计。

估算方法：依据工程设计的建筑物或场地，查表或相关手册，得到单位建筑面积耗电量，将此值乘以该区域面积，其结果即为该区域照明供电估算负荷。

(3) 供电线路导线截面的选择

在园林绿地供电线路采用直埋敷设方式时，应尽量选用电缆。电缆、电线截面选择的合理性直接影响到投资的经济性及供电系统的安全运行，目前在园林建筑中通常选用铜芯线。电缆、电线截面的选择可以按以下原则：

① 按线路工作电流及导线型号，查导线的允许载流量表，使所选的导线发热不超过线芯所允许的强度，因而所选的导线截面的载流量应大于或等于工作电流。

② 所选用导线截面应大于或等于机械强度允许的最小导线截面。

③ 验算线路的电压偏移，要求线路末端负载的电压不低于其额定电压的允许偏移值。一般工作场所的照明允许电压偏移相对值是 5%，而道路、广场照明允许电压偏移相对值为 10%，一般动力设备为 ±5%。经验公式为：$1mm^2$（铜导线）对应 1kW（负荷）。

3. 园林绿地配电线路的常用布置

(1) 确定电源供给点

公园绿地的电力来源，常见的有以下几种：

① 借用就近现有变压器，但必须注意该变压器的多余容量是否能满足新增园林绿地中各用电设施的需要，且变压器的安装地点与公园绿地用电中心之间的距离不宜太长。中小型公园绿地的电源供给常采用此法。

② 利用附近的高压电力网，向供电局申请安装供电变压器，一般用电量较大（70~80kW 以上）的公园绿地最好采用此种方式供电。

③ 如果公园绿地（特别是风景点、区）距离现有电源太远或当地电源供电能力不足，可自行设立小发电站或发电机组以满足需要。

一般情况下，当公园绿地独立设置变压器时，需向供电局申请安装变压器。在选择地点时，应尽量靠近高压电源，以减少高压进线的长度。同时，应尽量设在负荷中心或发展负荷中心。

(2) 配电线路的布置

公园绿地布置配电线路时，要全面统筹安排考虑，应注意以下原则：经济合理、使用维修方便，不影响园林景观，从供电点到用电点，要尽量取近，走直路，并尽量敷设在道路一侧，但不要影响周围建筑及景色和交通；地势越平坦越好，要尽量避开积水和水淹地区，避开山洪或潮水起落地带。在各具体用电点，要考虑到将来发展的需要，留足接头和插口，尽量经过能开展活动的地段。因此，对于用电问题，应在公园绿地平面设计时做出全面安排。

线路敷设形式可分为两大类：架空线和地下电缆。架空线工程简单，投资费用少，易于检修，但影响景观，妨碍种植，安全性差；而地下电缆的优缺点正与架空线相反。目前在公园绿地中都尽量地采用地下电缆，尽管它一次性投资大些，但从长远来看和发挥园林功能的角度出发，还是经济合理的。架空线仅常用于电源进线侧或在绿地周边不影响园林景观处，而在公园绿地内部一般均采用地下电缆。当然，最终采用什么样的线路敷设形式，应根据具体条件，进行技术经济的评估之后才能确定。

（3）线路组成

① 对于一些大型公园、游乐场、风景区等，其用电负荷大，常需要独立设置变电所，其主结线可根据其变压器的容量进行选择。

具体设计应由电力部门的专业电气人员设计。

② 变压器，一干线供电系统对于变压器已选定或在附近有现成变压器可用时，其供电方式常有以下四种。

第一，在大型园林及风景区中，常在负荷中心附近设置独立的变压器、变电所，但对于中、小型园林而言，常常不需设置单独的变压器，而是由附近的变电所、变压器通过低压配电盘直接由一路或几路电缆供给。当低压供电采用放射式系统时，照明供电线可由低压配电瓶引出。

第二，对于中、小型园林，常在进园电源的首端设置干线配电板，并配备进线开关、电度表以及各出线支路，以控制全园用电。动力、照明电源一般单独设回路。仅对于远离电源的单独小型建筑物才考虑照明和动力合用供电线路。在低压配电屏的每条回路供电干线上所连接的照明配电箱，一般不超过3个。每个用电点（如建筑物）进线处应装刀开关和熔断器。

第三，一般园内道路照明可设在警卫室等处进行控制，道路照明除各回路有保护处外，灯具也可单独加熔断器进行保护。

第四，大型游乐场的一些动力设施应有专门的动力供电线路，并有相应的措施，保证安全、可靠供电，以保证游人的生命安全。

③ 照明网络。照明网络一般采用380/220V中性点接地的三相四线制系统，灯用电压220V。

为了便于检修，每回路供电干线上连接的照明配电箱一般不超过3个，室外干线向各建筑物等供电时不受此限制。

室内照明支线每一单相回路一般采用不大于15A的熔断器或自动空气开关保护，对于安装大功率灯泡的回路允许增大到20~30A。

每一个单相回路（包括插座）一般不超过 25 个，当采用多管荧光灯具时，允许增大到 50 根灯管。

照明网络零线（中性线）上不允许装设熔断器，但在办公室、生活福利设施及其他环境，当电气设备无接零要求时，其单相回路零线上宜装设熔断器。

一般配电箱的安装高度为中心距地 1.5m，若控制照明不是在配电箱内进行，则配电箱的安装高度可以提高到 2m 以上。

拉线开关安装高度一般距地 2~3m（或者距顶棚 0.3m），其他各种照明开关安装高度宜为 1.3~1.5m。

一般室内的暗装插座，安装高度为 0.3~0.5m（安全型）或 1.3~1.8m（普通型）；明装插座安装高度为 1.3~1.8m，低于 1.3m 时应采用安全插座。潮湿场所的插座安装高度距离地面不应低于 1.5m，儿童活动场所（如住宅、托儿所、幼儿园及小学）的插座，安装高度距离地面不应低于 1.8m（安全型插座例外），同一场所安装的插座高度应尽量一致。

(四) 园林景观照明设计内容及程序

园林绿地灯光照明需要用艺术的思维、科学的方法和现代的技术，从全局着眼，细部入手，全面考虑各构景要素的特点，确定合理的布置方案和照明方式，创造集功能性、舒适性、艺术性于一体的灯光环境。

1. 园林景观照明设计需要的原始资料

（1）园林平面布置图及地形图，主要建筑物、园林建筑小品、雕塑的平立剖面图。

（2）园林项目对电气的要求，特别是一些专用性强的公司、景观建筑、雕塑的照明，应明确提出照度、灯具选择、布置位置、安装的要求。

（3）电源的供电情况及进线方位。

2. 景观照明设计原则

园林照明设计应符合现行的国家标准、设计规范和有关的规定。设计时要结合实际情况，积极、稳妥地采用新技术，推广应用安全可靠、节能经济的新技术、新产品。

园林照明基本上属于室外照明，由于环境气象条件复杂、照明置景对象各异、服务功能多样，因而提出以下基本原则，以供设计参考：

（1）实用与造景相结合的原则

应结合园林景观的特点，以能最充分体现其在灯光下的景观效果为原则来布置照明设施，同时要起到恰当的照明作用。

（2）合理选择灯光的颜色和投射方向

灯光的颜色、投射方向的选择，应以增加被照射物的美感为前提。如针叶树在强光下才有较好的反映效果，一般只宜于采取暗影处理法；而阔叶树种对冷光照明有良好的反映效果；白炽灯、卤钨灯能使红、黄的色彩加强，汞灯却能使绿色鲜明夺目。

（3）合理使用彩色装饰灯

彩色装饰灯容易营造节日气氛。但是，这种装饰灯不易获得宁静、安详的气氛，也难以表现大自然的壮观景象。所以，只能有限地合理使用。

（4）注意照明设备的隐蔽设置

无论是白天还是黑夜使用的灯光，其照明设备均需隐蔽在视线之外，最好使用敷设的电缆线路。

3. 园林景观照明设计程序

（1）明确景观照明对象的功能和照明要求

以照明与园林景观相结合，突出园林景观特色为原则，明确照明对象的功能和要求，正确区分照明对象，确定照明方式，选择合理的照度。

（2）选择景观照明方式

可根据设计任务书中园林绿地对电气的要求，在不同场合和地点，选择不同的照明方式。一般照明方式常采用均匀布置方式，即照明的形式、悬挂高度、灯管灯泡容量均匀对称设置。

（3）光源和灯具的选择

主要根据园林绿地的配光和光色要求、与周围环境景观的协调等因素来选择光源和灯具。光源的选择设计中，要注意利用各种光源显色性的特点。除了显示被照物的基本形体外，还应突出表现其色彩，并根据人们的色彩心理感觉进行色光的组景设计。

在园林中灯具的选择除了考虑到安全和便于安装维修外，更要考虑灯具的外形应和周围园林环境相协调，选用艺术特色明显的灯具，以达到丰富空间层次、能为园林景观增色的目的与效果。

（4）灯具的合理布置

灯具的布置应满足相应的照明质量要求，并与周围的景色配合协调，确保维护方便。灯具的布置包括确定灯具的配置数量与设置位置。配置数量主要根据照明质量而定，设置位置主要根据光线投射角度和维护要求而定。

（5）进行照度计算

具体照度计算可参考有关照明手册。

（6）照明线路保护与控制

4. 明视照明与环境照明

根据视觉生理和视觉心理等方面的不同，在研究上可分为明视照明与环境照明。通常需要进行视觉工作的场所和区域内，需要的照明水平一方面要考虑人对视觉的满意程度，另一方面还取决于视觉工作的难易程度和视功能水平。而在交通区域和进行社交以及休息的场所，视功能需要就不那么重要，重点是考虑视环境的满意程度。

（1）园路广场照明

园路照明以明视照明为主，在设计中必须根据有关规范规定的照度标准进行设计。从照明效率和维修方面考虑，一般采用4~8m高的杆头式汞灯照明器。

照明灯具的布置方式有单侧、中心、双侧等几种形式。

对于有特定艺术要求的园路照明，可以采用低压灯座式的灯具，以获得极好的园路景观效果。一、二级道路照度要求高，可采用高杆路灯或庭院灯，侧重点在路面或路边行道树、草地，打造成不同的空间感。

游步道选用美耐灯、LED光源，结合草坪照明或沿路缘布置光带，体现园路的引导性。

（2）雕塑照明

在园林中的雕塑，高度一般不超过6cm，其饰景照明的方法如下：

① 照射灯的数量和排列，取决于被照目标的类型。布置的要求是照明整个目标，但不要均匀，以通过阴影和不同的高光亮度，在灯光下再创造一个轮廓鲜明的立体形象。

② 根据被照明雕塑的具体形式和周围环境情况确定灯具的设置位置和高度：

第一，对处于地面并孤立于草地或开阔场地的雕塑物，此时的灯具应安装于地面，以保持周围环境的景观不受影响和眩光的产生。

第二，对坐落在基座并位于开阔地中的雕塑物，为了控制基地的高度，防止基座的边在雕塑物底部产生阴影，灯具应设置在远离一些的地方。

第三，对坐落于基座并位于行人可接近处的雕塑物，应将灯具提高设置，并注意眩光现象的产生。

③ 对于人物塑像，通常照明脸部的主体部分以及雕塑的主要朝向面，对次要的朝向面或背部的照明要求低，或某些情况下甚至不需要照明。应注意避免脸部所产生不良的阴影。

④ 对于有色雕塑，注意光源色彩的选择，最好做光色实验，以形成良好的色彩效果。

（3）景观建筑及构筑物的照明设计

① 轮廓照明结合泛光照明。采用节能灯、美耐灯等勾画建筑轮廓，再采用泛光灯照射构筑物主体墙面或柱身，并使灯光由下向上或由上向下呈现强弱变化，展现建筑的造型美，结合适当光色，突出建筑的色彩和质感。

② 内透光照明。光源置于内部，体现建筑的轻盈和通透。

③ 泛光照明。对小型构筑物，确定合适的角度，体现建筑的造型美。

（4）地形的照明设计

选择适当的照明点和灯具，通过光影变化，体现地形的起伏和层次感。

灯具包括埋地灯、泛光灯等。

（5）墙垣的照明设计

绿地的边缘线界，照度要求低，显色性要求不高。常用轮廓照明方式简洁处理，标示其轮廓。墙垣有景窗结合内透光照明，也别有情趣。

（6）植物景观照明设计

对植物的照明应遵循的原则如下：

① 要了解植物的一般几何形体以及植物在空间中所展示的程度，照明灯型必须与各种植物的几何形体相一致。

② 不宜使用某些光源色去改变植物原来的颜色，但可以使用某些光源色去增强植物固有的色彩。许多植物的颜色和外观是随着季节的变化而变化的，饰景照明也适应于这种变化。

③ 对淡色和耸立于空中的植物，可以用强光照射而达到一种醒目的轮廓效果。成片树木的投光照明通常作为背景而设置，故只考虑其颜色和总的外形大小。

④ 对被照明物附近的一个点或许多点在观察欣赏照明的目标设置时，要注意消除眩光现象。

⑤ 从近处观察欣赏目标并需要对目标直接评价的，则应该对目标作单独的光照处理。

乔木：孤植树可运用彩色串灯，描绘树体轮廓，再结合泛光照明树干；行列式乔木，采用泛光照明树干或树体内部向下照射；落叶乔木可夏季采用绿色更浓的高压汞灯，更显生机盎然，冬季运用冷色，形成清冷、寂寞感。

植物群落：大功率反光灯照亮背景，前景采用暗调子处理，明暗对比，形成美丽剪影；或用彩色串灯，描绘背景树的轮廓线，沿林缘线布置灯具，突出植物造型。

花境（带）的照明设计：动态照明勾勒边缘线，体现花色和叶色。

草地照明：简洁明快，由低矮的草坪灯和泛光灯沿绿地周边布置，形成有韵律的光斑；大面积草坪，可用埋地灯组成图案，表现光影的魅力。

（7）水景的照明

园林中的水景，通过饰景照明处理，不但能听到流水的声音，还能看到动水的闪烁与色彩的变幻。对于水景的饰景照明，一般有以下几种方式：

① 喷水的照明。对喷水的饰景照明，以投光灯设置于喷水体的内部，通过空气与水柱的不同折射率，形成闪闪发光的景观效果。

② 瀑布的照明。将投光灯设于瀑布水帘的里侧，由于瀑布落差的大小不同，灯光的投射方向不同，可以形成不同的观赏效果。

③ 湖的照明。对湖的照明，一般采用以下的方式：

第一，在地面上设置投光灯，照射湖岸边的景象，依靠静水或慢慢流动的水，其水体的镜面效果十分动人。

第二，对岸上引人注目的景象或者突出水面的物体，依靠埋设于水下的投光灯照射，能在被照景物上产生变幻的景象。

第三，对于水体表面波浪汹涌的景象，通过设置于岸上或高处的投光灯直接照射水面，可以获得一系列不同亮度、不同色彩区域中连续变化的水浪形状。

（五）园林供电及景观照明工程施工准备

1. 园林供电及照明图纸内容

（1）电气设计说明及设备表

电气设计说明及设备表包括图纸内容、数量、工程概况、设计依据以及图中未能表达清楚的各有关事项。如供电电源的来源、供电方式、电压等级、线路敷设方式、防雷接地、设备安装高度及安装方式、工程主要技术数据、施工注意事项等。主要材料设备表包括工程中所使用的各种设备和材料的名称、型号、规格、数量等，是编制购置设备、材料计划的重要依据之一。

（2）电气系统图

系统图反映了系统的基本组成、主要电气设备、元件之间的连接情况以及它们的规格、型号、参数等。

（3）电气平面图

平面布置图是电气施工图中的重要图纸之一，如变、配电所电气设备安装平面图、照明平面图、防雷接地平面图等，用来表示电气设备的编号、名称、型号及安装位置、线路的起始点、敷设部位、敷设方式及所用导线型号、规格、根数、管径大小等。

（4）动力系统平面图

在总平面图基础上标明各种动力系统中的泵、大功率用电设备的名称、型号、数量、平面位置线路布置，线路编号、配电柜位置、图例符号、指北针、图纸比例。

（5）水景电力系统平面图

在水景平面图中标明水下灯具、水泵的位置及型号，标明电路管线的走向及套管、电缆的型号，材料用量统计表。

（6）安装详图

安装大样图是详细表示电气设备安装方法的图纸，对安装部件的各部位注有具体图形和详细尺寸，是进行安装施工和编制工程材料计划时的重要参考。

2. 园林供电及照明施工图图例及符号

电气图例与符号类型数量多、使用比较复杂，园林供电及照明施工图相对简单，园林供电及照明工程中常用的图例与符号，如有不熟悉的可查阅电气图图像与符号标准。

3. 园林供电及照明施工图识读

识读园林供电电气工程图，除了应了解电气工程图的特点外，还应当注意按照一定的识读程序进行读图，这样能够比较迅速、全面地理解图纸内容，为后续施工打下良好基础。

（1）看图纸目录及标题栏了解工程名称项目内容、设计日期、工程全部图纸数量、图纸编号等。

（2）看电气设计说明及设备表了解工程总体概况及设计依据，了解图纸中未能表达清楚的各有关事项。如供电电源的来源、电压等级、线路敷设方式、设备安装高度及安装方式，补充使用的非国标图形符号，施工时应注意的事项等。有些分项局部问题是在各分项工程的图纸上说明的，看分项工程图纸时也要先看设计说明。通过设计说明了解配电装置、线路敷设、电器安装、防震装置以及图例符号和技术保安措施。通过设备表了解设备型号、数量、用途等。

（3）看电气系统图。通过配电系统图了解供电方式、电气设备的规格型号、导线数量与规格型号、电器与导线的连接与敷设等，以及各条回路所使用的电线型号、所使用的控制器型号、安装方法、配电柜尺寸等。

（4）看电气平面图。平面布置图是园林工程图纸中重要的图纸之一，如变、配电所设备安装平面图（剖面图）、电力平面图、照明平面图、防雷与接地平面图等，常用来表示设备安装位置、线路敷设部位、敷设方法以及所用导线型号、规格、数量、管径大小的，是安装施工、编制工程预算的主要依据图纸。

（5）看安装详图。通过安装详图掌握电器设备的安装方法，按《电器安装施工图册》中规定的各种安装方式进行学习。对于没有给出安装详图的设备，要写出各种电器设备安装方法和绘制安装详图，并指明图册名称、页数及采用的是哪个详图。

（6）列出各种电器元件材料数量表。施工图都是按照国家标准图例和代号所表示的，某些内容难以具体准确表示，施工人员应会根据电气图纸做出具体统计和备料，把元器件和材料数量统计清楚。

（7）撰写读图报告。根据读图结果，写出施工图判读报告，在报告中要详细描述关键性施工点，做出电气设计、电气系统、电气平面和基础接地等图面分析、施工要求等，在此基础上草拟施工指导意见。

4. 直埋电缆施工准备

（1）电缆施工前检测

根据园林供电设计要求，对材料及设备施工前应对电缆进行详细检查；规格、型号、截面电压等级等均要符合要求，外观无扭曲、损坏等现象。

电缆敷设前进行绝缘摇测或耐压试验。电缆测试完毕，电缆应用聚氯乙烯带密封后再用黑胶布包好。

（2）施工机具准备

电动机具、敷设电缆用的支架及轴、电缆滚轮、转身导轮、吊链、滑轮、钢丝绳、大麻绳、千斤顶等。

（3）附属材料准备

电缆盖板、电缆标示桩、电缆标志牌、油漆、汽油、封铅、硬脂酸、黑胶布、聚氯乙烯带、聚酯胶黏带等均应符合要求。

（4）作业条件准备

土建工程应具备如下条件：预留孔洞、预埋件符合设计要求、预埋件安装牢固，强度合格；电缆沟排水畅通、无积水；电缆沿线无障碍；场地清理干净、道路畅通、保护板齐备；架电缆用的机具准备完毕，且符合安全作业要求；直埋电缆沟挖好，底砂铺完，并清除沟内杂物；保护板和砂子运到沟旁。

5. 配电箱安装施工准备

（1）材料准备

配电箱本体外观检查应无损伤及变形，油漆完整无损。柜（盘）内部检查：电器装置及元件、绝缘瓷件齐全，无损伤、裂纹等缺陷。安装前应核对配电箱编号是否与安装位置相符，按设计图纸检查其箱号、箱内回路号。箱门接地应采用软铜编织线，专用接线端子。箱内接线应整齐，满足《建筑电气工程施工质量验收规范》的规定。

（2）施工工具准备

铅笔、卷尺、方尺、水平尺、钢板尺、线坠、桶、刷子、灰铲、手锤、钢锯、锉子、电工工具套装等。

（3）附属材料准备

角钢、扁铁、铁皮、螺丝、垫圈、圆钉、熔丝、焊锡、塑料带、绝缘胶布、焊条等。

（4）作业条件准备

配电箱安装场所土建应具备内部粉刷完成，门窗已经安装好。预埋管道及预埋件安装清理完毕，场地具备运输条件。

6.园林灯具施工准备

（1）灯具准备

园林中使用的灯具在选择上除满足照明要求、便于安装维护外，还要考虑灯具的外形与周围环境的协调，使灯具能够为园林增加景观效果。

（2）灯具检查

各种灯具的型号、规格必须符合设计要求和国家标准的规定。配件齐全，无机械损伤、变形、油漆剥落、灯罩破裂和灯箱歪翘等现象，各种型号的灯具应有出厂合格证、3C认证和认证证书复印件，进场时做好验收检查。

（3）材料准备

包括灯具导线、支架、灯卡具、胀管、螺丝、螺栓、螺母、垫圈、灯头铁件、灯架、灯泡（灯管）、线卡、焊锡、绝缘带、扎带等。

（4）施工机具准备

包括电工工具、卷尺、水平尺、铅笔、安全带、手锤等。

（5）作业条件准备

第一，安装灯具有关的建筑和构筑物的土建工程质量应符合现行的建筑工程施工质量验收规范中的有关规定。

第二，灯具安装前对安装有妨碍的设施应拆除，相关位置的抹灰工作必须完成，地面清理工作应结束。

第三，在结构施工中配合土建已做好灯具安装所需预埋件的预埋工作。

第四，安装灯具用的接线盒已经安装好。

（六）园林供电及照明工程施工

1.电缆敷设

（1）施工流程

准备→电缆定位放线→开挖电缆沟→电缆敷设→隐蔽验收→电缆沟回填→埋设标桩。

（2）施工准备

在具体施工前首先要熟悉电气系统图，包括动力配电系统图和照明配电系统图中的电缆型号、规格、敷设方式及电缆编号，熟悉配电箱中开关类型、控制方法，了解灯具数量、种类等。熟悉电气接线图，包括电气设备与电器设备之间的电线或电缆连接、设备之间线路的型号、敷设方式和回路编号，了解配电箱、灯具的具体位置，电缆走向等。

设备及材料的准备，电缆材料的规格、型号及电压等级应符合设计要求，并应有产品合格证，无损坏。

（3）施工步骤

① 电缆定位放线。先按施工图找出电缆的走向，再按图示方位打桩放线，确定电缆敷设位置、开挖宽度、深度及灯具位置等，以便电缆连接。

② 开挖电缆沟。采用人工挖槽，槽帮必须按 1∶0.33 放坡，开挖出的土方堆放在沟槽的一侧。土堆边缘与沟边的距离不得小于 0.5m，堆土高度不得超过 1.5m，堆土时注意不得掩埋消火栓、管道闸阀、雨水口、测量标志及各种地下管道的井盖，且不得妨碍其正常使用。开槽中若遇有其他专业的管道、电缆、地下构筑物或文物古迹等时，应及时与甲方、有关单位及设计部门联系，协同处理。要求沟底是坚实的自然土层。

③ 电缆敷设。电缆若为聚氯乙烯铠装电缆均采用直埋形式，埋深不低于 0.8m。在过铺装面及过路处均加套管保护。为保证电缆在穿管时外皮不受损伤，将套管两端打喇叭口，并去除毛刺。电缆、电缆附件（如终端头等）应符合国家现行技术标准的规定，具备合格证、生产许可证、检验报告等相应技术文件；电缆型号、规格、长度等符合设计要求，附件材料齐全。电缆两端封闭严格，内部不应受潮，并保证在施工使用过程中，随用随断，断完后及时将电缆头密封好。电缆铺设前先在电缆沟内铺砂不低于 10cm，电缆敷设完后再铺砂 5cm，然后根据电缆根数确定盖砖或盖板。

④ 隐蔽验收。电缆敷设完毕，应请项目业主、监理、项目部及质量监督部门做隐蔽工程验收，做好记录、签字。

⑤ 电缆沟回填。电缆铺砂盖砖（板）完毕后并经甲方、监理验收合格方可进行沟槽目填，宜采用人工回填。一般采用原土分层回填，其中不应含有砖瓦、砾石或其他杂质硬物。要求用轻夯或踩实的方法分层回填。在回填至电缆上 50cm 后，可用小型打夯机夯实，直至回填到高出地面 100mm 左右为止。回填到位后必须对整个沟槽进行水夯，使回填土充分下沉，以免绿化工程完成后出现局部下陷，影响绿化效果。

⑥ 埋设标桩。沿电缆路径直线间隔 100m、转弯处、电缆接头处设明显的电缆

标志桩。当电缆线路敷设在道路两侧时电缆桩埋在靠近路侧，间隔距离为20m。

2. 管内穿线

（1）操作流程

选导线→扫管→穿带线→放线与断线→导线与带线的绑扎→管口带护口→导线连接→线路绝缘检测。

（2）施工准备

钢丝钳、尖嘴钳、剥线钳、压接钳、放线架、一字改锥、十字改锥、电工刀、登高梯、万用表、兆欧表、其他辅助材料。

（3）施工步骤

① 选择导线。

·应根据设计图纸规定选择导线。进出户的导线宜使用橡胶绝缘导线。

·相线、中性线及保护地线的颜色应加以区分。淡蓝色的导线为中性线，黄绿色相间的导线为保护地线。

② 清扫管路。

·清扫管中的目的是清除管路中的灰尘、泥水等杂物。

·清扫管路的方法是将布条的两端牢固地绑扎在带线上，两人来回拉动带线，将管内杂物清净。

③ 穿带线。

·穿带线的目的是检查管路是否畅通，管路的走向及盒、箱的位置是否符合设计及施工图的要求。

·穿带线的方法是：带线一般均采用 $\varphi 1.2 \sim 2.0$mm 的钢丝。先将钢丝的一端弯成不封口的圆圈，再利用穿线器将带线穿入管路内，在管路的两端均应留有 10～15cm 的余量。

·在管路转弯较多时，可以在敷设管路的同时将带线一并穿好。

·穿带线受阻时，应用两根铁丝同时搅动，使两根钢丝的端头互相钩绞在一起，然后将带线拉出。

·阻燃型塑料波纹管的管壁呈波纹状，带线的端头要弯成圆形。

④ 放线及断线。

·放线前应根据施工图对导线的规格、型号进行核对。

·放线时导线应置于放线架或放线车上。

·剪断导线时，接线盒、开关盒、插销盒及灯头盒内导线的预留长度应为 15cm。

·剪断导线时，配电箱内导线的预留长度应为配电箱箱体周长的 1／2。

· 剪断导线时，出户导线的预留长度应为 1.5m。

· 剪断导线时，公用导线在分支处，可不剪断导线而直接穿过。

⑤ 导线与带线的绑扎。

· 当导线根数较少时，如 2～3 根导线，可将导线前端的绝缘层削去，然后将线芯直接插入带线的盘圈内并折回压实，绑扎牢固，使绑扎处形成一个平滑的锥形过渡部位。

· 钢管 (电线管) 在穿线前，应检查各个管口的护口是否整齐，如有遗漏和破损，均应补齐和更换。

· 当管路较长或转弯较多时，要在穿线的同时往管内吹入适量的滑石粉。

· 两人穿线时，应配合协调，一拉一送。

⑥ 导线连接。

· 一般 4mm² 以下的导线原则上使用剥线钳，但使用电工刀时，不允许直接在导线周围转圈剥离绝缘层。

3. 配电箱 (柜) 的安装

(1) 操作流程

弹线定位→配合土建预埋箱体→管与箱连接→安装盘面与结线→装盖板→绝缘测量。

(2) 施工准备

配电箱 (柜) 和绝缘导线的准备应符合设计要求并有产品合格证；角铁、扁铁、螺钉。

(3) 施工步骤

① 低压电力和照明配电箱安装方法分为明装 (悬挂式) 和暗装 (嵌入式)，配电箱应根据设计由工厂定制。

② 嵌入式暗装箱体预埋前，箱体与箱盖 (门) 和盘面解体后要做好标识。预埋要配合土建基础施工进行，箱体埋入墙内要平正、固定牢固，箱体与墙面的定位尺寸应根据制造厂面板安装形式决定。盘面电器元件安装应按制造厂原组件整体进行恢复安装，接线应美观、整齐、可靠。面板四周边缘应紧贴墙面，不能缩进抹灰层内或突出抹灰层。

③ 明装箱体明装配电箱一般有铁架固定配电箱和金属膨胀螺栓固定配电箱。需铁架固定的配电箱的铁架可采用预埋或用膨胀螺栓固定。明配钢管和暗配的镀锌钢管与配电箱采用锁紧螺母固定，管端螺纹宜外露 2～3 扣，管口要加插一个护线套 (护口)。配电箱 (盘、板) 安装的允许偏差，同《成套配电柜 (盘) 及动力开关柜安装》。

漏电开关的安装：漏电开关后的 N(零) 线不准重复接地，不同支路不准共用 (否则误动作），不准作保护线用（否则拒动），应另敷设保护线。

4.开关、插座安装

（1）操作流程

盒内清理→接线→安装→通电检查。

（2）施工准备

按照设计要求准备开关、插座，并有产品合格证；木板、塑料板，板面要平整无弯翘变形情况。

（3）施工步骤

① 清理将预埋的底盒内残存的灰块剔掉，同时将其他杂物清出盒外。

② 接线按照开关、插座的接线示意图进行接线。盒内导线应留有维修长度，剥削线不要损伤线芯，线芯固定后不得外露。

③ 开关、插座安装暗装开关的面板应端正严密并与墙面平，成排安装开关高度应一致，高低差不大于2mm。同一室内安装插座高低差不应大于5mm，成排插座高低差不应大于2mm。

④ 插座接线应符合下列规定：

·面对插座的右孔与相线连接，左孔与零线连接。

·接地（PE）或接零（PEN）线在插座间不得串联连接。

⑤ 插座、开关安装完毕，应通电逐一检查其接线是否正确。

5.照明灯具安装

（1）灯具检查

① 附件检查灯具的产品合格证、检测报告、3C认证是否齐全。

② 参数检查灯具的额定功率、电压、IP防水等级、工作寿命、显色效果是否符合设计要求。

③ 灯具外观检查：

·灯具配件应齐全，无机械损伤、变形、油漆剥落、灯罩破裂等现象；

·透明罩外观应无气泡、明显的划痕和裂纹；

·封闭灯具的灯头引线应采用耐热绝缘导线，灯具外壳与尾座连接紧密；

·灯杆、灯臂等外表涂层，外观应无鼓包、针孔、粗糙、裂纹或漏喷区等缺陷，覆盖层与基体应有牢固的结合强度；

·检查顶盖螺丝是否牢固，底部进线索头是否松动，并在安装前进行通电试验。

（2）灯具安装

① 路灯安装。

·同一街道、景观道、公路、广场的路灯安装高度（从光源到地面）、仰角、装灯的方向宜保持一致。

· 灯杆的位置选择应合理，灯杆的位置不得设在易被车辆碰撞的地点，且与供电线路等空中障碍物的安全距离应符合供电的有关规定。

· 基础坑开挖尺寸应符合设计规定，基础混凝土强度等级不应低于 C20，基础内电缆护管从基础中心穿出应超出基础平面 30～50mm。浇制钢制混凝土基础前必须排除坑内积水。

· 灯具安装纵向中心线和灯臂的纵向中心线应一致，灯具横向水平线应与地面平行，紧固后目测应无歪斜。

· 常规照明灯具的效率不应低于 60%，且应符合下列规定：

灯具配件应齐全，无机械损伤、变形、油漆剥落、灯罩破裂等现象。灯具的保护等级、密封性能必须在 IP55 以上。

反光器应干净整洁，并应进行抛光氧化或镀膜处理，反光器表面无明显划痕。

透明罩的透光率应达到 90% 以上，并应无明显的划痕和气泡。

· 封闭灯具的灯头引线应采用耐热绝缘管保护，灯罩与尾座的连接应无间隙。灯具应抽样进行温升和光学性能等测试，测试结果应符合现行国家标准《灯具第 1 部分：一般要求与试验》(GB 7000.1—2015) 的规定，测试单位应具备资质证书。灯头应固定牢靠，可调灯头应按设计调整至正确位置，灯头接线应符合下列规定：

相线应接在中心触点端子上，零线应接在螺纹口端子上。

灯头绝缘外壳应无损伤、开裂。

高压汞灯、高压钠灯宜采用中心触点伸缩式灯口。

· 灯头线应使用额度电压不低于 500V 的铜芯绝缘线。功率小于 400W 的最小允许线芯截面应为 1.5mm²，功率在 400～1000W 的最小允许线芯截面应为 2.5mm²。

· 在灯臂、灯盘、灯杆内穿线不得有接头，穿线孔口或管口应光滑、无毛刺，并应采用绝缘套管或包带包扎，包扎长度不得小于 200mm。

· 每盏灯的相线宜装设熔断器。熔断器应固定牢靠，接线端子上线头弯曲方向应为顺时针方向并用垫圈压紧，熔断器上端应接电源进线，下端应接电源出线。

· 气体放电灯应将熔断器安装在镇流器的进电侧，熔丝应符合下列规定：

250W 及以下汞灯、150W 及以下钠灯和白炽灯可采用 4A 熔丝。

250W 钠灯和 400W 汞灯可采用 6A 熔丝。

400W 钠灯可采用 10A 熔丝。

1000W 钠灯和汞灯可采用 15A 熔丝。

· 高压汞灯、高压钠灯等气体放电灯的灯泡、镇流器、触发器等应配套使用，严禁混用。镇流器、电容器的接线端子不得超过两个接头，线头弯曲方向应按顺时针方向并压在两垫片之间，接线端子瓷头不得破裂，外壳应无渗水和腐蚀现象，当钠灯镇流器采用多股导线接线时，多股导线不得散股。

·路灯安装使用的灯杆、灯臂、抱箍、螺栓、压板等金属构件应进行热镀锌处理，防腐质量应符合现行国家质量标准《金属材料 金属及其他无机覆盖层的维氏和努氏显微硬度试验》(GB／T 9790—2021)、《热喷涂 金属件表面预处理通则》(GB／T 11373—2017)、现行的行业标准《金属覆盖层 钢铁制品热浸镀锌技术条件》(GB／T 13912—2020)的有关规定。

·灯杆、灯臂等热镀锌后应进行油漆涂层处理，其外观、附着力、耐湿热性应符合现行的行业标准《灯具油漆涂层》(QB／T 1551—1992)的有关规定；进行喷塑处理后覆盖层应无鼓包、针孔、粗糙、裂纹或漏喷区缺陷，覆盖层与基体应有牢固的结合强度。

·各种螺母紧固，宜加垫片和弹簧垫。紧固后螺纹露出螺母不得少于两个螺距。

② 庭院灯安装。

·庭院灯宜采用不碎灯罩，灯罩托盘宜采用铸铝材质；若采用玻璃灯罩，紧固时螺栓应受力均匀，并应采用不锈钢螺栓，玻璃灯罩卡口应采用橡胶圈衬垫。

·庭院灯具铸件油漆涂层和喷塑后的外观应符合路灯的规定。

·铝制或玻璃钢灯座放置的方向应一致，可开启式门孔的铰链应完好，开关应灵活可靠，开启方向宜朝向慢车道或人行道侧。

·庭院灯现浇基础尺寸比路灯相对小些，其他技术要求与路灯相同。

·灯杆根部应做保护装饰罩，防止螺栓生锈，且不能积水。使用大理石板拼接或两块不锈钢板对接，做成保护装饰罩。

·基础尺寸、标高与混凝土强度等级应符合设计要求。

·金属灯杆、灯座均应接地(接零)保护，接地线端子固定牢靠。

·庭院灯现浇混凝土基础采用的主筋地脚螺栓部分必须镀锌，混凝土应按《混凝土结构工程施工质量验收规范》(GB 50204—2015)浇制。

地基开挖时，一定要挖到要求的尺寸，避免"子弹头"坑，尽量利用原土较好特性，回填时应分层夯实，分层厚度不宜大于0.3m。

如施工时发现地质条件不符，应及时与设计方联系。

③ 草坪灯安装。

·草坪灯一般安装在草坪当中，容易受到水的侵害，为了避免水造成腐蚀、电路短路，混凝土基座要高出土壤5cm左右。

·混凝土基座要严格达到标号C20，否则在安装膨胀螺栓打眼时，会造成混凝土开裂。

·灯柱内电缆与二次接线导线的接头要高于 20cm 以上，进入灯座的二次接线需要外套绝缘蜡管，增强安全性。

·灯头与灯柱的连接，厂家一般采用在灯头上安装 3 颗螺栓压紧灯柱外壁，当受到较大外力时容易脱落。应当在灯柱上打眼使灯头上的螺栓拧入灯柱加以固定。

④ 地埋灯安装。

·划线定位：参照图纸大样图在安装部位划线定位，同一直线上的灯位要在同一直线上，尺寸偏差要小于 2%。

·位置开孔：根据定位位置，采用与预埋件直径尺寸相适宜钻孔设备。例如，在木结构面采用开孔器开孔；在混凝土、石材、砖等结构面开孔采用水钻开孔。

·灯具安装：在地埋灯安装前，应先按照预埋件的外形大小挖好一个孔，将电源进出线从预埋件（也称预埋套筒）底部的孔中穿出，再将预埋件放入地面预留孔内固定，外部夯实或在其周围浇筑砼（混凝土），使其固定。

在地埋灯安装前，地埋灯必须套专用水桶防护，开关电源合理走线，防护等级不小于 IP65。

在地坪、混凝土、石材、砖等结构面安装，在下部放入碎石、粗沙（排水用），然后安装预埋外壳，顶部和地面齐平，在预埋外壳和基坑之间填满细沙或 1∶3 水泥砂浆，接好线后放置灯体。

·灯具接线：拨去线头绝缘层，再将进出线的相线与地埋灯引出线的红（或棕）线相连接，将进出线的零线与地埋灯引出线的蓝线连接，将保护线与地埋灯引出线的黄绿线连接（如果有黄绿线）。

传统接线接头处理：内层线头接完之后先包裹一层防水胶带（防水胶布、高压防水自黏带、丁基胶带），包裹时一定要勒紧，包两层以上，包裹完毕用电工用塑料胶带包裹两层，最后用黑胶布包裹两层，滴水不漏，三重保险。

如在雨量较大的区域，应采用防水接线器进行连接。

·固定密封：连接完毕检查无误后，将地埋灯灯体放入套筒内用固定。如安装在平整的结构面，灯具边缘部位要采用防水密封胶密封处理。

⑤ 户外壁灯、嵌墙灯安装。

·壁灯的安装方法比较简单，待位置确定好后，主要是壁灯灯座的固定，往往采用预埋件或打孔的方法，将壁灯固定在墙壁上。

·各种螺母坚固，宜加热片或弹簧垫。紧固后螺出螺母不得少于两个螺距。

·同一直线段上的灯具安装要在同一直线上，同一平面上的灯具安装高度要一致。

⑥LED 点光源安装。

·按图纸设计要求测量好安装位置，定好位置放线安装。

·为了安装整体外观效果，LED 点光源与 LED 点光源连接方式采用外部用密封接头串联在灯内部并联方式，使每行电光源看不到电线管，不仅外部美观而且维修方便。

·开箱检查灯体外观在运输的搬运中是否完好，安装前进行通电试验，把灯具安装牢固并做好建筑表面密封处理。

6. 潜水泵安装

（1）安装前技术检验

潜水泵的电气线路应当完整连接、正确可靠，必须有过流保护装置。若用刀闸式开关，则必须使用合格的保险丝，不得随意加粗或用金属丝代替。电缆线要连接准确，防止把电源线错接在电机的零线上。电机的引出线与电缆线的连接必须可靠，否则会因接触不良而发热，导致短路或断路。电机必须有符合技术标准的接地线。

电机旋转方向检验，有些潜水泵正反转都能出水，但反向转出水量小，且使电流增大对电机绕组不利。在机组下水前应首先将电机内充满纯净清水（湿式潜水泵），并向泵体内灌水，润滑轴承后接通电源，瞬时启动电机观察电机旋转方向，确定正确并无异常后方可正式下水。泵组在水下应当正确放置，不应倾斜、倒立。

（2）安装

潜水泵安装基本要求：

① 潜水泵所接电源的容量应大于 5.5kV·A。如果电源容量过小，潜水泵启动时电压会下降过多，对其他用电设备造成影响甚至不能启动。

② 潜水泵所接电源电压 340~420V（三相电源）。低于这一范围潜水泵难以启动，高于这一范围容易损坏电机。

③ 潜水泵的控制开关一般要求使用磁力启动器或空气开关，以保证水下工作的电机发生短路、缺相、过载等故障时能够自动断路。

④ 潜水泵应做好可靠接地保护，以保证使用时的设备与人身安全。接地线要用截面大于 $4mm^2$ 的铜导线，并牢固地连接在接地装置上。

⑤ 潜水泵投入使用前，要用 500V 的兆欧表检查电机的绝缘，并通电检查电机的旋转方向与标注方向是否一致。若不一致，则把电缆中某两引出线交换接在电源上即可。

⑥ 潜水泵在空气中通电检查或运行的时间不能超过 5min，过长易造成电机过热或损坏。

（3）其他注意事项

出水配管连接到潜水泵出水接口时，一定要使用管卡或其他配件扎牢，以防松脱或漏水。

将电缆分节绑扎在出水管上，用直径4mm的钢丝或较粗的尼龙绳拴在泵体的提手或耳环上慢慢放入水中。严禁将电缆作为吊绳使用。

潜水泵应垂直悬吊在水中，不能横放或斜放。干式与充水式悬吊的深度在水下1m左右即可。

潜水泵的进水滤网外面要套上铁丝网，以防杂草污物堵塞滤网影响流量或堵塞叶轮后烧坏电机。

在潜水泵附件设置"防止触电"警示牌。

第五章　城市园林水体景观营造

第一节　水景在城市园林中的特性

一、园林水景功能及作用

水是园林的灵魂，有了水才能使园林产生很多生机勃勃的景观。"仁者乐山，智者乐水"，寄情山水的审美理想和艺术哲理深深地影响着中国园林。水是园林空间艺术创作的一个重要园林要素，由于水具有流动性和可塑性，因此园林中对水的设计实际上是对盛水容器的设计。水池、溪涧、河湖、瀑布、喷泉等都是园林中常见的水景设计形式，它们静中有动，寂中有声，以少胜多，渲染着园林气氛。园林水景的用途非常广泛，现将其主要归纳为以下五个方面。

(一) 构成园景

如喷泉、瀑布、池塘等，都以水体为题材，水成了园林的重要构成要素，也引发了无穷的诗情画意。

水景配以音乐、灯光形成绰约多姿的动态声光立体水流造型，不但能掩饰、烘托和增强修建物、构筑物、艺术雕塑和特定环境的艺术效果和气氛，而且有美化生活环境的作用。

(二) 改善环境，调节气候，控制噪声

园林水景可增加环境湿度，特别在炎热枯燥的地域，其作用愈加明显；园林水景工程可增加环境中负离子的浓度，减少悬浮细菌数量，改善卫生状况；园林水景工程可大大减少环境中的含尘量，使气氛清新洁净。

(三) 提供体育娱乐活动场所

如游泳、划船、溜冰、船模以及冲浪、漂流、水上乐园等。

(四) 汇集、排泄天然雨水

汇集园林绿地中多余的降水，减少排水管线的投资，促进生态效益，并为水生、

湿生植物生长创造良好的立地条件。

(五) 防护、隔离、防灾用水

如护城河、隔离河，以水面作为空间隔离是最自然、最节约的办法。救火、抗旱都离不开水。城市园林水体，可作为救火备用水，郊区园林水体、沟渠是抗旱救灾的天然管网。

二、水景在城市园林中的特性分析

一般来说，天然水体无常态，成方或圆的大小都是根据天然条件而定，这就形成了我国园林中天然水域丰富多彩的形态特征。在现代园林中，水景以湖、池、溪流等为主，辅以与活水有关的瀑布、喷泉等。

(一) 与景观的组织关系

在水体景观设计中产生的效果各不相同，抽象地归纳：园林景观中的水景无外乎点、线、面三个表现形式。点型系土壤和水域由各种形态的流水、落水、静水等组成，发挥了空间上重复水这一最主要功能；线型系带水体的水面多显带状线性变化，而周围景观则多依水而建，从而产生各种带状景观效应；面型系带水体由于平面域范围较广，因此水体可以把零散的景观直接或间接地统一限制在水面区域内。

(二) 与艺术的构成关系

生命的发展从水体出发，人们对水有着独特的感情。最初人类还仅仅是从自然生活的视角理解水的意义，后来慢慢地人们对水中的各类语言（如小溪叮咚、大海轰鸣、河流涌流、浪拍水岸等）形成了敏锐的审美共鸣，并且由于大自然的水体形态千姿百态，不论是汪洋大海、江川河流，抑或是小溪深泓，涌泉飞瀑，无不给人以美的体验，从而引发了人类无尽遐想，水同样也是人类进行任何艺术创作的源头。在人们进行建造活动的时候，从被动地使用水到将大自然的水体带到人们日常生活当中，运用水资源。

第二节　园林中的水景形式

一、根据水体状态分类

(一) 静态水景

静态水景也称为静水，一般指园林中以片状汇聚的水面为景观的水景形式，如湖、池等。其特点是宁静、祥和、明朗。它的作用主要是净化环境、划分空间、丰富环境色彩、增加环境气氛。

湖、池多按天然形态布局，水岸弯曲多样，岸边依境设景。在中国现代园林水景规划设计中，湖、池经常成为风景构图的中心。对于较大的水域可在景观设计中把较大水体水域分割为若干不同的空间，并设以堤桥、岛屿，从而产生离心、扩散的空间结构特性，大大丰富了建筑景观的层次。

某农行数据交换中心办公区水景建设时，仔细研究了当地历史水文材料，掌握了平均地下水位线，便于整体水体水位控制。首先测定水位、打好定位桩，定出湖边线的走向，然后再严格按池底的等高线路方向进行施工开挖。水景既设有溢水口，又制定措施适时补水，保证水体质量的稳定。所有水生、陆生植物都依湖岸地势和人工堆砌的斜坡方向布置，高低起伏、层次分明，微风之下，花草飘逸，犹如一片水乡泽国的婀娜水韵滋润人们的双眼。

(二) 动态水景

以流动的水体，利用水姿、水色、水声来增强其活力和动感，令人振奋。形式上主要有流水、落水和喷水三种。流水如小河、小溪、涧，多为连续的、有宽窄变化的；带状动态水景如瀑布、跌水等，这种水景立面上必须有落水高差的变化；喷水是水受压后向上喷出的一种水景形式，如喷泉等。

1. 溪流的景观

在自然界中水自山顶处集水而下，至地面平缓时，水又流于前，构成了溪流水景。因为一般的小溪流较浅且阔，所以在园林景观中应选适当之处设小溪，而溪流则左右曲折，并绕过亭廊。溪流设计手法多变，可用山石将溪流做得有宽有窄、有高有低，形态多变，层次丰富，由此构成了高低差异的水域或宽窄差异的溪流。溪流设计应力求创造出丰富多变的水状形态，让溪流水面产生各种形态变幻，加上悦耳的水声，大大提升了欣赏者在视听上的感受，因而更容易震撼其思想，引发其情感，从而升华其情调。

高桥新城 C-5、C-7 地块住宅绿化景观工程，位于别墅区与小高层之间的溪流水景，溪流面积约 1500 m²，分为 5 段跌水，每段配以挡水坝，采用巨大的青石板（面积都在 2 m² 左右，重达 2～3 t)，干垒式堆砌，不用水泥勾缝，既避免了水泥砂浆外露，又形成大气、雄浑的园林景观效果，与周边法式建筑风格相得益彰。

2. 瀑布的景观

瀑布是优美的动感自然水景。自然界的大瀑布居住区的水体景观往往达不到大型水体景观的要求。在局部空间规划设计中，应合理地运用各种形式的水体，将整个局部空间装点得更为妩媚，使小空间环境变得更有生命力。

浦东汤臣一品高端社区的水景建造，注重水体景观效果与周边环境的协调性，既能让水景融入社区整体造型之中，又不能让水景在社区中过于突兀。在每一个细节上都要考虑周全，在硬质景观承载水流流向的水池曲线弧度上，使水流流面角度圆润、大小高低统一、弧度线条流畅，取得完美的水流效果。

气势磅礴，均给人以"飞流直下三千尺，疑是银河落九天"之美学视觉感染力，而对于天然的水体景色和自然风光却只能仿其意境，通常人为主观的瀑身景致，表现形式大致有水帘瀑、挂瀑、叠瀑、飞瀑等。瀑布景观的欣赏应保持在一定的距离内，一旁的绿色植物起装饰和衬托效果，不可喧宾夺主。

以张江中区研发楼景观绿化工程为例，该景观绿化工程位于项目建筑正南面，有 8 个椭圆形水景，高 2~3m 的钢结构，半面为垂直绿化，半面为跌水，形成垂直绿化与水景的交融。水景动静相宜、高低有序，动则气势蓬勃、水波奔流，静则水草丰茂、水纹不惊；高则瀑布跌宕、绿草攀岩，低则涓涓溪流、滋润青草；一派和谐风貌与现代律动相结合的水中景观。

3. 喷泉的景观

喷泉为人工建造的整型或自然形音乐喷泉水池，因喷出美丽的水形而获盛名，多分处于建筑前沿、商业区中央，甚至城市的主干道路口等处，但为让自然喷水池中的线条更加清晰，常以较深色景物作为背景。在园林景观的水景中，音乐喷泉常常以局部或整体结构为中心，常与水池、彩色灯具、雕像、花坛等构成总体景色。

水景喷泉可设计成多种多样的花形样式，这些花型样式由不同的喷头及配套设备组成。现代喷泉的喷头形态有直流水柱状、球状、涌泉形、跑泉形、扇形、蒲公英状、牵牛花状、雪松形状、气爆形状、一维摇摆状、三维摇摆状、旋转花篮状等。近年来，随着现代化科学技术的发展，现代景观水景设计中应用了更多的光、电、声及智能化技术，新型间歇音乐喷泉、激光喷泉等高科技水景喷泉的涌现更增加了人们在视觉、听觉上的双重体验，具有更高的观赏性与感染力。

（三）按水景的布局形式分类

1. 自然式水体

保持天然的或模仿天然形状的河、湖、溪、涧、泉、瀑等，水体在园林中多半随地形而变化，有聚有散，有分有合，有曲有直，有高有下，有动有静。

2. 规则式水体

规则式水体是人工开凿成几何形状的水面，如运河、水渠、方潭、圆池、水井及几何形体的喷泉、瀑布等。

3. 混合式水体

混合式水体是两种形式的交替穿插或协调使用。

（四）按水体的使用功能分类

1. 观赏的水体

可以较小，主要为构景之用，水面有波光倒影，能成为风景的透视线。水体可设岛、堤、桥、点石、雕塑、喷泉、落水、水生植物等，岸边可做不同处理，构成不同景色。

2. 开展水上活动的水体

一般水面较大，有适当的水深，水质好，活动与观赏相结合。

第三节　景观配置与水景的关系

一、水生植物配置技术

数量适中，有断有续，有疏有密。在面积较小的水面，水生植物所占覆盖面以不超出 1/3 为宜，要保持足够的水域，以形成倒影效应又不妨碍在水中进行活动，既不可全部种满一个水池或水面，也不可在沿岸线种满。

根据水体特点和水生植物的生长习性，可因地制宜选用水生植物品种。可单品种配制，如将多种水生物混杂配置；也要讲究配合恰当，既顾及植物生态习性，也要兼顾景观效果。既考虑它们能一起生长，又注意它们有主次之分。不仅能构成特定的区域特征，而且能表现出形态、高矮、姿势、叶形、叶色等的特征。还可注意花期、花色、高矮姿势的变化，既能互相对比和调节，又不相互影响，易为人所观赏。

常见的水生植物有荷花、睡莲、千屈菜、菖蒲、黄菖蒲、水葱、再力花、梭鱼草、花叶芦竹、泽泻、旱伞草、芦苇等。

二、景观用水水质标准

园林景观用水是指满足园林景观环境所要求的水，以及用于营造园林景观水域和各类水景构筑物的用水的总称。园林景观使用水有国家规定的水质标准。符合我国景观用水水质指标要求必须兼顾对人与自然环境的双重环境影响，应当积极探索抑制景观水体的富营养化的办法。对于其他景观水体水质的处理，可以通过各种物理、化学、自然生态等方法抑制水体的富营养化进程。

以某农行数据处理中心景观绿化工程为例，该工程的水体是自然土湖底。为了确保水体质量达标，采用了各种方式进行水质处理。首先，采用物理方式机械爆气，增加水体自然循环，增加水体氧气含量。其次，采用自然生态方式，湖边运用阶梯式生态驳岸种植水生植物（包括黄菖蒲、水葱、芦苇、荷花、睡莲等20余个品种），既增加了景观欣赏效果，又起到生物净化水质的作用。最后，采用古老的深井净化方式，人工挖掘透气深井，使上层湖水与下层地下水进行循环交换以净化水质。采取多种净化水质措施后，水体水质达到《景观娱乐用水水质标准》A类标准。

三、创新技术设施配置

水景设计与营造过程中大胆进行科技创新，将新技术、新工艺、新材料、新设备、新成果应用到园林景观设计与营造中，增强园林景观设计与营造的创新性、可靠性、美观性，同时确保其必要的经济价值与使用功能。

浦东汤臣一品水景建设符合大气、壮观、雄伟且不乏创新，大量使用了创新技术，集成控制系统，统一控制水景喷泉的流量、大小、方向等。通过风速测速仪实时监控，随时掌握即时的天气变化。根据相应的天气数据，随时调整喷泉的流量大小和喷涌高度，风大则量小，风小则量大，保证喷泉不会因风速干扰造成溢流，干扰居民生活，影响喷泉造型。控制系统是水景的灵魂，也体现了水景工程高科技的含量，整套系统采用先进的计算机控制技术、摄像监控系统、液位传感器、风压传感器等设备对水景进行动感变幻、灯光控制、水质净化和水位自动控制，并对运行状态和故障进行实时监控控制和自动记录备案。

四、控制水生植物生长

为控制水生植物生长，常需要在水下安装一些构件。常见的是设置水生植物种植床，最简易的方法是砌筑砖墙、垒石块和混凝土支墩。将盆栽水生植物置于高墩上。大面积栽植可用耐水湿的建筑材料作为水生植物栽植床，以控制水生植物生长范围。

规则型水域上栽培水生植物时，多用混凝土栽植平台，并根据水域的大小和深浅分级设置；也可用缸种植，或排成图案，构成水面花坛。规则型水域中的水生植物多为观赏价值高的植物品种，如荷花、睡莲、黄菖蒲、千屈菜、水葱、芦苇等。

第四节　城市园林景观设计中水体景观营造方法

水是园林设计中的灵魂及血液，是园林艺术中必不可少且最具魅力的园林要素之一，是园林中的视觉焦点之一。水的可塑性强，具有拓展空间的作用，可展现出音乐、形态、意境、动态、虚灵等特性美。在景观设计中引入水体景观，让人们更加亲近自然。园林设计根据本土情况，应将水体景观设计与人文景观、自然环境巧妙地结合，体现出城市的地方特色、植被规划、环境保护等。基于此，对城市园林景观设计中水体景观营造方法进行探讨很有必要。

一、城市园林景观水体景观的设计原则

(一) 遵循生态原则

遵循生态要以模拟自然、接近自然为主导，使用环保节能的环保材料，建造出景观生态效益并重、功能高效、结构合理的自然型人工水景，体现出人与自然协调共生。比如，原有天然河道要尽可能地保持自然形态；对向下且流经低处的溪、谷，需要通过地下泵将其抽回高处，以达到水体的循环利用。在利用得天独厚的自然资源时，应以点、线状水体为主，且景观水景的设计要尽量少而精，不要出现大规模水景，更不要为了追求表面形式而做景观水景。

(二) 重视公众的参与性

水景不仅要具有观赏性，还应具有体验感，这就需要研究游人的行为习惯和行为心理，认识到和谐园林与人本理念的重要性，重视景观设施的可观性和亲和性，加上设计师的身心投入，才能使水体景观设计富有人性，充满活力，从而调动园林景观中人的参与性。例如，要根据景观周边道路分布情况与居民分布情况，分析出主要的人流方向和观景路线，并确定景观出入口位置；对于山地园路和广场空间的景观化和亲水性处理，要根据人平时所踩踏出的土路进行布置放线；亭廊小品的布置要充分考虑光照以及舒适性；等等。

(三) 体现传统地方特色

现代水体景观的表现方式越来越多，其设计手法也越来越多样化，加上每一个城市或者地方都有着自己独特而久远的文化历程，而地域和文化的差异是艺术的根源，因此，需要营造出具有地方文脉特征的水体景观，如宁夏的西夏文化、甘肃的丝绸之路文化等都具有自己独特的民族特点和地方风格。实践表明，有历史文脉、有文化内涵的水景设计才能与人达到共鸣，使人产生归属感。

(四) 使用新材料、新技术，体现时代特色

水体景观的创造要以所处时代的精神特征为标准来进行衡量，城市水体景观所使用的功能、应用的材料、建造技术都要有一定的时代性，体现时代特色。现代的园林水景建造，可将各类新型的建筑材料、新产品以及电、光、声等运用到实际的水景中，这样有利于景观的丰富多样，增加水景的时代特色。

二、城市园林中水体景观的营造方法

(一) 精心设计静态水体景观

静态水体景观能够体现出自然环境的宁静之美，能够让人从喧闹的都市生活中顿时安静下来，拥有片刻的宁静，放松绷紧的心灵，比如人工湖。静态水体景观的设计，主要利用动植物、假山以及石景，在静态水景的周围，主要使用绿色植物作为映衬，不同的季节有不同的花草，达到不同的观景效果。有些时候，也会使用假山与石景相互映衬，假山能够体现水的柔美，石景加工后能够凸显出水景的独特美感，与水景相结合后，能够体现城市文明中的感性与理性，呈现出山水相融的景象。而在水里，一般会有水草、荷花、芦苇等生命力较顽强的水生植物以及观景鱼、蝌蚪等，带给人们独特的自然美感，为现代化的城市建设增添一丝柔美的灵气。

(二) 合理应用动态水体景观

动态水体景观的表现形式主要有音乐喷泉、涌泉、瀑布，它们能够为城市园林景观环境增添活力，让人感受到一种十分活跃的绿色生态氛围，带来一场心灵的享受盛宴。

现在很多城市园林景观的设计都采用音乐喷泉，通过这种动态的喷洒设计，加上动感的音乐节奏，形成了由下而上、千变万化的喷涌形态，给人以听觉艺术和视觉观赏的双重体验。水既是"柔"的象征，又是"刚"的体现，而瀑布形式水景的营

造更能体现水的柔美与刚毅，在实际的城市园林景观中，由于瀑布还需要有一定的地理位置，因此瀑布相对较少。随着城市文明建设进程的加速，相信在城市园林景观中瀑布形式水体景观的设计会越来越多。

（三）采取动静结合形式多样的水体景观

自古以来人们都有择水而居的心理，取动静结合、形式多样的园林景观水景设计，都较容易与周边的景色相融，达到活跃氛围、组织空间等目的。在进行水景营造时，设计师可以采取动静结合的方式去营造主题。动态景色可以借助喷泉表现出水体形式的多样化，使水体景观的喷涌形态多变，如半球、扇形、蒲公英等水体形状。在布置静态景色方面，需要把水体的流动性和自然景观的静止性相互融合，实现动中取静。例如，借助人造瀑布，形成阶梯式、滑落式、丝带式的水体，通过水景颜色的表现和人文因素的衬托，将静止的生物植被融入流动的水景中，使水体景观更贴近自然，增强植被的观赏性，体现出动静结合之美。

（四）水体景观与植被的氛围形成

为了表现水体景观的艺术美感，设计师需要营造水体景观和植被氛围。一般来说，主要采取对景和借景两种方式，从仰视、俯瞰和鸟瞰等不同的视觉角度去安排荷花、鱼草、芦苇、莲花等水生植物，以其线条的柔和之美与疏密结合的种植方式去种植水杉、垂柳、落羽松、池松等植物，构造出水体景观不同的层次感和趣味性。设计师还可以在水体中营造假山，并沿水岸边种植燕子花、地锦、变色鸢尾、黄菖蒲等藤本植物，使得水景营造远近有致、颜色相间，构建出植物、动物、水景和谐共存的生态环境。

（五）凸显山水融合的动态意境

为了凸显山水融合的动态意境，设计师可以将水体和景观石通过融汇、穿插、渗透等方式，构建变化多样的山水景观，也可以利用驳岸和水线构成的景观线环境进行协调使用，以石头驳岸、阶梯驳岸、鹅卵石驳岸、缓坡驳岸等表现形式与水体相融，形成山水交融的艺术魅力。因此，山水融合可以将山水景观的千姿百态与城市活力表现得一览无遗，使得山的阳刚之气融入水的阴柔之美，这也是展现园林景观美感的有效途径。

（六）构建活力意境水体景观

就"线状"水来说，曲水胜于直水，首先是从实用的角度来看，景观设计中的公园、庭院、住宅、道路、广场等都离不开水体景观的设计。其次是从美学的角度来看，曲水韵味更足，水性本柔，曲水更有婀娜多姿之态，古人还创造曲水流觞的游乐形式，从水的弯曲流动中获得快乐与美感。枯山水是源于日本的缩微式园林景观，多见于静谧、深邃的禅宗寺院或者局部景观。枯山水不受任何地理限制，非常注重景观形式的象征和心理感受，一般用线条表示水纹，用白沙象征湖海，用石块象征山峦，如一幅留白的山水画卷，应用枯山水可实现四季如一，因无水而喻水得名。

总之，在城市园林景观设计中，水体景观设计是全方位的、系统的技术综合应用，设计师只有运用多种艺术手法将水元素融合搭配到园林景观设计中，才能营造出既满足人们心情的愉快和立体化的美感享受，又能凸显水景设计的独特艺术效应，营造园林艺术的纯净之美。另外，在进行园林景观水景设计时，还要注重环境保护和生态发展，在推动城市发展，提升城市形象的同时，给予人们更多的精神享受，为人们创造舒适的生活环境。

三、湖池水景营造

湖属于静态水体，有天然湖和人工湖之分。天然湖是自然的水域景观，如著名的南京玄武湖、杭州西湖、广东星湖等。人工湖则是人工依地势就低挖掘而成的水域，沿岸因境设景，自然天成图画，如太原晋阳湖和一些现代公园的人工大水面。湖的特点是水面宽阔平静，具有平远开朗之感。此外，湖往往有一定的水深以利于水产。湖岸线和周边天际线较好，还常在湖中利用人工堆土成小岛，用来划分水域空间，使水景层次更为丰富。

园林中的湖池是指自然的或人工的湖泊、池塘、水池、水洼等，是园林中最为常见的水景形式之一。水以其可塑性，被岸坡、景石、建筑、植物等要素限制围合形成各种式样的湖池造型，平滑如镜的水面映照着环境的各种物象，满足各个角度的欣赏。

(一) 人工湖工程

1. 湖的布置要点
园林中利用湖体来营造水景，应充分体现湖的水光特色。
(1) 湖岸线的"线形艺术"
以自然曲线为主，讲究自然流畅，开合相映。造景湖池的平面形状影响到湖池的水景形象表现及其风景效果。要注意湖体水位设计，选择合适的排水设施，如水闸、溢流孔 (槽)、排水孔等；要注意人工湖的基址选择，应选择壤土、土质细密、

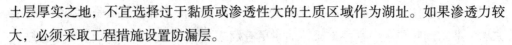

土层厚实之地，不宜选择过于黏质或渗透性大的土质区域作为湖址。如果渗透力较大，必须采取工程措施设置防漏层。

（2）湖池平面

造景湖池的平面形状影响湖池的水景形象表现及风景效果。湖池水面的大小宽窄与环境的关系比较密切。水面的纵、横长度与水边景物高度之间的比例关系，对水景效果影响较大。在水面形状设计中，有时需要通过两岸岸线凸进水面而将水面划分；或通过堤、岛等进行分区。

（3）水面空间处理

通过桥、岛、建筑物、堤岸和汀步等分隔空间，以丰富园林空间的造型层次和景深。

（4）水深

不同功能的水体其深度不一。在设计时要充分考虑安全因素。国家规范规定：硬底人工水体的近岸 2.0m 范围内的水深，不得大于 0.7m，达不到此要求的应设置护栏。无护栏的园桥、汀步附近 2.0m 范围以内的水深不得大于 0.5m。

2. 人工湖工程设计

（1）水源选择

蓄积天然降水（雨水或雪水）、引天然河湖水、池塘本身的底部有泉水、打井取水、引城市用水。

（2）人工湖基址对土壤的要求

① 黏土、砂质土、壤土是最适合挖湖的土壤类型。

② 以砾石为主、黏土夹层结构密实的地段，也适宜挖湖。

③ 砂土、卵石等易漏水，应尽量避免在其上挖湖。

④ 基土为淤泥或草煤层等松软层时，须全部挖出。

⑤ 湖岸立基的土壤必须坚实。

（3）水量损失的估算和测定

水量损失主要是由于风吹、蒸发、溢流、排污和渗漏等原因造成的，一般按循环水流量或水池容积的百分数计算。

根据水量损失总量可知湖水体积的总减少量，依次可计算出最低水位；结合雨季进水量，可计算出最高水位；结合湖中给水量，可计算出常水位，这些都是进行驳岸设计必不可少的数据。

对于较大的人工湖，湖面的蒸发量是非常大的，为了合理设计人工湖的补水量，测定湖面水分蒸发量是很有必要的。目前，我国主要采用置 E601 型蒸发器测定水面的蒸发量，但其测得的数值比水体实际的蒸发量大，因此需采用折减系数，年平均蒸发折减系数一般取 0.75 ~ 0.85。

（4）湖池池底结构设计

湖池在池底结构设计中通常应根据其基址条件、使用功能、规模大小等的不同做出不同的底部构造选择。人工湖通常面积较大，湖底常见的有灰土层湖底、塑料薄膜湖底和混凝土湖底，其中灰土层湖底做法适于大面积湖体，混凝土湖底宜于较小湖体或基址土壤较差的湖体。

常见人工湖底构造做法如下：

基层：一般土层碾压平整即可。沙砾或卵石基层经过碾压平后，面上须再铺15cm 细土层。如遇有城市生活垃圾等废物应全部清除，用土回填压实。

防水层：用于湖底防水层的材料很多，主要有聚乙烯防水毯、聚氯乙烯防水毯、三元乙丙橡胶、膨胀土防水毯、土壤固化剂等。

保护层：在防水层上平铺 15cm 过筛细土，以保护塑料膜不会被破坏。

覆土层：在保护层上覆盖 50cm 回填土，防止防水层被撬动。其寿命可达10 ~ 30 年。

3. 人工湖施工

对于基址土壤抗渗性好、有天然水源保障条件的湖体，湖底一般不需做特殊处理，只要充分压实，相对密实度达 90% 以上即可，否则，湖底需做抗渗处理。

开工前根据设计图纸结合现场调查资料（主要是基址土壤情况）确认湖底结构设计的合理性，施工前清除地基上面的杂物。压实基土时如杂填土或含水量过大、过小应采取措施加以处理。

（1）湖、塘施工测量控制

定期进行纵横断面坡度测量，并将施测成果绘制成图表，池体削坡前应定出放样控制桩，削坡后应实测断面。

所有测量的原始记录、计算成果和绘制的图表，都应妥为保存归档。

（2）土方开挖

根据各控制点，采用自上而下分层开挖的施工方法，不得欠挖和超挖。开挖过程中要及时校核、测量开挖平面的位置、水平标高、控制桩、水准点和边坡坡度等是否符合施工图纸的要求。

开挖中如出现裂缝和滑动现象，应采取暂停施工和应急抢救措施，并做好处理方案，做好记录。

（3）湖底施工

对于灰土层湖底，灰土比例常用 3 : 70 土料，含水量要适当，并用 16 ~ 20mm孔径的筛子过筛。生石灰粉可直接使用，如果是块灰闷制的熟石灰要用 6 ~ 10mm 孔径的筛子过筛。注意拌和均匀，最少翻拌两次。灰土层厚度大于200mm时要分层压实。

对于塑料薄膜湖底，应选用延展性和抗老化能力强的塑料薄膜。铺贴时注意衔接部位要重叠0.5m以上。摊铺上层黄土时动作要轻，切勿损坏薄膜。

塑料薄膜防水层小湖底做法是当小型湖底土质条件不是太好时所采取的施工方法，此法比塑料薄膜湖底做法增加了200mm厚碎石层、60mm厚混凝土层及60~100mm厚粒石混凝土，这有利于湖底加固和防渗，但投入比较大。旧水池翻新做法，对于发生渗漏的水池，或因为景观改造需要，可用此法进行施工，注意保护已建成设施。对施工过程中损坏的驳岸要进行整修，恢复原状。

(4) 湖岸处理

湖岸的稳定性对湖体景观具有特殊意义，应予以重视。先根据设计图严格将湖岸线用石灰放出，放线时应保证驳岸（或护坡）的实际宽度，并做好各控制基桩的标注。开挖后要对易崩塌之处用木条、板（竹）等支撑，遇到孔、洞等渗漏性大的地方，要结合施工材料用抛石、填灰土、三合土等方法处理。如岸壁土质良好，做适当修整后可进行后续施工。

(5) 人工湖岸墙防渗施工

人工湖防渗一般包括湖底防渗和岸墙防渗两部分。湖底由于不外露，又处于水平面，一般采用铺防水材料上覆土或混凝土的方法进行防渗；而湖岸处于立面，又有一部分露出水面，要兼顾美观，因此岸墙防渗比湖底防渗要复杂些，方法也较多样。

另外，在土工膜铺设及焊接验收合格后，应及时填筑保护层。

同时，必须按保护层施工设计进行，不得在垫层施工中破坏已铺设完工的土工膜。保护层施工工作面不宜上重型机械和车辆，应采用铺放木板、用手推车运输的方式。

(二) 岸坡工程

人工湖的平面形态是依靠岸边的围合来形成的。根据其构筑形式，岸又分为驳岸和护坡两种形式。驳岸是在水体边缘与陆地交界处，为稳定岸壁，保护水体不被冲刷或水淹等因素破坏而设置的垂直构筑物，由基础、墙体、盖顶等组成。护坡主要是保护坡面、防止雨水径流冲刷及风浪拍击，以保证岸坡稳定的一种水工措施。园林水景工程中，人工湖和许多种类的水体都涉及岸边建造问题，这种专门处理和建造水体岸边的建设工程，称为水体岸坡工程，包括驳岸工程和护坡工程。

1. 驳岸工程

（1）驳岸的作用

① 维持水体稳定，防止岸边塌陷。可以防止因冻胀、浮托、风浪的淘刷或超重荷载而导致的岸边塌陷，对维持水体稳定起着重要作用。

② 岸坡之顶可作为水边游览道。

③ 构成园景。提高水景的亲和性。岸坡也属于园林水景构成要素的一部分。

（2）破坏驳岸的主要因素

驳岸可分成湖底以下基础部分、常水位以下部分、常水位与最高水位之间的部分和不淹没的部分。

湖底地基直接坐落在不透水的坚实地基上是最理想的。否则由于湖底地基荷载强度与岸顶荷载不相适应而造成均匀或不均匀沉陷使驳岸出现纵向裂缝甚至局部塌陷。在冰冻地带湖水不深的情况下，常由于冻胀而引起地基变形。如以木桩作桩基则因腐烂，包括动物的破坏而造成朽烂。在地下水位高的地带则因地下水的浮托力影响基础的稳定。

常水位至湖底部分处于常年被淹没状态，其主要破坏因素是湖水浸渗。在我国北方寒冷地区则因水渗入驳岸内，冻胀后使驳岸断裂。湖面冰冻，冻胀力作用于常水位以下驳岸使常水位以上的驳岸向水面方向位移。而岸边地面冰冻产生的冻胀力也将常水位以上驳岸向水面方向推动。岸的下部则向陆面位移，这样便造成驳岸位移。常水位以下驳岸又是园内雨水管出水口，如安排不当，也会影响驳岸。

常水位至最高水位这部分驳岸经受周期性淹没，随水位上下的变化也形成冲刷。如果不设驳岸，岸土便被冲落。如果水位变化频繁则也使驳岸受冲蚀破坏。

最高水位以上不被淹没的部分，主要是受浪击、日晒和风化剥蚀。驳岸顶部则可能因超重荷载和地面水的冲刷遭到破坏。另外，由于驳岸下部被破坏也会引起上部受到破坏。

对于破坏驳岸的主要因素有所了解以后，再结合具体情况便可以做出防止和减少破坏的措施。

（3）驳岸的类型

园林水体岸坡设计中，首先要确定岸坡的设计形式，然后再根据具体建设条件进行岸坡的结构设计，最后才能完成岸坡的设计。

① 依据断面形状划分。水体驳岸的断面形状决定其外观的基本形象，园林内的水体岸坡有下述几种。

垂直岸：岸壁基本垂直于水面。在岸边用地狭窄时，或在小面积水体中，采用这种驳岸形式可节约岸边用地。在水位有涨落变化的园林水体中，这种驳岸不能适应水位的涨落。枯水期有岸口显得太高。

悬挑岸：岸壁基本垂直，岸顶石向水面悬挑出一小部分，水面仿佛延伸到了岸口以下。这种驳岸适宜在广场水池、庭院水池等面积较小的、水位能够人为控制的水体中采用。

斜坡岸：岸壁呈斜坡状，岸边用地需比较宽阔。这种驳岸比较能适应水位的涨落变化，并且岸景比较自然。当水面比较低、岸顶比较高时，采用斜坡岸能降低岸顶，避免因岸口太高而引起的视觉上的不舒适。

② 按照景观特点划分。如果以景观特点为划分依据，园林水体驳岸常见的有以下类型。

山石驳岸：采用天然山石，不经人工整形，顺其自然石形砌筑成崎岖、曲折凹凸变化的自然山石驳岸。这种驳岸适用于水石庭院、园林湖池、假山山涧等水体。

干砌大块石驳岸：这种驳岸不用任何胶结材料，只是利用大块石的自然纹缝进行拼接镶嵌。在保证砌叠牢固的前提下，使块石前后错落，多有变化，以造成大小深浅、形状各异的石峰、石洞、石槽、石孔、石峡等。由于这种驳岸缝隙密布，生态条件比较好，有利于水中生物的繁衍，因而广泛适用于多数园林湖池水体。

浆砌块石驳岸：这种驳岸是采用水泥砂浆，按照重力式挡土墙的方式砌筑块石驳岸，并用水泥砂浆抹缝，使岸壁壁面形成冰裂纹、松皮纹等装饰性缝纹。这种驳岸能适应大多数园林水体使用。

整形石砌体驳岸：利用加工整形成规则形状的石格，整齐地砌筑成条石砌体驳岸。这种驳岸规则整齐、工程稳固性好，但造价较高，多用于较大面积的规则式水体。

石砌台阶式岸坡：结合湖岸坡地形式游船码头的修建，用整形石条砌筑成梯级形状的岸坡。这样不仅可适应水位的高低变化，还可以利用阶梯作为休息坐凳，吸引游人靠近水边赏景、休息或垂钓，以增加游园的兴趣。

砖砌池壁：用砖砌体做成垂直的池岸。砖砌体墙面常用水泥砂浆抹面，以加固墙体、光洁墙面和防止池水渗漏。这种池壁造价较高，适用于面积较小的造景水池。

钢筋混凝土池壁：以钢筋混凝土材料做成池壁和池底，整齐性、光洁性和防渗漏性都最好，但造价高，并且适于重点水池和规则式水池。

板桩式驳岸：使用材料较广泛，一般可用混凝土桩、板等砌筑。岸壁较薄，因此不宜用于面积较大的水体，而是适用于局部的驳岸处理。

卵石及其贝壳岸坡：将大量的卵石、砾石与贝壳按一定级配与层次堆积于斜坡的岸边，既可适应池水涨落的冲刷，又可带来自然风采。有时将卵石或贝壳黏于混凝土上，组成形形色色的花纹图案，能倍增观赏效果。

③ 根据结构形式划分。按结构形式可将园林驳岸可分为重力式、后倾式、板桩式和混合式等几种。

重力式驳岸：这种驳岸主要是依靠墙身自重来保证岸壁的稳定，并抵抗墙背的土压力。这类岸坡在北方使用较为普遍，特别是在水面辽阔、风浪较大处，一般都采用此种形式的岸坡。这种岸坡多用混凝土或毛石材料砌筑而成。

后倾式驳岸：它是重力式岸坡的特殊形式，墙身后倾，受力合理，坚固耐用，工程量小，比重力式经济。一般在岸线固定、地质情况较好处可采用这种形式的岸坡。

板桩式驳岸：采用钢筋混凝土或木桩做支墩，加插入的钢筋混凝土板（或木板）组成这种岸坡。支墩靠横拉条和锚板连接来固定，板与支墩的连接形式分为板插入支墩和板紧靠支墩。其特点是施工快、灵活、体积小、造价低，土体不高时尤其合适，但冲刷地段不宜用此形式。

混合式驳岸：这类岸坡有两种形式。一是上部用块石护坡，下部采用重力式块石岸坡。这是块石护坡和后倾式相混合的岸坡，其特点是：既避免了因全部采用重力式岸坡而使施工进度慢，经济指标高，又避免了因全部采用块石护坡而不设重力式岸坡，造成护坡滩面太大的问题，同时抗冲刷效果也明显。二是桩板重力式混合岸坡。桩板作为下部结构，重力式为上部结构，组成桩板式重力岸坡。一般多用于湖底基础条件不好的环境。

④ 根据驳岸平面位置和岸顶高程的确定。与城市河湖接壤的驳岸，应按照城市规划河道系统规定的平面位置建造。园林内部驳岸则根据设计图纸确定平面位置，技术设计图上应该以常水位线显示水面位置。整形驳岸，岸顶宽度一般为30～50cm。如驳岸有所倾斜则根据倾斜度和岸顶高程向外推求。

岸顶高程应比最高水位高出一段距离，一般是高出25cm至1m。一般情况下驳岸以贴近水面为好。在水面积大、地下水位高、岸边地形平坦的情况下，对于人流稀少的地带可以考虑短时间被洪水淹没以降低由大面积垫土或增高驳岸的造价。

驳岸的纵向坡度应根据原有地形条件和设计要求安排，不必强求平整，可随地形有缓和地起伏，起伏过大的地方甚至可做成纵向阶梯状。

⑤ 水体驳岸设计不同。园林环境中，水体的形状、面积和基本景观各不相同，其驳岸的表现形式和结构形式也相应有所不同。在什么样的水体中选用什么样的岸坡，要根据岸坡本身的适用性和环境景观的特点来确定。

在规则式布局的园林环境中，如园景广场、规则式水体，一般要选择整齐、光洁性良好的岸坡形式，如钢筋混凝土池壁、砖砌池壁、整形石砌驳岸等。一些水景形式如喷泉池、瀑布池、滴泉池、休闲泳池等，也应采用这些岸坡形式。

园林中大面积或较大面积的河、湖、池塘等水体，可采用很多形式的岸坡，如浆砌块石驳岸、整形石砌驳岸、石砌台阶式岸坡等。为了降低工程总造价，也可采用一些简易的驳岸形式，如干砌大块石驳岸和浆砌卵石驳岸等。在岸坡工程量比较大的情况下，这些种类的岸坡施工进度可以比较快，有利于缩短工期。另外，采用这些岸坡也能使大面积水体的岸边景观显得比较规整。

对于规整形式的砌体岸坡，设计中应明确规定砌块要错缝砌筑，不得齐缝，而缝口外的勾缝，则勾成平缝、阳缝都可以，一般不勾成阴缝，具体勾缝形式可视整形条石的砌筑情况而定。

对于具有自然纹理的毛石，可按重力式挡土墙砌筑。砌筑时砂浆要饱满，并且顺着自然纹理，按冰裂式勾成明缝，使岸壁壁面呈现冰裂纹。在北方冻害区，应于冰冻线高约1m外嵌块石混凝土，以抗冻害侵蚀破坏。为隐蔽起见，可做成人工斩假石状。但岸坡过长时，这种做法显得单调无味。

山水庭园的水池、溪涧中，根据需要可选用更富于自然特质的驳岸形式，如草坡驳岸、山石驳岸（局部使用）等。庭院水池也常用砖砌池壁、混凝土池壁、浆砌块石池壁等。为了丰富岸边景观并与叠山理水相结合，可利用就地取材的山石（如南方的黄石、太湖石、石灰岸风化石，北方的虎皮石、北太湖石、青石等），置于大面积水体的岸边，拼砌成凹深凸浅、纹理相顺、颜色协调、体态各异的自然山石驳岸。在岸线凸出的地方，再立一些峰石、剑石，增加山石的景观效果。为使游人更能接近水面，在湖池岸边可设挑出水面的山石蹬道。邻近水面处还可设置参差不齐的礁石，并与水边的石矶相结合，时而平卧，进而竖立；有的翘首昂立，剑指蓝天；有的低伏水面，半浸碧波，让人坐踏其上，戏水观鱼怡然自得。此外，还可在山石缝隙间栽植灌木花草，点缀岸坡，展示自然美景。

自然山石驳岸在砌筑过程中，要求施工人员的技艺水平较高，而且工程造价比较高，因此，一般都不是大量应用于园林湖池作为岸坡，而是与草皮岸坡、干砌大块石驳岩等结合起来使用。

就一般大、中型园林水体来说，只要岸边用地条件能够满足要求，就应当尽量采用草皮岸坡。草皮岸坡的景色自然优美，工程造价不高，很适用于岸坡工程量大的情况。

草皮岸坡的设计要点是：在水体岸坡常水位线以下层段，采用干砌石块或浆砌卵石做成斜坡岸体。常水位以上，则做成低缓的土坡，土坡用草皮覆盖，或用较高的草丛布置成草丛岸坡。草皮缓坡或草丛缓坡上，还可以点缀一些低矮灌木，进一步丰富水边景观。

⑥园林常见驳岸结构。

砌石驳岸：砌石驳岸是园林工程中最为主要的护岸形式。它主要依靠墙身自重来保证岸壁的稳定，抵抗墙后土壤的压力。园林驳岸的常见结构由基础、墙身和压顶三部分组成。

基础——驳岸承重部分，上部质量经基础传给地基。要求基础坚固，埋入湖底深度不得小于50cm，基础宽度要求在驳岸高度的0.6~0.8倍范围内。

墙身——基础与压顶之间的主体部分，墙身承受压力最大，主要来自垂直压力、水的水平压力及墙后土壤侧压力。墙身要确保一定厚度，为避免因温差变化而引起墙体破裂，一般每隔10~25m设伸缩缝一道，缝宽20~30mm。另外还需要设置沉降缝。

压顶——驳岸最上部分，作用是增强驳岸稳定，阻止墙后土壤流失，美化水岸线。压顶用混凝土或大块石做成，宽度为30~50cm。

桩基驳岸：桩基是常用的一种水工地基处理手法。主要作用是增强驳岸的稳定，防止驳岸的滑移或倒塌，同时可加强土基的承载力。通过桩尖将上部荷载传给下面的基础或坚实土层；或者利用摩擦，借木桩侧表面与泥土间的摩擦力将荷载传到周围的土层中，以达到控制沉陷的目的。

桩基驳岸由核基、碎填料、盖桩石、混凝土基础、墙身和压顶等部分组成。卡当石是桩间填充的石块，主要是保持木桩的稳定。盖桩石为桩顶浆砌的条石，作用是找平桩顶以便浇灌混凝土基础。碎填料多用石块，填于桩间，主要是保持木桩的稳定。基础以上部分与砌石驳岸相同。

桩基有木桩、石桩、灰土桩和混凝土桩、竹桩、板桩等。木桩要求耐腐、耐湿、坚固，如柏木、松木、橡树、榆树、杉木等。桩木的规格取决于驳岸的要求和地基的土质情况，一般直径为10~15cm，长1~2m，弯曲度（d/1）小于1%。桩木的排列常布置成梅花桩、"品"字桩或马牙桩。梅花桩一般每平方米5个桩。

灰土桩是先打孔后填灰土的桩基做法，常配合混凝土用，适用于岸坡水淹频繁而木桩又容易腐蚀的地方。混凝土桩坚固耐久，但投资较大。

竹篱、板桩驳岸：驳岸打桩后，基础上部临水面墙身由竹篱（片）或板片镶嵌而成，适用于临时性驳岸。竹篱驳岸造价低廉，取材容易，施工简单，工期短，能使用一定年限，凡盛产竹子，如毛竹、大头竹、勒竹、撑篙竹的地方均可采用。施工时，竹桩、竹篱要涂上一层柏油防腐。竹桩顶端由竹节处截断以防雨水积聚，竹片镶嵌要直顺、紧密、牢固。

钢筋混凝土驳岸：钢筋混凝土驳岸稳定性好，结构坚固，通常用于水流冲刷较大、地质情况较差的水体；其缺点是成本较高，并且外观形式较生硬、单一，园林中不易与景观相协调。

(4) 驳岸施工

水体驳岸的施工材料、施工做法，随岸坡的设计形式不同而有差别。但在多数岸坡种类的施工中，也有一些共同的要求。在一般岸坡施工中，都应坚持就地取材的原则。就地取材是建造岸坡的前提，它可以减少投入在砖石材料及其运输上的工程费用，有利于缩短工期，也有利于形成地方土建工程的特色。

驳岸施工前必须放干湖水，或分段堵截围堰逐一排空。以块石驳岸为例，施工流程如下：

砌石驳岸施工工艺流程为：放线→挖槽→夯实地基→浇筑混凝土基础→砌筑岸墙→砌筑压顶。

放线：依据施工设计图上的常水位线来确定驳岸的平面位置，并在基础两侧各加宽 20cm 放线。

挖槽：一般采用人工开挖，工程量大时可采用机械挖掘。为了保证施工安全，挖方时要保证足够的工作面，对需要放坡的地段，务必按规定放坡。

夯实地基：基槽开挖完成后将基槽夯实，遇到松软的土层时，必须铺一层 14～15cm 厚的灰土 (石灰与中性黏土之比为 3∶7) 加固。

浇筑基础：采用块石混凝土基础。浇注时要将块石垒紧，不得列置于槽边缘。然后浇筑 M15 或 M20 水泥砂浆，基础厚度为 400～500mm，高度常为驳岸高度的 0.6～0.8 倍。灌浆务必饱满，要渗满石间空隙。

北方地区冬季施工时可在砂浆中加 3%～5% 的 $CaCl_2$ 或 NaCl 用以防冻。

砌筑岸墙：M5 水泥砂浆砌块石，砌缝宽 1～2cm，每隔 10～25m 设置伸缩缝，缝宽 3cm，用板条、沥青、石棉绳、橡胶、止水带或塑料等材料填充，填充时最好略低于砌石墙面。缝隙用水泥砂浆勾满。如果驳岸高差变化较大，应做沉降缝，宽 20mm。另外，也可在岸墙后设置暗沟，填置沙石排除墙后积水，保护墙体。

砌筑压顶：压顶宜用大块石 (石的大小可视岸顶的设计宽度选择) 或预制混凝土板砌筑。砌时顶石要向水中挑出 5～6cm，顶面一般高出最高水位 50cm，必要时也可贴近水面。桩基驳岸的施工可参考上述方法。

2. 护坡工程

在园林中，自然山地的陡坡、土假山的边坡、园路的边坡和湖岸池边的陡坡，有时为了顺其自然不做驳岸，而是改用斜坡伸向水中做成护坡。防坡主要是防止滑坡、减少地面水和风浪的冲刷，以保证岸坡的稳定，常见的有草坪护坡、花坛式护坡、石钉护坡、预制框格护坡、截水沟护坡、编柳抛石护坡等。

(1) 园林护坡的类型

① 块石护坡在岸坡较陡、风浪较大的情况下，或因为造景的需要，在园林中常使用块石护坡。护坡的石料，最好选用石灰岩、砂岩、花岗岩等比重大、吸水率小的顽石。在寒冷的地区还要考虑石块的抗冻性，且石块的比重应不小于2。如火成岩吸水率超过1%或水成岩吸水率超过1.5%（以重量计）则应慎用。

② 园林绿地护坡。

草皮护坡：当岸壁坡角在自然安息角以内，地形变化在1:5～1:20间起伏，这时可以考虑用草皮护坡，即在坡面种植草皮或草丛，利用土中的草根来固土，使土坡能够保持较大的坡度而不滑坡。

花坛式护坡：将园林坡地设计为倾斜的图案、文字类模纹花坛或其他花坛形式，既美化了坡地，又起到了护坡的作用。

石钉护坡：在坡度较大的坡地上，用石钉均匀地钉入坡面，使坡面土壤的密实度增长，抗坍塌的能力也随之增强。

预制框格护坡：一般是用预制的混凝土框格，覆盖、固定在陡坡坡面，从而固定、保护坡面，坡面上仍可种草种树。当坡面很高、坡度很大时，采用这种护坡方式比较好。因此，这种护坡最适于较高的道路边坡、水坝边坡、河堤边坡等的陡坡。

截水沟护坡：为了防止地表径流直接冲刷坡面，而在坡的上端设置一条小水沟，以阻截、汇集地表水，从而保护坡面。

编柳抛石护坡：采用新截取的柳条十字交叉编织。编柳空格内抛填厚200～400mm的块石，块石下设厚10～20cm的砾石层以利于排水和减少土壤流失。柳格平面尺寸为1m×1m或0.3m×0.3m，厚度为30～50cm。柳条发芽便成为较坚固的护坡设施。

近年来，随着新型材料的不断应用，用于护坡的成品材料也层出不穷，不论采用哪种形式的护坡，它们最主要的作用基本上都是通过坚固坡面表土的形式，防止或减轻地表径流对坡面的冲刷，使坡地在坡度较大的情况下也不至于坍塌，从而保护了坡地，维持了园林的地形地貌。

(2) 坡面构造设计

各种护坡工程的坡面构造，实际上是比较简单的。它不像挡土墙那样，要考虑泥土对砌体的侧向压力。护坡设计要考虑的只是如何防止陡坡的滑坡和如何减轻水土流失。根据护坡做法的基本特点，下面将各种护坡方式归入植被护坡、预制框格护坡和截水沟护坡三种坡面构造类型，并对其设计方法给予简要的说明。

① 植被护坡的坡面设计。这种护坡的坡面是采用草皮护坡、灌丛护坡或花坛护坡方式所做的坡面，这实际上都是用植被来对坡面进行保护，因此，这三种护坡的

坡面构造基本上是一样的。一般而言，植被护坡的坡面构造从上到下的顺序是：植被层、坡面根系表土层和底土层。各层的构造情况如下。

植被层：植被层主要采用草皮护坡的，植被层厚15~45cm；采用花坛护坡的，植被层厚25~60cm；采用灌木丛护坡的，则灌木层厚45~180cm。植被层一般不用乔木做护坡植物，因乔木重心较高，有时可因树倒而使坡面坍塌。在设计中，最好选用须根系的植物，其护坡固土作用比较好。

坡面根系表土层：用草皮护坡与花坛护坡时，坡面保持斜面即可。若坡度太大，达到60°以上时，坡面土壤应先整细并稍稍拍实，然后在表面铺上一层护坡网，最后才撒播草种或栽种草丛、花苗。用灌木护坡，坡面则可先整理成小型阶梯状，以方便栽种树木和集蓄雨水。为了避免地表径流直接冲刷陡坡坡面，还应在坡顶部顺着等高线布置一条截水沟，以拦截雨水。

底土层：坡面的底土一般应拍打结实，但也可不做任何处理。

② 预制框格护坡的坡面设计。预制框格是由混凝土、塑料、铁件、金属网等材料制作的，其每一个框格单元的设计形状和规格大小都可以有许多变化。框格一般是预制生产的，在边坡施工时再装配成各种简单的图形。用锚和矮桩固定后，再往框格中填满肥沃土壤，土要填得高于框格，并稍稍拍实，以免下雨时流水渗入框格下面，冲刷走框底泥土，使框格悬空。

③ 截水沟护坡的设计。截水沟一般设在坡顶，与等高线平行。沟宽20~45cm，深20~30cm，用砖砌成。沟底、沟内壁用1:2水泥砂浆抹面。为了不破坏坡面的美观，可将截水沟设计为盲沟，即在截水沟内填满砾石，砾石层上面覆土种草。从外表看不出坡顶有截水沟，但雨水流到沟边就会下渗，然后从截水沟的两端排出坡外。

（3）块石护坡施工

① 放线挖槽。

② 砌坡脚石。保证顶面标高。

③ 铺倒滤层。注意摊铺厚度，下厚上薄。

④ 铺砌块石。由下而上铺砌，块石呈"品"字形排列，打掉过于突出的棱角，并挤压倒滤层使之密实入土。石块间缝隙用碎石填满、垫平。

⑤ 勾缝。用M7.5砂浆勾缝，也可不勾缝。

园林护坡既是一种土方工程，又是一种绿化工程；在实际的工程建设中，这两方面的工作是紧密联系在一起的。在进行设计之前，应当仔细踏勘坡地现场，核实地形图资料与现状情况，针对不同的矛盾提出不同的工程技术措施。特别是对于坡面绿化工程，要认真调查坡面的朝向、土壤情况、水源供应情况等条件，为科学地选择植物和确定配置方式，以及制定绿化施工方法，做好技术上的准备。

（三）人工水池

水池在城市园林中用途很广。它可以改善小气候条件，降温和增加空气湿度。又可起美化市容、重点装饰环境的作用，如布置在广场中心、门前或门侧、园路尽端以及与亭、廊、花架等组合在一起。水池中还可种植水生植物、饲养观赏鱼和设喷泉、灯光等。水池平面形状和规模主要取决于园林总体规划以及详细规划中的观赏与功能要求，水景中水池的形态种类众多，深浅和材料也各不相同。

水池多取人工水源，设置进水、溢水、泄水的管线和循环水设施，池壁和池底须人工铺砌且壁底一体的盛水构筑物。

1. 水池分类

（1）按布局分类

① 整形式。其平面既可以是各种各样的几何形，又可做立体几何形的设计，如圆形、方形、长方形、多边形或曲线、曲直线结合的几何形组合。

② 自然式。自然式水池是指模仿大自然中的天然水池。其特点是平面曲折有致，宽窄不一。虽由人工开凿，却宛若自然天成，无人工痕迹。池面宜有聚有分，大型水池聚处则水面辽阔，有水乡弥漫之感。视面积大小不同进行设计，小面积水池聚胜于分，大面积水池则应有聚有分。

（2）按功能分类

① 喷水池。由喷泉水景构成的水池景观，主要观赏喷水的各种形式。

② 观鱼池。在池中饲养各种观赏鱼类的水池。

③ 水生植物池。在池中种植各类水生植物。

④ 假山水池。在水池中构建假山，形成山水相依的景观。

⑤ 戏水池。用于水上游戏、活动的水池。

2. 水池的基本构造

（1）池底

为保证不漏水，宜采用防水混凝土。为防止裂缝，应适当配置钢筋。池底可利用原有土石，也可用人工铺筑沙土砾石或钢筋混凝土做成。其表面要根据水景的要求，选用深色的或浅色的池底镶嵌材料进行装饰，以示深浅。如池底加进镶嵌的浮雕、花纹、图案，则池景更显得生动活泼。室内及庭院水池的池底常采用白色浮雕，如美人鱼、贝壳、海螺之类，构图颇具新意，装饰效果突出，渲染了水景的寓意和水环境的气氛。

·为保证不漏水，宜采用防水混凝土，如 C10 混凝土，厚 200～300mm。

·为防止裂缝，应适当配置钢筋，如钢筋混凝土：$\varphi8 \sim 12$、@200、C15 $\sim$ 20混凝土，厚100 $\sim$ 150mm。

·大型水池还应考虑适当设置伸缩缝、沉降缝（每隔10 $\sim$ 25m设伸缩缝一道，缝宽20 $\sim$ 25mm）这些构造缝应设止水带，用柔性防漏材料填塞。

·为便于泄水，池底须具有不少于5‰的坡度。

(2) 池壁

起围护的作用，要求防漏水，与挡土墙受力关系相类似，分为外壁和内壁，内壁做法同池底，并同池底浇筑为一整体。

(3) 池顶

强化水池边界线条，使水池结构更稳定；用石材压顶，其挑出的长度受限，与墙体连接性差；用钢筋混凝土做压顶，其整体性好。

① 压顶形式。为了使波动的水面很快平静下来，形成镜面倒影，可以将水池壁做成有沿口的压顶，使之快速消能，并减少水花向上溅溢。压顶若无沿口，有风浪时碰击沿口，水花飞溅，有强烈动感，也有另一番情趣。压顶做成坡顶、圆顶、平顶均可，讲究一点则可做成双饰面与贴面，视觉效果更佳。

② 溢流壁沿

方角：使水流溅落有前冲感，形成富有层次与角度的水幕。

圆角：使水流垂直下落，形成平衡水幕。

双圆角：能使水池水面平滑柔顺地下落到低水面，避免干扰已形成的静水面倒影。

(4) 进水口

水池的水源一般为人工水源（自来水等），为了给水池注水或补充水，应当设置进水口。进水口可以设置在隐蔽处或结合山石布置。

(5) 泄水口

为便于清扫、检修和防止停用时水质腐败或结冰，水池应设泄水口。水池应尽量采用重力方式泄水，也可利用水泵的吸水口兼作泄水口，利用水泵泄水。泄水口的入口也应设格栅或格网。

(6) 溢水口

为防止水满从池顶溢出到地面，同时为了控制池中水位，应设置溢水口。

3. 水池设计

(1) 平面设计

造景湖池的平面形状直接影响到湖池的水景形象表现及其风景效果。根据曲线岸边的不同围合情况，水面可设计成多种形状，如肾形、葫芦形、兽皮形、钥匙形、菜刀形、聚合表等。水池平面设计主要是与所在环境的气氛、建筑和道路的线型特征和视线关系相协调统一。水池的平面轮廓要"随曲合方"，即体量与环境相称，轮廓与广场走向、建筑外轮廓取得呼应与联系。要考虑前景、框景和背景的因素。不论规则式、自然式、综合式的水池都要力求造型简洁大方而又具有个性的特点。

水池平面设计主要显示其平面位置和尺度。标注池底、池壁顶、进水口、溢水口和泄水口、种植池的高程和所取剖面的位置。

（2）立面设计

水池立面设计反映主要朝向各立面处理的高度变化和立面景观。水池壁顶与周围地面要有合宜的高程关系。既可以高于路面，也可以持平或低于路面做成沉床水池。一般所见水池的通病是池壁太高而看不到多少池水。池边允许游人接触则应考虑坐池边观赏水池的需要。池壁顶可做成平顶、拱顶和挑伸、倾斜等多种形式。水池与地面相接部分可做成凹入的变化。剖面应有足够的代表性，要反映从地基到壁顶各层材料的厚度。

（3）水池结构设计

水池的剖面设计应从地基至池壁顶注明各层的材料和施工要求。剖面应有足够的代表性。

（4）水池的管线设计

水池中的基本管线包括给水管、补水管、泄水管、溢水管等。有时给水与补水管道使用同一根管子。

（5）其他配套设计

在水池中可以布设卵石、汀步、跳水石、跌水台阶、置石、雕塑等园林元素，共同组成景观。

对于有跌水的水池，跌水线可以设计成规整或不规整的形式，是设计时重点强调的地方。

池底装饰可利用人工铺砌沙土、砾石或钢筋混凝土池底，再在其上选用池底装饰材料。

（6）水池的设计要点

① 确定水池的用途是观赏用、嬉水用还是养鱼用。如为嬉水，其设计水深应在30cm以下，池底做防滑处理，注意安全性。因儿童有可能饮用池中水，应尽量设置过滤装置。养鱼池，应确保水质，水深在30～50cm，并设置越冬用鱼巢。另外，为解决水质问题，除安装过滤装置外，还要做水除氯处理。

② 池底处理如水深30cm的水池，且池底清晰可见，应考虑对池底做相应的艺术处理。浅水池一般可采用与池床相同的饰面处理。普通水池常采用水洗豆砾石或

镶砌卵石的方式处理。瓷、砖石料铺砌的池底，如无过滤装置，脏污后会很难看。铺砌大卵石虽然耐脏，但不便清扫，各种池底都有其利弊。对游泳池而言，如为使池水显得清澈、洁净，可采用水色涂料或瓷砖、玻璃马赛克装饰池底。想突出水深，可把池底做深色处理。

③ 确定用水种类（自来水、地下水、雨水）以及是否需要循环装置。

④ 确认是否安装过滤装置。结养护费用有限又需经常进行换水、清扫的小型池，可安装氧化灭菌装置，基本上可以不用安装过滤装置。但考虑到藻类的生长繁殖会污染水质，还应设法配备过滤装置。

⑤ 确保循环、过滤装置的场所和空间，水池应配备泵房或水下泵井，小型池的泵井规模一般为 1.2m × 1.2m，井深需 1m 左右。

⑥ 设置水下照明。配备水下照明时，为防止损伤器具，池水需没过灯具 5cm 以上，因此，池水总深应保证达 30cm 以上。另外，水下照明设置尽量采用低压型。

⑦ 在规划设计中应注意瀑布、水池、溪流等水景设施的给排水管线与建筑内部设施管线的连接以及调节阀、配电室、控制开关的设置位置。同时对确保水位的浮球阀、电磁阀、溢水管、补充水管等配件的设置应避免破坏景观效果。水池的进水口与出水口应分开设置，以确保水循环均衡。

⑧ 水池的防渗漏。水池的池底与池畔应设隔水层。如需在池中种植水草，可在隔水层上覆盖 30 ~ 50cm 厚的覆土再进行种植。如在水中放置叠石则需在隔水层之上涂布一层具有保护作用的灰浆。而在生态调节水池中，可利用黏土类的截水材料防渗漏。

4. 水生植物池设计

在园林湖池边缘低洼处、园路转弯处、游憩草坪上或空间比较小的庭院内，适宜设置水生植物池。水生植物池具有自然的野趣、鲜活的生趣和小巧水灵的情趣，为园林环境带来新鲜景象。水生植物池分为规则式和自然式两种形式。

(1) 规则式水生植物池设计

规则式水生植物池是用砖砌成或用钢筋混凝土做成池壁和池底，水生植物池与一般规则式水池不同的是池底的设计。前者常设计为台阶状池底，而后者一般为平底。为适应不同水生植物对池内水深的需要，水池池底要设计成不同标高的梯台形，而且梯台的顶面一般还应设计为槽状，以便填进泥土作为水生植物的栽种基质。

在栽植水生植物的过程中，要注意将栽入池底槽中或盆栽的水生植物固定好，根窠部分要全埋入泥中，避免上浮。泥土表面还应盖上一层小石子，把表土压住，这样有利于保持池水清洁。

小面积的水生植物池，其水深不宜太浅。如果水太浅，则池水的水量太少，在

夏季强烈阳光长期曝晒下，水温将会升高。当水温超过40℃时，植物便可能枯死。

（2）自然式水生植物池设计

自然式水生植物池不需砌筑池壁和池底，就地挖土做成池塘。创建自然式水生植物池，宜选地势低洼阴湿之处。首先挖地深80～100cm，将水体平面挖成自然的池塘形状，将池底挖成几种不同高度的台地状；然后夯实池底，布置一条排水管引到池外，管口必须设置滤网。池子使用后，可以通过排水管排出过多的水，对水深有所控制。

排水布置好后，铺上一层砾石或卵石，厚7cm左右。在砾石层之上，铺粗沙厚5cm。最后在粗沙垫层上平铺肥沃泥土，厚度20～30cm。泥土可用一般腐殖土或泥炭土与菜园土混合而成，要呈酸性反应。在池边，如果配置一些自然山石，半埋于土中，可以使水景景观显得更有野趣。

水生植物池所栽种的湿生、水生植物通常有菖蒲、石菖蒲、香蒲、芦苇、慈姑、荸荠、水田芥、半夏、三白草、苦荞麦、萍蓬草、小毛毡苔、莲花、睡莲等。

（3）水生植物种植池设计要点

第一，室外水生植物造景以有自然水体或与附近的自然水体相通为好。流动的水体能更新水质，减少藻类繁衍。

第二，一些水生植物不能露地过冬，多做盆栽处理。这种方便的栽植方法不但可保持水质的干净，有利于对植物的控制，还便于替换植株，更新设计。

第三，水生植物水池在构筑时应设有进水口、排水口、溢水口等设施，水深一般控制在1.5m以内。

第四，新池建好后，不仅要进行水池的养护管理，而且要对注入的池水进行处理，特别是城市自来水中的消毒剂，对水生植物生长不利，应将池水放置一段时间再进行水生植物的种植。

5.水池施工

（1）刚性结构水池施工

刚性结构水池施工也称为钢筋混凝土水池，池底和池壁均配钢筋，因此寿命长、防漏性好，适用于大部分水池。

刚性结构水池的施工过程：施工准备→池面开挖→池底施工→浇筑混凝土池壁→混凝土抹灰→试水。

①施工准备。

混凝土配料：基础与池底——水泥1份、细沙2份、粒料4份（C_2O）；池底与港壁——水泥1份、细沙2份、0.6～2.5锄粒料3份（C15）；防水层——防水剂3份或其他防水卷材；池底池壁采用425号以上普通硅酸盐水泥，水灰比≤0.55，粒料直径不大于40mm，吸水率不大于1.5%，混凝土抹灰和砌砖抹灰用325号或425号水泥。

添加剂：常用U型混凝土膨胀剂、加气剂、氯化钙促凝剂、缓凝剂、着色剂。

②场地放线。根据设计图纸定点放线。放线时，水池的外轮廓应包括池壁厚度。为使施工方便，池外沿应各边加宽50cm，用石灰或黄沙放出起挖线，每隔5~10cm（视水池大小）打一小木桩，并标记清楚。方形（含长方形）水池，直角处要校正，并最少打3个桩；圆形水池，应先定出水池的中心点，再用线绳（足够长）以该点位圆心、水池宽的1/2为半径（注意池壁厚度）画圆，石灰标明，即可放出圆形轮廓。

③池基开挖。根据现场施工条件确定挖方方法，可用人工挖方，也可人工结合机械挖方。开挖时一定要考虑池底和池壁的厚度。如为下沉式水池，应做好池壁的保护。挖至设计标高后，池底应整平并夯实，再铺上一层碎石、碎砖作底。如果池底设置有沉泥池，应结合池底开挖同时施工。

池基挖方会遇到排水问题，工程中常用基坑排水，这是既经济又简易的排水方法。此法是沿池基边挖成临时性排水沟，并每隔一定距离在池基外侧设置集水井，再通过人工或机械抽水机排走，以确定施工顺利进行。

④池底施工。池底现浇混凝土要在1d内完成，必须一次浇注完毕。先在底基上浇铺一层5~15cm厚的混凝土浆作为垫层，用平板振荡器夯实，保养1~2d后，在垫层面测定池底中心，再根据设计尺寸放线定出柱基及池底边线，画出钢筋布线，依线绑扎钢筋，紧接着安装柱基和池底外围的模板。

依不同情况分别加以处理；浇灌混凝土垫层，钢筋布线、安模板；注意钢筋的固定与除锈处理；底板应一次浇完，不留施工缝；施工间歇时间不得超过混凝土的初凝时间；底板与池壁的施工缝可留在基础上20cm处。

⑤浇筑混凝土。池壁混凝土浇筑池壁施工技术：水泥标号不低于425号，选用普通硅酸盐水泥，石子最大粒径不大于40mm；池壁混凝土每立方水泥用量不少于320kg，含沙率为35%~40%，灰沙比为1：2~1：2.5，水灰比不大于0.6；固定模板的铁丝和螺栓不宜直接穿过池壁；浇筑池壁混凝土前施工缝表面凿毛、清除浮粒和杂物、冲洗干净、保持湿润，铺20~25mm水泥砂浆；浇筑混凝土应连续施工，不留施工缝；立即进行养护，充分保持湿润，养护时间不少于14昼夜。

浇注混凝土池壁须用木模板定型，木模板要用横条固定，并要有稳定的承重强度。浇注时，要趁池底混凝土未干时，用硬刷将边缘拉毛，使池底与池壁结合得更好。池底边缘处的钢筋要向上弯入与池壁结合部，弯入的长度应大于30cm，这种钢筋能最大限度地增强池底与池壁接合部的强度。

对于大型水池，池底和池壁不能一次连续浇筑时会产生施工缝，对于施工缝应当进行合理处理，避免发生渗漏。

⑥管道安装水池内还必须安装各种管道，这些管道需通过池壁，因此务必采取有效措施防漏。管道的安装要结合池壁施工同时进行。在穿过池壁之处要预埋套管，套管上加焊止水环，止水环应与套管满焊密实。安装时先将管道穿过预埋套管，然后一端用封口钢板套管和管道焊牢，再从另一端将套管与管道之间的缝隙用防水油膏等材料填充后，用封口钢板封堵严密。

对于溢水口、泄水口的处理，其目的是维持一定的水位和进行表面排污，保持水面清洁。常用溢水口形式有堰口式、漏斗式、管口式、联通式等，可视实际情况选择。水口应设格栅，泄水口应设于水池池底最低处，并使池底有不小于1%的坡度。

保养1～2d后，就可根据设计要求进行水池整个管网的安装，可与抹灰工序进行平行作业。

混凝土砖砌池壁施工技术：简化程序，适用于古典风格或设计规范的池塘。

⑦混凝土抹灰。混凝土抹灰在混凝土结构水池施工中是一道十分重要的工序，它能使池面平滑，易于保养。抹灰前应先将池内壁表面凿毛，不平处要铲平，并用水清洗干净。抹灰的灰浆要用325号（或425号）普通水泥配置砂浆，配合比1：2。灰浆中可加入防水剂或防水粉，也可加些黑色颜料，使水池更趋自然。抹灰一般在混凝土干后1～2d内进行。抹灰时，可在混凝土墙面上刷上一层薄水泥纯浆，以增加黏结力。通常先抹一层底层砂浆，厚度5～10mm；再抹第二层找平，厚度5～12mm；最后抹第三层压光，厚度2～3mm。池壁与池底结合处可适当加厚抹灰量，防止渗漏。

⑧压顶。池顶以砖、石块、石板、大理石或水泥预制板压顶；顶石稍向外倾，可部分放宽。

⑨试水。水池施工所用工序全部完成后，可以进行试水。试水的目的是检验水池结构的安全性及水池的施工质量。试水时应先封闭排水孔。由池顶放水，一般要分几次进水，每次加水深度视具体情况而定。每次进水都应从水池四周观察记录，无特殊情况可继续灌水直至达到设计水位标高。达到设计水位标高后，要连续观察7d，做好水面升降记录，外表面无渗漏现象及水位无明显降落说明水池施工合格。

（2）柔性结构水池施工

目前在工程实践中使用的有玻璃布沥青席水池、三元乙丙橡胶（EPDM）薄膜水池、再生橡胶薄膜水池、油毛毡防水层（二毡三油）水池等。

①沥青结构水池施工。施工前先准备好沥青席。方法是以沥青0号：3号

= 2：1调配好，按调配好的沥青30%、石灰石矿粉70%的配比，且分别加热至100℃，再将矿粉加入沥青锅拌匀，把准备好的玻璃纤维布（孔目8mm×8mm或者10mm×10mm）放入锅内蘸匀后慢慢拉出，确保黏结在布上的沥青层厚度为2～3mm，拉出后立即撒滑石粉，并用机械碾压密实，每块席长40m左右。

施工时，先将水池土基夯实，铺300mm厚3：7灰土保护层，再将沥青席铺在灰土层上，搭接长5～100mm，同时用火焰喷灯焊牢，端部用大块石压紧，随即铺小碎石一层。最后在表层散铺一层150～200mm厚卵石即可。

② 三元乙丙橡胶（EPDM）薄膜水池施工。EPDM薄膜类似于丁基橡胶，是一种黑色柔性橡胶膜，厚度3～5mm，能经受温度 −40℃～80℃，扯断强度 > 7.35N/mm^2，使用寿命可达50年，施工方便自重轻，不漏水，特别适用于大型展览用临时水池和屋顶花园用水池。

建造EPDM薄膜水池，要注意衬垫薄膜与池底之间必须铺设一层保护垫层（细沙、废报纸、旧地毯或合成纤维）。

四、溪流水景工程

溪流是园林流水中最常见的一种形式，是流水景观的典型代表。人们常常对自然的溪涧进行优化改造，对水岸线、河道、景石等要素进行适度整治和建设。当环境中没有自然溪流时，可根据设计需求建造溪涧，满足人们的需求。这种专门处理和建造溪涧的建设工程，称为溪涧工程。

（一）溪流设计

1.溪流平面形式

（1）平面线形

在平面线形设计中，溪涧走向宜曲折深远，宽度应开合收放，富有变化。溪涧宜曲不宜直，多弯曲以增长流程，显示源远流长，绵延不尽。溪涧弯曲一般采用"S"形或"Z"形，弯曲处须扩大，引导水体向下缓流。溪涧线形应流畅，回转自如。

（2）溪涧宽度

溪流宽度有几十厘米到几米宽，变化幅度较大，应根据场地大小以及景观设计主题来确定。

2.溪涧立面形态

溪涧在立面上要有高低变化，水流有急有缓，平缓的流水段具有宁静、平和、轻柔的视觉效果，湍急的流水段则容易泛起浪花和水声，更能引起游人的注意。溪涧的立面变化主要包括溪底形式、坡度和水深三个方面。

（1）溪底形式

溪涧的坡式即溪涧溪底纵向和横向的变化形式和坡度。常见的溪涧横断面有梯形、矩形、台阶形、弧线形四种形式。纵断面可为坡式或者梯式。

（2）坡度与水深

溪涧的坡度就是溪底的坡度。一般情况下，溪涧上游坡度宜大，下游坡度宜小。坡度的大小没有限制，可大致垂直90°，小至0.5%。在平地上其坡度宜小，在坡度上其坡度宜大，小型溪涧的坡度一般为1%～2%，能让人感到流水趣味的坡度是在3%以内的变化。最大的坡度一般不超过3%，因为超过3%河床会受到影响，如坡度超过3%应采取工程措施。

通常情况下，溪涧的水深通常为20～50cm，可涉入的溪流不深于300mm，溪底底面应做防滑处理。

（3）附属要素

溪涧中有河心滩、三角洲、河漫滩，岸边和水中有岩石、矶石、滚水坝（滚槛）、汀步、小桥等；岸边有若即若离、蜿蜒交错的小路。这些都属于溪涧的附属要素。

3. 溪流设计要点

（1）对游人可能涉入的溪流，其水深应设计在30cm以下，以防儿童溺水。同时，水底应做防滑处理。另外，对不仅用于儿童嬉水，还可游泳的溪流，应安装过滤装置（一般可将瀑布、溪流、水池的循环、过滤装置集中设置）。

（2）为使庭院更显开阔，可适当加大自然式溪流的宽度，增加其曲折度，甚至可以采取夸张设计。

（3）对溪底，可选用大卵石、砾石、水洗砾石、瓷砖、石料等铺砌处理，以美化景观。

（4）栽种石菖蒲、玉蝉花等水生植物处的水势会有所减弱，应设置尖桩压实种植土。

（5）水底与防护堤都应设防水层，防止溪流渗漏。

（二）溪流施工

1. 施工准备

主要环节是进行现场踏查，熟悉设计图纸，准备施工材料、施工机具、施工人员。对施工现场进行清理平整，接通水电，搭置必要的临时设施等。

2. 溪道放线

依据已确定的小溪设计图纸，用白粉笔、黄沙或绳子等在地面上勾画出小溪的轮廓，同时确定小溪循环用水的出水口和承水池间的管线走向。由于溪道宽窄变化多，放线时应加密打桩量，特别是转弯点。各桩要标注清楚相应的设计高程，变坡点（设计跌水之处）要作特殊标记。

3. 溪槽开挖

小溪要按设计要求开挖，最好掘成 U 形坑，因小溪多数较浅，表层土壤较肥沃，要注意将表土堆放好，作为溪涧种植用土。溪道开挖要求有足够的宽度和深度，以便安装散点石。溪道挖好后，必须将溪底基土夯实，溪壁拍实。如果溪底用混凝土结构，先在溪底铺 10～15cm 厚碎石层作为垫层。

4. 溪底施工

（1）混凝土结构

在碎石垫层上铺上沙子（中沙或细沙），垫层 2.5～5cm，盖上防水材料（EPDM、油毡卷材等），然后现浇混凝土（水泥标号、配比参阅水池施工），厚度 10～15cm（北方地区可适当加厚），其上铺 M7.5 水泥砂浆约 3cm，然后再铺素水泥浆 2cm，按设计种上卵石即可。

（2）柔性结构

如果小溪较小，水又浅，溪基土质良好，可直接在夯实的溪道上铺一层 2.5～5cm 厚的沙子，再将衬垫薄膜盖上。衬垫薄膜纵向的搭接长度不得小于 30cm，留于溪岸的宽度不得小于 20cm，并用砖、石等重物压紧。最后用水泥砂浆把石块直接站在衬垫薄膜上。

5. 溪壁施工

溪岸可用大卵石、砾石、瓷砖、石料等铺砌处理。和溪道底一样，溪岸也必须设置防水层，防止溪流渗漏。如果小溪环境开阔，溪面宽、水浅，可将溪岸做成草坪护坡，且坡度尽量平缓，临水处用卵石封边即可。

小河弯道处中心线弯曲半径一般不小于设计水面宽的 5 倍，有铺砌的河道弯曲半径不小于水面宽的 2.5 倍。

弯道迎水面应加固处理，如超高应砌筑加固等。弯道的超高一般不宜小于 0.3m，最小不得小于 0.2m，折角、转角处不应小于 90°。

6. 溪道装饰

为使溪流更自然有趣，可用较少的鹅卵石放在溪床上，这会使水面产生轻柔的涟漪。同时按设计要求进行管网安装，最后点缀少量景石，配以水生植物，饰以小桥、汀步等小品。

7. 试水

试水前应将溪道全面清洁和检查管路的安装情况，而后打开水源，注意观察水流及岸壁，如达到设计要求，则说明溪道施工合格。

五、瀑布跌水工程

瀑布是一种自然现象，是河床造成陡坎，水从陡坎处滚落下跌时，形成优美动人或奔腾咆哮的景观，因遥望下垂如布，故称为瀑布。

瀑布一般由背景、上游积聚的水源、落水口、瀑身、承水潭及下流的溪水组成。人工瀑布常以山体上的山石、树木组成浓郁的背景，上游积聚的水（或水泵动力提水）至瀑布口，瀑布口也称为落水口，其形状和光滑程度影响到瀑布水态，其水流量是瀑布设计的关键。瀑身是观赏的主体，落水后形成深潭经小溪流出。

（一）瀑布的组成

1. 水源

天然瀑布的水源来自江、河、溪涧等自然水，经落水 1 : 1 跌入瀑潭，再流走形成河流、溪涧。

2. 瀑布口

瀑布口是指瀑布的出水口，就是河床断裂的崖顶或坡顶，通常由山石形成。它的形状直接影响瀑身的形态和景观的效果。

3. 瀑身

从瀑布口开始到坠入潭中止，这一段的水是瀑身，是瀑布观赏的主体部分。水是没有形状的，瀑布的水造型除受出水口形状的影响外，瀑身所依附山体的造型是另一个重要的决定因素。所以瀑布的造型设计，实际上是根据瀑布水造型的设计要求进行山体造型设计和瀑布口设计的。由水体和背后山石组成，集中体现瀑布水流的动态和音响效果。

4. 瀑潭

瀑布上跌落下来的水，在地面上形成一个深深的水坑，这就是瀑潭或称盛水池。

（二）瀑布的类型

瀑布可以分为两类：一是水平瀑布，它的瀑面宽度大于瀑布的落差，如尼亚加拉大瀑布，宽度为 914m，落差为 50m。二是垂直瀑布，它的瀑面宽度小于瀑布的落差，如萨泰尔连德瀑布，它的瀑面不宽，而落差有 580m。

1. 按瀑布跌落方式分类

（1）直瀑

直瀑即直落瀑布。这种瀑布的水流是不间断地从高处直落下，直接落入其下的池、潭水面或石面。直瀑的落水能够造成声响喧哗，可为园林增添动态水声。

（2）分瀑

实际上是瀑布的分流形式，因此又叫作分流瀑布。它是由一道瀑布在跌落过程中受到中间物的阻挡，一分为二，再分成两道水流继续跌落。这种瀑布的水声效果也比较好。

（3）迭瀑

迭瀑也称为迭落瀑布，是由很高的瀑布分为几迭，一迭一迭地向下落。迭瀑适宜布置在比较高的陡坡坡地，其水形变化较直瀑、分瀑都大一些，水景效果的变化也多一些，但水声要稍小一点。

（4）滑瀑

滑瀑即滑落瀑布。其水流不是从瀑布口直落而下，而是顺着一个很陡的倾斜坡面向下滑落。斜坡表面所使用的材料质地情况决定着滑瀑的水景形象。斜坡若是光滑的表面，则滑瀑如一层薄薄的透明纸，在阳光照射下显示出湿润感和水光的闪耀；坡面若是凸起点（或凹陷点）密布的表面，水层在滑落过程中就会激起许多水花。斜坡面上的凸起点（或凹陷点）若做成有规律排列的图形纹样，则所激起的水花也可以形成相应的图形纹样。

2. 按瀑布口的设计形式分类

（1）布瀑

瀑布的水像一匹又宽又平的布一样飞落而下。

（2）带瀑

从瀑布口落下的水流，组成一排水带整齐地落下。

（3）线瀑

排线状的瀑布水流如同垂落的丝帘，这是线瀑的水景特色。

（三）瀑布设计

1. 人工瀑布用水量的估算

人工建造瀑布，其用水量较大，因此多采用水泵循环供水。水源要达到一定的供水量，根据以往经验，高 2m 的瀑布，每米宽度的流量约为 $0.5m^2 / min$ 较为适宜。

2. 瀑布工程设计

（1）顶部蓄水池的设计

蓄水池的容积要根据瀑布的流量来确定，要形成较壮观的景象，就要求其容积大；相反，如果要求瀑布薄如轻纱，就没有必要太深、太大。

（2）堰口处理

所谓堰口，就是使瀑布的水流改变方向的山石部位。其出水口应模仿自然，并以树木及岩石加以隐蔽或装饰，当瀑布的水膜很薄时，能表现出极其生动的水态，可以采用以下办法：

①用青铜或不锈钢制成堰唇，并使落水口平整、光滑。

②适当增加堰顶蓄水池的水深，以形成较为壮观的瀑布。

③堰顶蓄水池可采用花管供水，可在出水管口处设挡水板，以降低流速。一般应使流速不超过 0.9m/s 为宜。

④将出水口处山石做拉道处理，凿出细沟，设计成丝带状滑落。

(3) 瀑身设计

瀑布水幕的形态也就是瀑身，是由堰口及堰口以下山石的堆叠形式确定的。例如，堰口处的整形石呈连续的直线，堰口以下的山石在侧面图上的水平长度不超出堰口，则这时形成的水幕整齐、平滑，非常壮丽。堰口处的山石虽然在一个水平面上，但水际线伸出、缩进，可以使瀑布形成的景观有层次感。若堰口以下的山石，在水平方向上堰口突出较多，可形成两重或多重瀑布，这样瀑布就更加活泼而有节奏感。

瀑身设计表现瀑布的各种水态的性格。

在城市景观构造中，注重瀑身的变化，可创造多姿多彩的水态。天热瀑布的水态是很丰富的，设计时应根据瀑布所在环境的具体情况、空间气氛，确定设计瀑布的性格。设计师应根据环境需要灵活运用。

(4) 潭 (受水池)

天然瀑布落水口下面多为一个深潭。在做瀑布设计时，也应在落水口下面做一个受水池。为了防止落时水花四溅，一般的经验是使受水池的宽度不小于瀑身高度的 2/3。

(5) 与音响、灯光的结合

可利用音响效果渲染气氛，增强水声如波涛翻滚的意境。也可以把彩色的灯光安装在瀑布的对面，晚上就可以呈现出彩色瀑布的奇异景观。

3. 瀑布的设计要点

(1) 筑造瀑布景观，应师法自然，以自然的瀑布作为造景砌石的参考，来体现自然情趣。

(2) 设计前需先行勘查现场地形，以决定大小、比例及形式，并依此绘制平面图。

(3) 瀑布设计有多种形式，设计时要考虑水源的大小、景观主题，并依照岩石组合形式的不同进行合理的创新和变化。

(4) 庭园属于平坦的地形时，瀑布不宜设计过高，以免看起来不自然。

（5）为节约用水，减少瀑布水量损失，平时可装置循环水流系统的水泵。

（6）出水口应以岩石及植物进行遮蔽，切忌露出塑胶水管，否则将破坏水景的自然效果。

（7）岩石间的固定除用石与石互相咬合外，目前常用水泥或其他胶结材料进行加固，但应尽量以植栽掩饰，以免破坏自然山水的意境。

4. 瀑布施工

（1）施工工艺流程

施工准备→定点放线→基坑（槽）开挖→瀑道与承水潭施工→管线安装→扫尾→试水→验收。

（2）施工方法

① 施工准备。进行现场检查、熟悉设计图纸，准备施工材料、机具、人员。清理施工现场，搭建施工必需的临时设施。

② 定点放线。依据确定的施工图纸用画线工具勾画出瀑布的轮廓，并注意落水口与承水潭的高程关系。如瀑布属掇山类型，平面上应将掇山位置采取"宽打窄用"的方法放出外轮廓，此类瀑布施工最好先按比例做出模型，以便施工时进行参考。同时应注意循环供水线路的方位走向。

③ 基坑（槽）开挖。一般情况下采用人工开挖的方式，挖方时需经常与施工图核对，避免过量，保证落高程的正确。如瀑道为多层跌落方式，更应注意各层的基底设计高程。承水潭开挖时遇到排水问题可采用基坑排水的方式。

④ 瀑道与承水潭施工。瀑道施工按照设计要求开挖，承水潭的施工可参照水池的施工。瀑布堰口的做法根据瀑布设计内容所讲方法处理可保证有较好的出水效果。

⑤ 管线安装。对于埋地管应结合漫道基础施工同步进行。露出部分的管道在混凝土施工 1~2d 后进行安装，出水口管段在山石掇砌完毕后再进行连接。

⑥ 扫尾。根据设计要求进行扫尾，对瀑身和承水潭进行必要的点缀装饰，如栽种卵石、水草，铺细沙、散石等，根据要求安装灯光等附属工作。

⑦ 试水。试水前应将承水潭全面清洁并检查管路的安装情况。打开水源后观察水流及瀑身，如达到设计要求则说明施工合格。

⑧ 验收。依据设计要求进行检查验收，验收合格后，合同双方应签订竣工验收证书。施工单位应将全套验收资料整理装订成册，交建设单位存档。

（四）跌水水景

1. 跌水的含义

跌水本质上是瀑布的变异，它强调一种规律性的阶梯落水形式，跌水的外形就像一道楼梯，其构筑的方法和前面的瀑布基本一样，只是它所使用的材料更加自然美观，如经过装饰的砖块、混凝土、厚石板、条形石板或铺路石板，目的是取得规则式设计所严格要求的几何结构。台阶有高有低，层次有多有少，有韵律感及节奏感，构筑物的形式有规则式、自然式及其他形式，故产生了形式不同、水量不同、水声各异的丰富多彩的跌水景观。它是善用地形、美化地形的一种理想的水态，具有很广泛的利用价值。

2. 跌水的类型

跌水的形式有多种，其落水的水态可分为以下几种形式：

（1）单级式跌水

单级式跌水也称为一级跌水。溪流下落时，如果无阶状落差，即为单级跌水。单级跌水由进水口、胸墙、消力池及下游溪流组成。

（2）二级式跌水

溪流下落时，具有两阶落差的跌水。通常上级落差小于下级落差。二级式跌水的水流量比单级式跌水小，故下级消力池底厚度可适当减小。

（3）多级式跌水

溪流下落时，具有三阶及以上落差的跌水。多级式跌水一般水流量较小，因而各级均可设置蓄水池（或消力池），水池可为规则式也可为自然式，视环境而定。

（4）悬臂式跌水

悬臂式跌水的特点是：其落水口处理与瀑布落水口泄水石处理极为相似，它是将泄水石突出成悬臂状，使水能泄至池中间，因而落水更具魅力。

（5）陡坡跌水

陡坡跌水是以陡坡连接高、低渠道的开敞式过水构筑物。园林中多应用于上、下水池的过渡。由于坡陡水流较急，需有稳固的基础。

3. 跌水施工

（1）施工流程

以钢筋混凝土结构为例，主要施工方法如下：

定点放线→基坑（槽）开挖→基础施工→支模板→钢筋施工→混凝土施工→防水层施工→贴面装饰→试水。

（2）施工方法

①测量放线，根据设计图放跌水步级位置和标高控制线，然后按放样开挖基槽。开挖基槽后重新对基槽平面位置、标高进行放样。

②基坑开挖采用人工进行，基坑开挖时必须严格按测量放线位置进行开挖，在开挖过程中随时检查其开挖尺寸是否满足要求，否则不准进入下一道工序施工。

③ 对基土进行碾压、夯实，对软弱土层要进行处理。分层夯实，填土质量进行国家标准《建筑地基与基础工程施工质量验收规范标准》（GB 50202—2018）中的有关规定，填土时应为最优含水量，取土样按击实验确定最优含水量与相应的最大干密度。基土应均匀密实，压实系数应符合设计要求，应小于 0.94。

第一，3∶7灰土垫层：严格按规范施工，灰和土严格过筛，土粒径不大于15mm，灰颗粒不大于 5mm，搅拌均匀才能回填，机械碾压夯实。灰土回填厚度不大于 250mm，同时注意监测含水率，认真做好压实取样工作。

第二，混凝土垫层施工：混凝土垫层应采用粗骨料，其最大粒径不应大于垫层粒径的 2／3，含泥量不大于 5%；沙为中粗沙，其含泥量不大于 3%，垫层铺设前其下一层应湿润，垫层应设置伸缩缝，混凝土垫层表面的允许偏差值应不大于 ±10mm。

④ 支模板。

第一，模板及其支架应具有承载能力、刚度和稳定性，能可靠地承受浇注混凝土的重量、侧压力以及施工荷载。

第二，板的接缝不应漏浆，模板与混凝土的接触面应清理干净，并涂隔离层。

第三，模板安装的偏差应符合施工规范规定，如轴线位置 5mm、表面平整度5mm、垂直度 6mm。

⑤ 钢筋工程。

第一，纵向受力钢筋的连接方式应符合设计要求。

第二，钢筋安装位的偏差，网的长宽不大于 ±10mm，保护层不大于 +3mm，预埋件与中心线位置不大于 ±5mm。

⑥ 混凝土施工。

第一，结构混凝土的强度等级必须符合设计要求。

第二，混凝土运输、浇筑及间歇的全部时间不应超过混凝土的初凝时间。同一施工段的混凝土应连续浇筑，并应在底层混凝土初凝之前将上一层混凝土浇筑完毕。

第三，施工缝的位置应在混凝土浇筑前按设计要求和施工技术方案确定。

第四，对有抗渗要求的混凝土，浇水养护时间不得少于 14d。

第五，现浇混凝土拆模后，应由监理单位、施工单位对外观质量尺寸偏差进行检查，做出记录，并及时按技工技术方案对缺陷进行处理。

⑦ 防水层施工先在做好的基础混凝土上铺设 20 厚水泥砂浆保护层，然后铺贴SBS 防水卷材，铺设完成后再在上面摊铺 20 厚水泥砂浆保护层。

⑧ 贴面装饰根据设计要求，对跌水水池及水道进行装饰施工。贴面材料可选择卵石、花岗岩、玻璃等材料。

⑨ 试水前全面检查并进行清洁，打开水源注意观察水流与承水池，如达到设计要求则施工合格。

⑩ 验收依据设计要求进行检查验收。

六、喷泉工程

喷泉是园林理水的手法之一，是利用压力使水从孔中喷向空中，再自由落下的一种优秀的造园水景工程，它以壮观的水姿、奔放的水流、多变的水形，深得人们喜爱。近年来，由于技术的进步，出现了多种造型喷泉、构成抽象形体的水雕塑和强调动态的活动喷泉等，大大丰富了喷泉构成水景的艺术效果。在我国喷泉已成为园林绿化、城市及地区景观的重要组成部分，越来越得到人们的重视和欢迎。

首先，喷泉可以为园林环境提供动态水景，丰富城市景观，这种水景一般都被作为园林的重要景点来使用。其次，喷泉对其一定范围内的环境质量还有改良作用。它能够增加局部环境中的空气湿度，并增加空气中负氧离子的浓度，减少空气尘埃，有利于改善环境质量，有益于人们的身心健康。它可以陶冶情怀，振奋精神，培养审美情趣。正因为如此，喷泉在艺术上和技术上才能够不断地发展，不断地创新。

(一) 喷泉的类型及布置

1. 现代喷泉类型

随着喷头设计的改进、喷泉机械的创新以及喷泉与电子设备、声光设备等的结合，喷泉的自由化、智能化和声光化都将有更大的发展，将会带来更加美丽、更加奇妙和更加丰富多彩的喷泉水景效果。

（1）程控喷泉

程控喷泉是将各种水型、灯光，按照预定的排列组合进行控制程序的设计，通过计算机运行控制程序发出控制信号，使水型、灯光实现多姿多彩的变化。另外，喷泉在实际制作中还可分为水喷泉、旱喷泉及室内盆景喷泉等。

（2）音乐喷泉

音乐喷泉是在程序控制喷泉的基础上加入音乐控制系统，计算机通过对音频及MIDI信号的识别，进行译码和编码，最终将信号输出到控制系统，使喷泉及灯光的变化与音乐保持同步，从而达到喷泉水型、灯光及色彩的变化与音乐的完美结合，使喷泉表演更生动，更加富有内涵。

（3）旱泉

喷泉放置在地下，表面饰以光滑美丽的石材，可铺设成各种图案和造型。水花从地下喷涌而出，在彩灯照射下，地面如五颜六色的镜面，将空中飞舞的水花映衬得无比娇艳，使人流连忘返。停喷后，不妨碍交通，可照常行人，非常适合于宾馆、饭店、商场、大厦、街景小区等。

(4) 跑泉

尤适合于江、河、湖、海及广场等宽阔的地点。计算机控制数百个喷水点，随音乐的旋律超高速跑动，或瞬间形成排山倒海之势，或形成委婉起伏波浪式，或组成其他的水景，衬托景点的壮观与活力。

(5) 室内喷泉

各类喷泉都可采用。控制系统多为程控或实时声控。娱乐场所建议采用实时声控，伴随着优美的旋律，水景与舞蹈、歌声同步变化，相互衬托，使现场的水、声、光、色完美地结合，极具表现力。

(6) 层流喷泉

层流喷泉又称为波光喷泉，采用特殊层流喷头，将水柱从一端连续喷向固定的另一端，中途水流不会扩散，不会溅落。白天，就像透明的玻璃拱柱悬挂在天空，夜晚在灯光照耀下，如雨后的彩虹，色彩斑斓。适用于各种场合与其他喷泉相组合。

(7) 趣味喷泉

子弹喷泉：在层流喷泉基础上，将水柱从一端断续地喷向另一端，如子弹出膛般迅速准确地射到固定位置，适用于各种场合与其他的喷泉相结合。

鼠跳喷泉：一段水柱从一个水池跳跃到另一个水池，可随意启动，当水柱在数个水池之间穿梭跳跃时即构成鼠跳喷泉的特殊情趣。

时钟喷泉：用许多水柱组成数码点阵，随时反映日期、小时、分钟及秒的运行变化，构成独特趣味。

游戏喷泉：一般是旱泉形式，地面设置机关控制水的喷涌或音乐控制，游人在其间不小心碰触到，则忽而这里喷出雪松状水花，忽而那里喷出摇摆飞舞的水花，捉摸不定。适合于公园、旅游景点等，具有较强的营业性能。

乐谱喷泉：用计算机对每根水柱进行控制，其不同的动态与时间差反映在整体上即构成形如乐谱般起伏变化的图形，也可把7个音阶做成踩键，控制系统根据游人所踩旋律及节奏控制水型变化，娱乐性强，适用于公园、旅游景点等，具有营业性能。

喊泉：由密集的水柱排列成坡形，当游人通过话筒时，实时声控系统控制水柱的开与停，从而显示所喊内容，趣味性很强，适用于公园、旅游景点等，具有极强的营业性能。

(8) 激光喷泉

配合大型音乐喷泉设置一排水幕，用激光成像系统在水幕上打出色彩斑斓的图形、文字或广告，既渲染美化了空间又起到宣传、广告的效果。适用于各种公共场合，具有极佳的营业性能。

（9）水幕电影

水幕电影是通过高压水泵和特制水幕发生器，将水自上而下，高速喷出，雾化后形成扇形"银幕"，再由专用放映机将特制的录影带投射在"银幕"上，形成水幕电影。当观众在观赏电影时，扇形水幕与自然夜空融为一体，当人物出入画面时，好似人物腾起飞向天空或自天而降，产生一种虚无缥缈和梦幻的感觉，令人神往。

2. 喷泉的布置形式

（1）普通装饰性喷泉。是由各种普通的水花图案组成的固定喷水型喷泉。

（2）与雕塑结合的喷泉。喷泉的各种喷水花与雕塑、观赏柱等共同组成景观。

（3）水雕塑。用人工或机械塑造出各种大型水柱的姿态。

（4）自控喷泉。用各种电子技术，按设计程序控制水、光、音、色形成多变奇异的景观。

3. 喷泉的布置要点

在选择喷泉位置，布置喷水池周围的环境时，要考虑喷泉的主题、形式，使它们与环境相协调。把喷泉和环境统一考虑，用环境渲染和烘托喷泉，并达到美化环境的目的，也可借助喷泉的艺术联想，创造意境。

（1）所确定的主题与形式要与环境相协调

把喷泉和环境统一起来考虑，用环境渲染和烘托喷泉，以达到装饰环境的目的。或者借助特定喷泉的艺术联想进行意境创作。

（2）根据场所选择喷泉类型

喷水池的形式有自然式和规则式两类。一般多设于建筑广场的轴线焦点、端点和花坛群中，也可以根据环境特点，做一些喷泉小景，布置在庭院中、门口两侧、空间转折处、公共建筑的大厅内等地点，采取灵活的布置，自由地装饰室内外空间。

喷水的位置可居于水池中心，组成图案；也可以偏于一侧或自由地布置。要根据喷泉所在地的空间尺度来确定喷水的形式、规模及喷水池的大小比例。

（二）喷泉的组成

一个完整的喷泉系统一般由喷头、管道、水泵三部分组成，对于大型喷泉还有必需的相关附属构筑物。

1. 喷泉工作原理

水泵吸入池水并对水加压。然后通过管道将有一定压力的水输送到喷头处，最后水从喷头出水口喷出。由于喷头类型不同，其出水的形状也不同，因而喷出的水流呈现各种不同的形态。

如果要考虑夜间效果，喷泉中还要布置灯光系统，主要用水下彩灯和陆上射灯组合照明。

2. 喷头种类及特点

喷头根据工作方式及喷射类型不同有如下分类。

(1) 单射流喷头

单射流喷头是喷泉中应用最广的一种喷头，是压力水喷出的最基本形式。它不仅可以单独使用，也可以组合、分布为各种阵列，形成多种式样的喷水水形图案。

(2) 喷雾喷头

这种喷头内部装有一个螺旋状导流板，使水进行圆周运动，水喷出后，形成细细的弥漫的雾状水滴，在阳光照射下可形成七色彩虹。噪声小，用水量少。

(3) 环形喷头

喷头的出水口为环形断面，即外实内空，使水形成集中而不分散的环形水柱。

(4) 旋转喷头

利用压力水由喷嘴喷出时的反作用力或其他动力带动回转器转动，使喷嘴不断地旋转运动，从而丰富了喷水造型，喷出的水花或欢快旋转或飘逸荡漾，形成各种扭曲线形，婀娜多姿。

(5) 扇形喷头

这种喷头的外形很像扁扁的鸭嘴，能喷出扇形的水膜或像孔雀开屏一样美丽的水花构成。

(6) 多孔喷头

可以由多个单射流喷嘴组成一个大喷头，也可以由平面、曲面域半球形的带有很多细小孔眼的壳体构成喷头。它们能呈现出造型各异盛开的水花，如常用的三层花喷头、凤尾喷头等。

(7) 组合式喷头

由两种或两种以上形体各异的喷嘴，根据水花造型的需要，组合成一个大喷头，即组合式喷头。它能够形成较复杂的花形。

(8) 蒲公英喷头

又名水晶头喷头，球体停喷时造型似蒲公英，独立或组合成景，银光闪闪，气势壮观。对水质要求高，必须装滤网。

(9) 吸力喷头

利用压力水的喷出，在喷嘴处形成负压，以此吸入水或空气，并将水和空气混合一起喷出。水柱的体积大，呈白色。可分为吸水、加气和吸水加气喷头三种。常用的有玉柱、雪松、涌泉、鼓泡等类型。

3.喷泉控制方式

（1）手阀控制

这是最常见和最简单的控制方式，在喷泉的供水管上安装手控调节阀，用来调节各段中水的压力和流量，形成固定的喷水姿态。

（2）继电器控制

通常利用时间继电器按照设计的时间程序控制水泵、电磁阀、彩色灯等的启闭，从而实现可以自动变换的喷水水姿。

（3）音响控制

声控喷泉是用声音来控制喷泉喷水形变化的一种自控泉。它一般由以下几部分组成：

①声—电转换、放大装置通常是由电子线路或数字电路、计算机等组成。

②执行机构常使用电磁阀。

③动力设备即水泵。

④其他设备主要由管路、过滤器、喷头等组成。

声控喷泉的原理是将声音信号转变为电信号，经放大及其他一些处理，推动继电器电子式开关，再去控制设在水路上的电磁阀的启闭，从而达到控制喷头水流动的通断。随着声音的变化，人们可以看到喷水大小、高矮和形态的变化。要能把人们的听觉和视觉结合起来，使喷泉喷射的水花随着音乐优美的旋律而翩翩起舞。因此，也被誉为"音乐喷泉"或"会跳舞的喷泉"。这种音乐喷泉控制的方式很多。

（4）电脑控制

计算机通过对音频、视频、光线、电流等信号的识别，进行译码和编码，最终将信号输出到控制系统，使喷泉及灯光的变化与音乐变化保持同步，从而达到喷泉水型、灯光、色彩、视频等与音乐情绪的完美结合，使喷泉表演更生动，更加富有内涵。

4.喷泉照明

喷泉照明与一般照明不同。一般照明是要在夜间创造一个明亮的环境，而喷泉照明是要突出水花的各种风姿。因此，它要求有比周围环境更高的亮度，而被照明的物体又是一种无色透明的水，这就要利用灯具的各种不同的光分布和构图，形成特有的艺术效果，营造开朗、明快的气氛，供人们观赏。

为了既能保证喷泉照明取得华丽的艺术效果，又能防止观众产生炫目，布光是非常重要的。照明灯具的位置，一般是在水面下 5~10cm 处。在喷嘴的附近，以喷水前端高度的 1/5~1/4 以上的水柱为照射的目标；或以喷水下落到水面稍上的部位为照射的目标。如果喷泉周围的建筑物、树丛等的背景是暗色的，则喷泉水的飞花下落的轮廓，会被照射得清清楚楚。

5.喷泉构筑物

(1) 喷水池

喷水池是喷泉的重要组成部分。其本身不仅能独立成景，起点缀、装饰、渲染环境的作用，而且能维持正常水位以保证喷水。可以说喷水池是集审美功能与实用功能于一体的人工水景。喷水池由基础、防水层、池底、压顶等部分组成。

喷水池的形状、大小应根据周围环境和设计需要而定。形状可以灵活设计，但要求富有时代感；水池大小要考虑喷高，喷水越高，水池越大，一般水池半径为最大喷高的 1~1.3 倍，平均池宽可为喷高的 3 倍。实践中，如用潜水泵供水，吸水池的有效容积不得小于最大一台水泵 3min 的出水量。水池水深应根据潜水泵、喷头、水下灯具等的安装要求确定，其深度不能超过 0.7m。否则，必须设置保护措施。

(2) 泵房

泵房是指安装水泵等提水设备的常用构筑物。在喷泉工程中，凡采用清水离心泵循环供水的都要设置泵房。泵房的形式按照泵房与地面的关系分为地上式泵房、地下式泵房和半地下式泵房三种。

地上式泵房的特点是泵房建于地面上，多采用砖混结构，其结构简单，造价低，管理方便，但有时会影响喷泉环境景观，实际中最好和管理用房配合使用，适用于中小型喷泉。地下式泵房建于地面之下，园林用得较多，一般采用砖混结构或钢筋混凝土结构，特点是需做特殊的防水处理，有时排水困难，会因此提高造价，但不影响喷泉景观。

(3) 阀门井

有时要在给水管道上设置给水阀门井，根据给水需要可随时开启和关闭，便于操作。给水阀门井内安装截止阀控制。

① 给水阀门井一般为砖砌圆形结构，由井底、井身和井盖组成。井底一般采用 C10 混凝土垫层，井底内径不小于 1.2m，井壁应逐渐向上收拢，且一侧应为直壁，便于设置铁爬梯。井口呈圆形，直径为 600mm 或 700mm。井盖采用成品铸铁井盖。

② 排水阀门井用于泄水管和溢水管的交接，并通过排水阀门井排进下水管网。泄水管道要安装闸阀，溢水管接于阀后，确保溢水管排水畅通。

(三) 喷泉的给排水系统

喷泉的水源应为无色、无味、无有害杂质的清洁水。因此，喷泉除用城市自来水作为水源外，其他像冷却设备和空调系统的废水等也可作为喷泉的水源。

1. 喷泉的给水方式

喷泉用水的给水方式，一般有以下几种：

（1）对于流量在 2～3L/s 以内的小型喷泉，可直接由城市自来水供水，使用过后的水排入城市雨水管网。

（2）为保证喷水具有稳定的高度和射程，给水需经过特设的水泵房加压。喷出后的水仍排入城市雨水管网。

（3）为了保证喷水有必要的、稳定的压力和节约用水，对于大型喷泉，一般采用循环供水。循环供水的方式既可以设水泵房，也可以将潜水泵直接放在喷水池或水体内低处，循环供水。

（4）在有条件的地方，可以利用高位的天然水源供水，用毕排除。

为了保持喷水池的卫生，大型喷泉还可设专用水泵，以供喷水池水的循环，使水池的水不断流动，并在循环管线中设过滤器和消毒设备，以清除水中的杂物、藻类和病菌。

喷水池的水应定期更换。在园林或其他公共绿地中，喷水池的废水可以和绿地喷灌或地面洒水等结合使用，做水的二次使用处理。

2. 喷泉管线布置

喷泉管网由输水、配水、补给水、溢水、泄水等组成。

管道布置要点：

（1）在小型喷泉中，管道可直接埋在土中。在大型喷泉中，如管道多而且复杂时，主要管道敷设在能通行人的渠道中，在喷泉的底座下设检查井。只有非主要的管道布置管可直接敷设在结构物中，或置于水池内。

（2）为了使喷泉获得等高的射流，喷泉配水管网多采用环形十字供水。

（3）由于喷水池内水的蒸发及在喷射过程中一部分水被风吹走等造成喷水池内水量的损失，因此，在水池中应设补给水管。补水管和城市给水管连接，并在管上设浮球阀或液位继电器，随时补充池内水量的损失，以保持水位稳定。

（4）为了防止因降雨使池水上涨造成溢流，在池内应设溢水管，直通城市雨水井，应有不小于 3% 的坡度，在溢水口外应设拦污栅。

（5）为了便于清洗和在不使用的季节把池水全部放完，水池底部应设泄水管，直通城市雨水井，也可结合绿地喷灌或地面洒水另行设计。

（6）在寒冷地区，为防止冬季冻害，所有管道均应有一定坡度，一般不小于 2%，以利于冬季将管内的水全部排出。

（7）连接喷头的水管不能有急剧的变化。如有变化，必须使水管管径逐渐由大变小，且在喷头前必须有一段适当长度的直管，一般不小于喷头直径的 20～50 倍，以保持射流稳定。

（8）对每个或每一组具有相同高度的射流，应有自己的调节设备。通常用阀门调节流量和水头。

3. 喷泉水力计算及水泵选型

各种喷头因流速、流量不同，喷出的水型组合会有很多变化，如果流速和流量达不到预定的要求则不能形成设计的水型效果，因此喷泉设计必须经过水力计算，主要计算喷泉总流量、管径和扬程。

喷泉用水泵以离心泵、潜水泵最为普遍。单级悬壁式离心泵特点是领先泵内的叶轮旋转所产生的离心力将水吸入并压出，它结构简单，使用方便，扬程选择范围大，应用广泛，常有 IS 型、DB 型。潜水泵使用方便，安装简单，不需要建造泵房，主要型号有 QY 型、QD 型、B 型等。

（1）水泵性能水泵选择

水泵性能水泵选择要做到"双满足"，即流量满足、扬程满足。所以先要了解水泵的性能，再结合喷泉水力计算结果最后确定泵型。通过铭牌能基本了解水泵的规格及主要性能。

水泵型号：按流量、扬程、尺寸等给水泵编的型号，有新旧两种型号。

水泵流量：指水泵在单位时间内的出水量，单位用 m^3 或 L / s 表示。

水泵扬程：指水泵总扬水高度。

允许吸上真空高度：是防止水泵在运行时产生气蚀现象，通过试验而确定的吸水安全高度，其中已留有 0.3m 的安全距离。该指标表明水泵的吸水能力，是水泵安装高度的依据。

（2）泵型选择

选择水泵流量：如果水源比较充足，则主要根据最大需水量来确定水泵的型号规格。

选择水泵扬程：所选水泵铭牌上的扬程应该大于实际输水高度。一般情况下，应比实际扬程大 20% 左右。同样，水泵吸水扬程（允许吸上真空高度）也应该大于实际吸水扬程，否则水泵很难将水抽到预定高度。

选择水泵：水泵的选择依据所确定的总流量、总扬程，查水泵铭牌即可选定。如喷泉需用两个或两个以上水泵提水（水泵并联，流量增加，压力不变；水泵串联，流量不变，压力增大），用总流量除以水泵数求出每台水泵流量，再利用水泵性能表选泵。查表时若两种水泵都适用，应优先选择功率小、效率高、叶轮小、重量轻的型号。

选择动力电源：一般照明电源是 220V，选购 220V 电源的微型泵较为经济方便。

注意泵安装尺寸的配套。

4. 喷泉的管线及附件

(1) 水管

喷泉管道一般为钢管 (镀锌钢管) 和 UPVC 给水管。

(2) 水管附件

① 钢管连接件。

直通 (接头)：等径、变径。

分支：三通、四通，也有等径、变径。

方向改变：90°和45°弯头。

② 水流控制件。

闸阀：调节管道的水量和水压的重要设备。

手阀：以手动方式来控制阀门的开阀。

电磁阀：通过电流来控制阀门之开闭，即通→开，断→闭。

5. 喷泉照明及线路

(1) 喷泉照明方式

① 固定照明和变化照明。

固定照明：灯光不变化。

变化照明：闪光照明或灯光明暗变化及部分灯亮、部分灯暗之变化。

② 水上照明和水下照明。

水上照明：水上射灯将不同颜色的光线投射到水柱上，对于高大的水柱采用这种方式照明效果较好，适宜大型喷泉照明。

水下照明：水下彩灯是一种可以放入水中的密封灯具，有红、黄、蓝、绿等颜色。水下彩灯一般装在水面以下 5～10cm 处，光线透过水面投射到喷泉水柱上，水柱有晶莹剔透的透明感，同时可照射出水面的波纹。如果采用多种颜色的彩灯照射，水柱则会呈现出缤纷的色彩。

(2) 线路布置

水上照明按一般照明要求：水下照明须用专门水下彩灯，并用水下电缆作为供电线。开关、配电盘等与控制房或泵房等放在一起。水下接线要用水下密封接线盒。

(四) 喷泉设计

1. 喷泉水形设计

喷泉水形是由喷头的种类、组合方式及俯仰角度等几个方面的因素共同造成的。喷泉水形的基本构成要素，就是由不同形式喷头喷水所产生的不同水形，即水柱、水带、水线、水幕、水膜、水雾、水花、水泡等。由这些水形按照设计构思进行不同的组合，就可以创造出千变万化的水形设计。

水形的组合造型也有很多方式，既可以采用水柱、水线的平行直射、斜射、仰射、俯射，也可以使水线交叉喷射、相对喷射、辐状喷射、旋转喷射，还可以用水线穿过水幕、水膜，用水雾掩藏喷头，用水花点击水面等。

从喷泉射流的基本形式来分，水形的组合形式有单射流、集射流、散射流和组合射流四种。

2. 喷泉设计要点

（1）喷水的水姿、高度因喷头形状及工作水压而异，而且喷头位置不同，如水上或水下，其出水形态也会有所不同。在设计前应就所选用的喷头产品向厂家做详细的咨询。

（2）喷水易受风吹影响而飞散，设计时应慎重选择喷泉的位置及喷水高度。

（3）应使用滤网等过滤设施，以防收入尘沙等堵塞喷头。

（4）水盘的出水系统较为简单，如无须过高喷水，在喷头上加普通的不锈钢即可。其水泵也可用住宅水池常用的简易水下泵。

（5）水盘的边缘即落水口需做适当的处理，如做水槽，或做成花瓣形状，防止水流向水盘下部贴流。

（6）水下照明器具通常安装在接水池中，如需安装在水盘内，应设法避免器具直接进入观赏者的视线。

（7）水盘等水景设施有时会被布置在大厅等室内的环境中，此时，应使用不锈钢管并做防水层，进行双重防水，预防渗漏。

3. 旱泉

旱泉又称为埋地式喷泉，采用直流式或可升降造型喷头，不喷水时，可作为广场或步行街使用。

下部构造有集水池式和集水沟式。在集水池或集水沟中设集水坑，坑上设铁箅，过滤杂物。回收水应经沙滤处理后，才可供给喷头。

（五）喷泉工程施工

喷泉工程的施工程序，一般是先按照设计将喷泉池和地下水泵房修建起来，并在修建过程中结合着进行必要的给水排水主管道安装。待水池、泵房建好后，再安装各种喷水支管、喷头、水泵、控制器、阀门等，最后才接通水路，进行喷水试验和喷头及水形调整。

1. 喷泉池施工

（1）熟悉设计图纸和掌握工地现状

设计意图，掌握设计手法，进行施工现场勘查。

（2）编制各种计划图表

根据工程的具体要求，编制施工预算，落实工程承包合同，编制施工计划、绘制施工图表、制定施工规范、安全措施、技术责任制及管理条例等。

（3）准备工作

① 布置临时设施。

② 组织材料、机具进场，各种施工材料、机具等应有专人负责验收登记。

③ 做好劳务调配工作，应视实际的施工方式及进度计划合理组织劳动力。

（4）回水槽施工

① 核对永久性水准点，布设临时水准点，核对高程。

② 测设水槽中心桩，管线原地面高程，施放挖槽边线，划定堆土、堆料界线及临时用地范围。

③ 槽开挖时严格控制槽底高程，决不超挖，槽底高程可以比设计高程提高10cm。

④ 槽底素土夯实。

原材料的选用：为了降低水化热，采用 32.5 级矿渣水泥；采用 5～31.5mm 的连续径粒碎石；采用深井地下水搅拌；在混凝土中掺和 UEA 膨胀剂和超缓型高效泵送剂，补偿混凝土的收缩，延缓水化物的释放，减少底板的温度应力，提高可泵性；在混凝土中掺入粉煤灰，提高可加工性，增大结构密度和增强耐久性。

浇筑方法：要求一次性浇筑完成，不留施工缝，加强池底及池壁的防渗水能力。混凝土浇筑采用从底到上"斜面分层、循序渐进、薄层浇筑、自然流淌、连续施工、一次到顶"的浇筑方法。

振捣：应严格控制振捣时间、振捣点间距和插入深度，避免各浇筑带交接处的漏振。提高混凝土与钢筋的握裹力，增大密实度。

表面及泌水处理：浇筑成型后的混凝土表面水泥砂浆较厚，应按设计标高用刮尺刮平，赶走表面泌水。初凝前，反复碾压，用木抹子搓压表面 2～3 遍，使混凝土表面结构更加致密。

混凝土养护：为保证混凝土施工质量，控制温度裂缝的产生，采取蓄水养护。蓄水前，先盖一层塑料薄膜，再盖一层草袋，进行保湿临时养护。

（5）自检验收

施工结束后严格按规范拆除各种辅助材料，对水体水面、水岩及喷水池进行清洁消毒处理，进行自检，如排水、供电、彩灯、花样等，一切正常后，开始准备验收资料。

2. 喷泉管路施工

（1）工艺流程

管路系统加工进场→施工准备→支架定位安装→管路系统安装→水泵安装→喷头、阀门安装→通水冲洗→水型调试。

（2）施工步骤

① 管路系统加工进场各种材料、设备进场应先由质检员对其进行检查，无质量问题，通知建设方、监理检查，符合设计及规范要求后，才能进场使用。

② 安装准备。认真熟悉图纸，根据施工方案决定的施工方法和技术交底的具体措施做好准备工作。参看有关专业设备安装图，核对各种管路的坐标、标高，管路排列所用的空间是否合理。有问题及时与设计和有关人员研究解决。

焊条、焊剂应放置于通风、干燥和室温不低于5℃的专设库房内，设专人保管、烘焙和发放，并应及时做好实测温度和焊条发放记录。烘焙温度和时间应严格按厂家说明书的规定进行。烘焙后的焊条应保存在100℃～150℃的恒温箱内，药皮应无脱落和明显的裂纹。现场使用的焊条应装入保温筒，焊条在保温筒内的时间不宜超过4h，超过后，应重新烘焙，重复烘焙次数不宜超过2次，焊丝使用前应清除铁锈和油污。

③ 支架安装。

第一，清除设备基础表面的油污、碎石、泥土、积水，并清理预埋钢板的顶面。

第二，确定管路支架的位置，根据加工图进行支架的加工。

第三，测出支架的高度，并做好标记，场外进行下料，支架采用国标热镀锌角钢。下料时两端切口要平直并去毛刺和卷边。

第四，将支架与地埋铁焊接牢固，焊口处应用砂轮机打磨平整并做锈漆、防腐处理。

第五，复测其坐标和标高，准确方可进行下道工序。

④ 管路系统安装。喷泉主管路需在场外按设计要求加工成型后运至现场，安装采用法兰连接方式，支管、支架与主管连接采用焊接方式。

直管道拼装要按照设计图及场外加工完的序号逐一安装，确保各节管中心对齐，两节管法兰间用法兰垫垫好后将螺丝带上，用扳手带上并检查法兰垫是否完好。

弯形管安装要注意各节弯管中心的吻合和管口倾斜。当弯形管安装时，将其中心对准首装节钢管的中心，如有偏移，及时调整或查看对接管顺序是否准确，使其中心一致。弯形管安装2～3节后，必须检查调整，以免误差积累，造成以后处理困难。斜管安装方法和弯形管相同。

管路放置要按图纸设计要求放平稳，并复核出水口的位置和方向是否准确，较大的管件需要多人同时安装的，就位后应由两人或多人同时扶稳，待连接件或抱箍固定牢固才能撤离。

管道固定后要检查水平度、垂直度、进出水口是否符合设计要求，否则不能进行下道工序。

主管路安装完成后，按照图纸水形设计将各个支管按部位分类并点数，确定齐全无误后进场统一安装。

⑤水泵安装。

第一，找平：水泵采用法兰与管路连接的，安装前先检查主管路连接水泵的法兰是否平整，用水平仪在泵的出口法兰面进行量测，保证纵向安装和横向安装水平垂直度符合要求。对于解体安装的泵，在水平中分面、轴的外露部分、底座的水平加工面上进行测量，并选用相匹配的法兰垫。

第二，泵就位安装：将水泵就位，与管路法兰对接，带上螺栓将水泵固定，并用水平靠尺将水泵调垂直，拧紧螺母。

第三，泵与管路连接后，做校正复核，由于与管路连接而不正常时，调整管路。

⑥喷头、阀门安装。

第一，喷头严格按照技术要求进行安装。

第二，对有方向性的阀门不得装反，应按阀门上介质流向标志的方向安装。在水平管路上安装阀门，阀杆一般应安装在上半周范围内，不宜朝下。

第三，安装法兰连接的阀门，螺母一般应放在阀门一侧，要对称拧紧法兰螺栓，保证法兰面与管子中心线垂直；安装螺纹连接的阀门，先用扳手把住阀体上的六角体，然后转动管子与阀门连接，不得将填料挤入管内或阀内，应从螺纹旋入端第二扣开始缠绕填料。

第四，法兰连接的阀门应在关闭状态下安装。

⑦通水冲洗管路。安装完成投入使用前应进行冲洗。冲洗应用水连续进行，保证有充足的流量。冲洗洁净，并观察各个喷头出水量是否均匀、无杂物堵塞的现象。

⑧水型调试。水池注水至规定水位，接通电源后，水泵达到正常转速工作时，调试人员穿雨服下水，根据水形情况手动调整喷头的喷射角度，将水柱调直到位。拧动泄水阀门的大小来调节水柱的高度达到设计的要求。成排水柱要整齐，高度一致。

3.喷泉工程施工注意事项

在喷泉工程整个施工过程中，还要注意以下问题。

（1）喷水池的地基若是比较松软，或者水池位于地下构筑物（如水泵地下室）之上，则池底、池壁的做法应视具体情况，进行力学计算之后做出专门设计。

（2）池底、池壁防水层的材料，宜选用防水效果较好的卷材，如三元乙丙防水布、氯化聚乙烯防水卷材等。

（3）水池的进水口、溢水口、泵坑等要设置在池内较隐蔽的地方。泵坑位置、穿管的位置宜靠近电源、水源。

（4）在冬季冰冻地区，各种池底、池壁的做法都要求考虑冬季排水出池，因此，水池的排水设施一定要便于人工控制。

（5）池体应尽量采用干硬性混凝土，严格控制沙石中的含泥量，以保证施工质量，防止漏透。

（6）较大水池的变形缝间距一般不宜大于20m。水池设变形缝应从池底、池壁一直沿整体断开。

（7）变形缝止水带要选用成品，采用埋入式塑料或橡胶止水带。施工中浇注防水混凝土时，要控制水灰比在0.6以内。每层浇注均应从止水带开始，并应确保止水带位置准确，嵌接严密牢固。

（8）施工中必须加强对变形缝、施工缝、预埋件、坑槽等薄弱部位的施工管理，保证防水层的整体性和连续性。特别是在卷材的连接和止水带的配置等处，更要严格进行技术管理。

（9）施工中所有预埋件和外露金属材料，必须认真做好防腐防锈处理。

第六章　园林树木与竹类的精细化养护管理

第一节　园林树木栽植与精细化养护管理

一、园林树木

园林树木，指在园林中栽植应用的木本植物，又可说成适于在城市园林绿地及风景区栽植应用的木本植物，包括各种乔木、灌木和藤木。很多园林树木是花、果、叶、枝或树形美丽的观赏树木。园林树木也包括那些虽不以美观见长，但在城市与工矿区绿化及风景区建设中能起卫生防护和改善环境作用的树种。因此，园林树木所包括的范围要比观赏树木更广。

二、园林树木栽植

园林树木的栽植是园林艺术的重要组成部分，它融合了生态科学、美学、文化等多种元素，旨在创造出既具有观赏价值又有利于生态环境的绿色空间。在这个过程中，每一棵树的选择、布局和栽植都需精心策划和实施，以展现园林的独特魅力和生态价值。

首先，在树木的选择上，要充分考虑其生长习性、观赏特性和适应性。不同的树木在形态、叶色、花果等方面都有其独特之处，通过合理搭配，可以形成丰富多样的园林景观。同时，我们还要考虑树木对环境的适应性，选择适合当地气候、土壤等条件的树种，以确保其健康生长和长期观赏效果。

其次，在树木的布局上，要遵循园林设计的原则，注重整体效果和空间感。通过合理的布局，可以营造出不同的景观效果和氛围。例如，可以利用树木的高低、疏密、形态等特点，创造出层次分明的景观空间；也可以利用树木的色彩、质感等元素，营造出宁静、舒适或热烈的氛围。

再次，在树木的栽植上，要注重技术细节和生态保护。栽植前要做好土壤改良和施肥工作，为树木提供良好的生长环境；栽植时要遵循树木的生长规律，确保根系完整、土壤紧实；栽植后要加强养护管理，包括浇水、修剪、病虫害防治等工作，以保证树木的健康生长和美观效果。

最后，园林树木的栽植还具有重要的生态价值。树木可以净化空气、调节气候、保持水土等，对改善城市生态环境具有重要作用。因此，在园林树木的栽植过程中，我们要注重生态保护和可持续发展，避免过度开发和破坏自然环境。

总之，园林树木的栽植是一项综合性很强的工作，它要求我们在尊重自然、保护生态的前提下，充分发挥艺术创造力，创造出既美观又实用的园林景观。通过精心的设计和实施，我们可以让园林树木成为城市中的一道亮丽风景线，为人们的生活带来无尽的乐趣和享受。

同时，随着社会的进步和人们对生态环境要求的提高，园林树木栽植的技术和方法也在不断创新和完善。例如，现代园林设计中越来越多地运用了生态修复、雨水花园等理念和技术，通过模拟自然生态系统的运行方式，实现园林空间的生态化和可持续发展。这些新的理念和技术为园林树木的栽植提供了更广阔的空间和可能性。

此外，园林树木的栽植还承载着丰富的文化内涵。在中国传统文化中，树木常被赋予吉祥、长寿、坚韧等寓意，成为园林中不可或缺的元素。通过栽植具有特定文化内涵的树木，可以营造出富有文化气息的园林景观，传承和弘扬中华民族的优秀传统文化。

综上可知，园林树木的栽植是一项具有深远意义的工作。它不仅是园林艺术的重要组成部分，也是生态建设和文化传承的重要手段。我们应该在尊重自然、保护生态的前提下，充分发挥艺术创造力和文化内涵，创造出更加美丽、生态、文化的园林景观，为人们的生活增添更多的色彩和乐趣。

三、精细化养护管理措施

（一）建立树种健康预警机制

应用"城市大脑"智慧监管平台，融合树木定位识别技术、树木建模数字化技术、树木生态效益量化技术等，进一步健全城市树木数字化模式，结合园林树木管护档案，"人机"合作，对树木的种植、成长、管护进行全生命周期监控管理，做到固定时间监测、长期定位监测并及时预警，针对树体及土壤水、肥、病虫害等变化情况及未来气候变化趋势，拿出具体应对措施，调整管护预案，进而调配相关物资储备和人员。

（二）完善园林树木生长月历

实施生长月历制度，尤其是珍贵树种。其属于各地区非常重要的林业资源，表现出极大的历史价值和科研价值，在现代城市建设发展和城市绿化工作中务必重视，并在实践中不断补充和完善。

(三) 加强职工岗位培训

对技术人员和管理人员有计划地进行岗位培训，新职工岗前培训更是不容忽视。培训内容包括现行法律法规、技术法规、操作规范，尤其是创新类 (新理念、新工艺、新设备、新技术、新材料、新设计) 培训，熟悉工艺流程、管理流程、技术要点和细节。

(四) 明确树木生长管护责任

制定园林树木生长管护制度，形成管护体系，签订《园林绿化工程管护责任书》，具体落实相关岗位责任。强化日常巡查，坚决做到"岗在人在"。

(五) 绿化施工方案需经专家论证

绿化方案的完整性，经济和技术上的可行性，与法律法规、技术标准的符合性，安全文明施工条件的满足情况等须通过专家论证，使城市设施与园林树木具有合理的空间分布，保证树木正常生长。

(六) 加强宣传，提高认识

对广大人民群众加强绿化管护方面的宣传教育，如《中华人民共和国森林法》《城市绿化管理条例》《园林绿地管理月历》《城市夜市管理规定》、园林树木的特性及作用，提高认识，共建共管，集中整治和平时治理相结合。

(七) 树种选择要遵循"适地适树"原则

提倡优先选用乡土树种，"选树适地"为主，"改地适树"为辅。

1. 掌握园林树木的生态习性和种间关联性

树种长期适应生长环境形成了其特有的习性。雪松、桧柏类树种怕水涝，宜植于排水良好的沙壤土；草坪栽植时，要抬高地面或加大防水圈；绒毛白蜡、美国红栌、中华金叶榆、红花槐、枸杞等树种耐盐碱能力较强，较适宜种植在盐碱地；垂柳、落羽杉、枫杨、水杉、杜梨、紫穗槐等耐涝，适宜种植在易积水的地方。

掌握树种间的相互作用，树种间相互促进首选伴生树种，不选择单方有害和双方有害的树种组合。禁止在附近栽植病虫害中间寄主植物，其间隔距离符合病虫害防治相关规定。掌握园林树木物候期，开花展叶期同步与否均符合景观需要等。

2. 新树种、新品种的引进

"南树北种""北树南移"要慎重，提倡执行《林木引种》(GB/T 14175—1993)。

充分调研原产地和引入地的气候条件和立地条件，借助"模糊相似优先比决策""模糊聚类分析决策"，对比两地栽培条件的相似度，确定施工项目区是否为树种的适宜区、较适宜区；深挖树种的历史演化进程，了解其生态适应的广泛性，结合新工艺、新栽植技术的应用，论证引种在技术上的可行性、经济上的合理性，园林树木共生生物的引入及其适应性、有无生态环境问题；观花、观果树种需要注意春化作用影响。

3. 山苗的预处理

山苗主根明显，侧根稀少，移植不易成活。确需移植的，一般移植前3~6个月截断主根，促发侧根，可同时施入促根剂促生新根。

(八) 异常气候条件引起的生长异常的处理

合理施肥，强壮树体，加强病虫害防控，结合灾害气象预警，积极采取防护措施。可通过加设低温报警器，采用熏烟、增温、春灌、浇冻水、设防风障、覆盖保墒、喷防冻剂、树干保护（涂白、覆膜等）、根颈部培土防低温为害；通过遮阳、择时灌溉、树干保护（涂白、缚草、涂泥等）、根颈部培土、树冠喷水或喷抗蒸腾剂、修剪多留辅养枝防热害。特殊地形地势园林树木做好雷电、龙卷风预防措施。

(九) 原生立地条件不适宜引起的生长异常的处理

根据需要进行土方作业，起高垫低；重盐碱、重黏土可参照《园林绿化工程施工及验收规范》(CJ T82—2012) 4.14 规定和相关地方标准进行土壤改良。病虫害的区域性、时间性、耐药性、发生条件、种群数量、越冬寄主情况等多变，常见病虫害见《LY/T 3101—2019 林业有害生物代码》《LY/T 1681—2006 林业有害生物发生及成灾标准》。根据当地园林树木病虫害的发生发展条件、时期和规律，遵循"预防为主，综合防治"的方针，营养免疫与科学防控相结合进行病虫害防治。

(十) 城市环境因素引起的生长异常的处理

满足园林树木正常生长的营养空间要求。了解土壤环境质量类别，土质问题造成生长不良的，进行客土改良，在根系周围填埋熟土，速效肥和长效肥配合施用。

园林树木与建筑物、构筑物及地下管线的最小间距参照《工业企业总平面设计规范》(GB 50187—2012)，并结合当地相关规定执行，同时保证了建筑物、构筑物及地下管线的安全。地下车库覆土顶板采用梁板结构，覆土厚度不宜超过1.5m，可参照当地相关规定执行，覆土厚度达0.8~1.5m，能满足多数常见树木生长需求。

城市道路残雪中含工业盐和融雪剂，勿堆在树穴中。排污企业实行分级管理，倡导绿色出行，把住源头，有效地遏制烟尘污染，降低有毒有害气体排放；增加流动除尘设备。建筑风口处增加防风设施。

遵循生态规律，符合生态规范，规划城市水体建设，创新城市绿地体系。运用航空红外遥感技术资料的热岛分布，因害设防，降低城市热岛效应。

(十一) 施工流程与技术原因引起的生长异常的处理

精准管控施工各环节。运输过程中带土坨的，不能散坨；裸根的，蘸泥浆；覆盖或包裹的，草帘喷水保湿；随运随栽，否则要按照规范要求立即进行就地假植。栽植时深度应略高于原出土线，待浇水下沉后与出土线齐，并覆盖虚土，减少水分蒸发。严格按照《园林绿化工程施工及验收规范》(CJ 82—2012) 及各省市相关规范、规定及施工合同等进行施工和阶段验收、竣工验收。

(十二) 绿化工程项目需求原因引起的生长异常的处理

1. 反季节栽培

尽量避免反季节栽植。树木最适宜栽植的季节应选在适合根系再生和枝叶蒸腾量最小的时期。一般在秋季落叶后或春季萌芽前的休眠期最为适宜。树木的生长季节，特别是烈日炎炎的夏季，温度高，蒸腾量大，是生长旺季，树木移植容易造成生长不良甚至死亡。目前因工程需要，常常反季节栽植，因此一定要采取相应的措施减少蒸腾、蒸发。常见的措施有带土球或加大土球、输液、使用抑蒸剂、用专门的园林帆布或保鲜膜或谷草裹干、围挡遮阴喷雾等。

2. 结合当地经济实际，降低大树占比

绿化工程项目的立项，要考虑当地技术、经济条件，在不影响预设景观效果的前提下，尽量减少大树占比。确需移植大树的，要做好其生境适应性研究工作。

《园林绿化工程施工及验收规范》(CJJ 82—2012) 4.7 中的规定、《大树移植施工技术规程》等相关规范要求和工程特殊需要写入施工合同。严格按照施工合同施工，"三料" 运用得当，使树体稳固、水肥平衡，达到健壮生长的目的。

3. 原冠苗对栽培技术的更高要求

原冠大树成活难度较大，在原冠苗栽植养护过程中，要严格按照规范施工、适当参照反季节栽培的措施、创新栽植方法。特别建议绿化工程使用中、小苗，这样更易取得成效。

4. 园林树木栽植与养护常用药剂

常用药剂类型有活力剂 (树动力、施它活、枯美宜治)、促根剂 (根动力、生根粉)、抑蒸剂、防冻剂、保护剂 (复生灵)、土壤疏松剂、微生物菌剂 (根壮壮) 等，多用于反季节栽植、大树移植、原冠苗栽培过程中。如使用快活林生根粉时，常需移植前一周灌根，移植时先在树穴内均匀撒施，必要时需联合用药。如雪松可采用"贝翠＋光合素＋杀菌剂"进行整体喷雾处理，间隔10~15d，连续2~3次。

(十三) 管护不当引进的生长异常的处理

1. 病虫害防治

提高树势，及时销毁因病虫为害死亡的树木和枝叶。以雪松病害为例，雨后常需喷杀菌剂预防，一般间隔20 d，连续3次；在高地下水位、易积水地段、土壤黏重、贫瘠地段，或栽植过深，极易患根腐病，可通过改善立地条件、改良栽培方法来避免，发病时使用"腐菌灵＋植大壮"灌根。

2. 园林树木施肥

土壤偏酸性、偏碱性对某些元素的肥效有抑制作用，使园林树木常表现出易缺乏该元素现象。选用恰当营养诊断方法，鉴别缺肥情况，需考虑稀土、复壮肥料的使用。

3. 其他管护措施

夜市区域：经营摊位远离园林树木，或在其周围修筑花台或栏杆。商场饭店：严格实施担负起一定范围的市容环境责任，承担一定的城市管理任务，如保证店门前的卫生、绿化与秩序。盐碱地区：需防止次生盐渍化，可灌水压盐压碱、结合使用矿物质土壤调理剂。

灌溉：灌溉水水质标准参照《农田灌溉水质标准》(GB 5084—2021)、《城市污水再生利用绿地灌溉水质》(GB/T 25499—2010) 和相关地方标准如《园林绿化灌溉水质量要求》(DB12/T 857—2019) 要求执行。灌溉频率和灌溉量等因树种不同而有变化，如雪松忌频繁浇灌和积水，宜于11月浇透水，做好保暖措施。

修剪：根据树种特性和生长阶段，选择适当修剪方法。对需复壮树木，选取抹头、回缩等方法。

除草剂：条件允许，可减少除草剂使用次数；确需使用时，选择低残留除草剂并控制用量，避开园林树木枝叶和近根处，及时使用黄腐酸等中和土壤中的除草剂。

(十四) 古树名木管理

实行项目管理，签订养护项目合同，严格依照合同养护和监管。合同内容的起草可参考《城市古树名木保护管理办法》《城镇古树名木保护工程实施方案》《古树名木保护档案》等，特别对古树水肥管理、施肥、修剪、病虫害防治等日常养护措施和复壮措施细节进行规定，技术可操作性强。

园林绿化提倡使用乡土树种，减少大树下山入城。"移树无时 惟勿使树知"，水分平衡是园林树木成活的关键，生理平衡是园林树木正常生长的前提，掌握树种的生物学生态学特性、历史演化过程中表现的生态适应性、生长发育规律及生长异常原因，注重环境条件的变化，特别是病虫害的发生发展条件、时期和规律，科学分析，因地制宜，遵循适地适树原则，结合现代科技，提高园林树木的栽植成活率，及时复壮，保障园林树木的正常生长，"高起点规划，高标准建设"，争创优质园林绿化工程。

四、精细化养护管理实务

(一) 树木灌溉与排水

水分是植物的基本组成部分，植物体重的 40%～80% 是由水分组成的。当土壤内水分含量为 10%～15% 时，地上部分停止生长；当土壤内含水量低于 7% 时，根系生长停止。水分过多则产生无氧呼吸，甚至死亡。所以，灌溉与排水是物业树木养护工作中的重要一环。

1. 树木灌水与排水的原则

(1) 不同气候、不同时期对灌、排水的要求不同

(2) 不同树种、不同栽植年限对灌、排水的要求不同

第一，不同树种对水分要求不同，不耐旱树种灌水次数要多些，耐旱树种 (刺槐、国槐、侧柏、松树等) 次数可少些。

第二，新栽植的树木除连续灌三次水外，还必须连续灌水 3～5 年，以保证成活。

第三，排水也要及时，先排耐旱树种，后排耐淹树种，如柽柳、椰榆、垂柳、旱柳等均能耐 3 个月以上的深水淹浸。

(3) 根据不同的土壤情况进行灌、排水

沙土地易漏水，应"小水勤浇"，低洼地也要"小水勤浇"，而黏土保水力强，可减少灌水量和次数，增加通气性。

(4) 灌水应与施肥、土壤管理相结合

应在施肥前后灌水，灌水后进行中耕锄草和松土，做到"有草必锄、雨后必锄、灌水后必锄"。

2. 灌水

(1) 灌水的时期

灌水的时期可分为休眠期灌水和生长期灌水两种。

第一，休眠期灌水。秋末冬初灌"冻水"，提高树木越冬能力，也可防止早春干

旱，对幼年树木更为重要。早春灌水使树木健壮生长，是花果繁茂的关键。

第二，生长期灌水。

在北方一般年份，全年灌水6次，应安排在3、4、5、6、9、11月各1次，干旱年份和土质不好或因缺水生长不良者应增加灌水次数。在西北干旱地区，灌水次数应更多一些。

(2) 灌水量

灌水量与树种、土壤、气候条件、树体大小生长情况有关。

耐旱树种灌水量要少些，如松类；不耐旱树种灌水量要多些，如水杉、马褂木等。灌水量以达土壤最大持水量的60%~80%为标准。大树灌水量以能渗透深达80~100cm为宜。

(3) 灌水的方法

① 人工浇水：移动灌水。

② 地面灌水：畦灌、沟灌、漫灌。

③ 地下灌水：地下管道输水，水从孔眼渗出，浸润周围土壤，也可安装滴灌。

④ 空中灌水：喷灌或人工降雨。由水泵、管道输水、喷头、水源四部分组成。

(4) 灌水的顺序

新栽植的树木→小苗→灌木→阔叶树→针叶树。

(5) 常用水源和引水方式

① 常用水源：河水、塘水、井水、自来水，也可利用生活污水或不含有害有毒物质的水。

② 引水方式：担水、水车运水、胶管引水、渠道引水和自动化管道引水。

(6) 质量要求

灌水堰在树冠垂直投影线下，浇水要均匀，水量足，浇后封堰。夏季早晚浇水，冬季在中午前后浇水。

(7) 灌水的注意事项

① 不论是自来水还是河道水或者是污水，都可以用作灌溉水，但必须对植物无毒害。灌溉前先松土，灌溉后待水分渗入土壤，土表层稍干时，进行松土保墒。

② 夏季灌溉应该选择在早晚进行，冬季应该在中午左右进行。

③ 如果有条件，可以适当加入薄肥一道灌溉，以提高树木的耐旱力。

3. 排水

(1) 排水的必要性

土壤中的水分与空气是互为消长的。排水的作用是减少土壤中多余的水分，增加土壤中空气的含量，促进土壤空气与大气的交流，提高土壤温度，激发好气性微生物活动，加快有机质的分解，改善树木营养状况，使土壤的理化性状全面改善。

（2）排水的条件

在有下列情况之一时，就需要进行排水。

第一，树木生长在低洼地，当降雨强度大时，汇集大量地表径流，且不能及时宣泄，而形成季节性涝湿地。

第二，土壤结构不良，渗水性差，特别是土壤下面有坚实的不透水层，阻止水分下渗，形成过高的假地下水位。

第三，园林绿地临近江河湖海，地下水位高或雨季易遭淹没，形成周期性的土壤过湿。

第四，平原与山地城市在洪水季节有可能因排水不畅，形成大量积水，或造成山洪暴发。

第五，在一些盐碱地区，土壤下层含盐量高，不及时排水洗盐，盐分会随水的上升而到达表层，造成土壤次生盐渍化，对树木生长很不利。

（3）排水的方法

应该说，园林绿地的排水是一项专业性基础工程，在园林规划及土建施工时就应统筹安排，建好畅通的排水系统。

(二) 树木的除草施肥

栽植的各种园林树木将长期从一个固定点吸收养料，即使原来肥力很高的土壤，肥力也会逐年消耗而减少。因此，应不断增加土壤肥力，确保植株旺盛生长。这就应根据园林树木生长需要和土壤肥力情况，合理施肥，平衡土壤中各种矿物质营养元素，保持土壤肥力和合理结构。

1. 松土除草

（1）夏季有必要进行松土除草，此时杂草生长很快，同时土壤干燥、坚硬，浇水不易渗入土中。

（2）树盘附近的杂草，特别是蔓藤植物，严重影响树木生长，更要及时铲除。

（3）松土除草从4月开始，一直到9、10月为止。在生长旺季，可结合松土进行除草，一般20～30d一次。

（4）除草深度以3～5cm为宜，可将除下的枯草覆盖在树干周围的土面上，以降低土壤辐射热，有较好的保墒作用。

2. 化学除草

（1）防除春草

春季主要除多年生禾本科宿根杂草，每亩（1亩＝666.67m²）可用10%草甘膦

0.5～1.5kg，加水 40～60kg 喷雾（用机动喷雾器时可适当增加用水量）。灭除马唐草等一年生杂草，可选用 25% 敌草隆 0.75kg，加水 40～50kg，做茎叶或土壤处理。

（2）防除夏草

每亩用 10% 草甘膦 500g 或 50% 扑草净 500g 或 25% 敌草隆 500～750g，加水 40～50kg 喷雾，一般在杂草高 15cm 以下时喷药或进行土壤处理。茅草较多的绿地，可选用 10% 草甘膦 1.5kg／亩，加 40% 调节膦 0.25kg，在茅草割除后的新生草株高 50～80cm 时喷洒。

（3）注意事项

操作过程中，喷洒除草剂要均匀，不要触及树木新展开的嫩叶和萌动的幼芽。除草剂用量不得随意增加或减少，除草后应加强肥水和土壤管理，以免引起树体早衰。使用新型除草剂，应先行小面积试验后再扩大施用。

3. 施肥的季节

（1）灌木和平卧植物应在初春施肥。喜酸植物应施酸化肥料。

（2）落叶树和常绿树应在秋末落叶后施肥。

4. 肥料的要求

肥料品种繁多。表现萎黄症状（一种新旧枝叶全部变黄的现象）的乔木和灌木可根据需要施含螯合铁和其他微量营养素的肥料。状况不好的植物应施根部生长激素。叶面施肥后，最好将土壤浇湿，以防产生植物毒性（烧落叶产生）。

5. 肥料的施用技术

根据施肥方式，树木施肥可分为土壤施肥、根外施肥和灌溉施肥。

（1）土壤施肥

土壤施肥是大树人工施肥的主要方式，有机肥和多数无机肥（化肥）用土壤施肥的方式。土壤施肥应施入土表层以下，这样既利于根系的吸收，也可以减少肥料的损失。有些化肥是易挥发性的，不埋入土中，损失很大。如碳酸氢铵，撒在地表面，土壤越干旱，损失越大。硫酸铵试验，施入土表层以下 1cm、2cm、3cm，比施在土层表面减少的损失分别为 36%、52% 和 60%。

（2）根外施肥

根外施肥包括枝干涂抹或喷施、枝干注射、叶面喷施，实际操作中以叶面喷施的方法最常用。

（3）灌溉施肥

灌溉施肥是将肥料通过灌溉系统（喷灌、微量灌溉、滴灌）进行树木施肥的一种方法。灌溉施肥须注意以下问题。

① 喷头或滴灌头堵塞是灌溉施肥的一个重要问题，必须施用可溶性肥料。

② 两种以上的肥料混合施用，必须防止相互间的化学作用，以免生成不溶性的化合物，如硝酸镁与磷、氨肥混用会生成不溶性的磷酸铵镁。

③ 灌溉施肥用水的酸碱度以中性为宜，如碱性强的水能与磷反应，生成不溶性的磷酸钙，会降低多种金属元素的有效性，严重影响施用效果。

6. 追肥

在树木生长季节，根据需要施加速效肥，促使树木生长的措施，称为施追肥（又称为补肥）。

（1）追肥的方法

第一，根施法。开沟或挖穴施在地表以下 10cm 处，并结合灌水。

第二，根外追肥。将速效肥溶解于水，喷洒在植物的茎叶上，使叶片吸收利用，可结合病虫防治喷施。

（2）追肥的施用技术

追肥的施用技术具体可概括为"四多、四少、四不和三忌"。

第一,四多。黄瘦多施，发芽前多施，孕蕾期多施，花后多施。

第二,四少。肥壮少施，发芽后少施，开花期少施，雨季少施。

第三,四不。徒长不施，新栽不施，盛暑不施，休眠不施。

第四,三忌。忌浓肥，忌热肥（指高温季节），忌坐肥。

（三）树木的整形修剪

在园林绿化中，树木的整形与修剪是一项很重要的工作。整形修剪既有利于树木生长，又可以使其长出的形状符合设计要求，在树体结构和形态上趋于美观，能与周边的环境融合。

1. 整形修剪的意义

修剪是指对乔、灌木的某些器官，如芽、干、枝、叶、花、果、根等进行剪截、疏除或其他处理的具体操作。整形是指为提高园林植物观赏价值，按其习性或人为意愿而修整成为各种优美的形状与树姿。修剪是手段，整形是目的，两者紧密相关，统一于一定的栽培管理的要求下。在土、肥、水管理的基础上进行科学的修剪整形，是提高园林绿化水平的一项重要技术环节。

2. 整形修剪的时期

从总体上看，一年中的任何时候都可对树木进行修剪，生产实践中应灵活掌握，但最佳时期的确定应至少满足两个条件：一是不影响园林植物的正常生长，减少营养消耗，避免伤口感染，如抹芽、除蘖宜早不宜迟，核桃、葡萄等应在春季伤流期前修剪完毕等；二是不影响开花结果，不破坏原有冠形，不降低其观赏价值。

（1）休眠期修剪（冬季修剪）

落叶树从落叶开始至春季萌发前，树木生长停滞，树体内营养物质大都回归根部储藏，修剪后养分损失最少，且修剪的伤口不易被细菌感染腐烂，对树木生长影响较小，大部分树木的修剪工作在此时间内进行。

冬季修剪对树冠构成、枝梢生长、花果枝的形成等具有重要作用，一般采用截、疏、放等修剪方法。

（2）生长期修剪

在植物的生长期进行修剪。此期花木枝叶茂盛，影响到树体内部通风和采光，因此需要进行修剪。一般采用抹芽、除蘖、摘心、环剥、扭梢、曲枝、疏剪等修剪方法。

3. 修剪方法

归纳起来，修剪的基本方法有"截、疏、伤、变、放"五种，实践中应根据修剪对象的实际情况灵活运用。

（1）截

截是将乔、灌木的新梢、一年生或多年生枝条的一部分剪去，以刺激剪口下的侧芽萌发，抽发新梢，增加枝条数量，多发叶、多开花。这是乔、灌木修剪整形最常用的方法。

下列情况要用"截"的方法进行修剪。

第一，规则式或特定式的修剪整形，常用短剪进行造型及保持冠形。

第二，为使观花观果植物多发枝以增加花果量时。

第三，冠内枝条分布及结构不理想，要调整枝条的密度比例，改变枝条生长方向及夹角时。

第四，需重新形成树冠。

第五，老树复壮。

（2）疏

疏又称为疏剪或疏删，即把枝条从分枝点基部全部剪去。疏剪主要是疏去膛内过密枝，减少树冠内枝条的数量，调节枝条均匀分布，为树冠创造良好的通风透光条件，减少病虫害，增加同化作用产物，使枝叶生长健壮，有利于花芽分化和开花结果。

第一，疏的要求。为落叶乔木疏枝时，剪锯口应与着生枝平齐，不留枯桩。为灌木疏枝，要齐地皮截断。为常绿树疏除大枝时，要留 1～2cm 的小桩子。不可齐着生长枝剪平。

第二，疏剪的对象。疏剪的对象主要是病虫枝、伤残枝、干枯枝、内膛过密枝、衰老下垂枝、重叠枝、并生枝、交叉枝及干扰树形的竞争枝、徒长枝、根蘖枝等。

第三，疏剪的强度。疏剪的强度可分为轻疏（疏枝量占全树枝条的10%或以下）、中疏（疏枝量占全树的10%～20%）、重疏（疏枝量占全树的20%以上）。疏剪强度依植物的种类、生长势和年龄而定。

① 萌芽力和成枝力都很强的植物，疏剪的强度可大些。

② 萌芽力和成枝力较弱的植物，少疏枝，如雪松、梧桐等应控制疏剪的强度或尽量不疏枝。

⑧ 幼树一般轻疏或不疏，以促进树冠迅速扩大成形。

④ 花灌木类宜轻疏，以提早形成花芽开花。

⑤ 成年树生长与开花进入旺盛期，为调节营养生长与生殖生长的平衡，适当中疏。

⑥ 衰老期的植物枝条有限，疏剪时要小心，只能疏去必须疏除的枝条。

（3）伤

伤是用各种方法损伤枝条，以缓和树势、削弱受伤枝条的生长势，如环剥、刻伤、扭梢、折梢等。伤主要是在植物的生长季进行，不影响植株整体的生长。

（4）变

改变枝条生长方向，控制枝条生长势的方法称为变。如用曲枝、拉枝、抬枝等方法，将直立或空间位置不理想的枝条，引向水平或其他方向，可以加大枝条开张角度，使顶端优势转位、加强或削弱。

（5）放

放又称为缓放、甩放或长放，即对一年生枝条不做任何短截，任其自然生长。利用单枝生长势逐年减弱的特点，对部分长势中等的枝条长放不剪，下部易发生中、短枝，停止生长早，同化面积大，光合产物多，有利于花芽形成。

第一，幼树、旺树，常以长放缓和树势，促进提早开花、结果。

第二，长放用于中庸树、平生枝、斜生枝效果更好，但对幼树骨干枝的延长枝或背生枝、徒长枝不能长放。

第三，弱树不宜采用长放。

4.修剪注意事项

（1）剪口与剪口芽

第一，剪口太平坦或者斜面太大。短截的剪口要平滑，呈45°角的斜面；疏剪的剪口，将分枝点剪去，与树干平，不留残桩。

第二，芽上部留得过长。从剪口芽的对侧下剪，斜面上方与剪口芽尖相平，斜面最底部与芽基相平，这样剪口的面小，容易愈合，芽萌发后生长快。

第三，剪口芽方向相反。剪口芽的方向、质量，决定新梢和枝条的生长方向。选择剪口芽的方向应从树冠内枝条的分布状况和期望新枝长势的强弱来考虑，需要向外扩张树冠时，剪口芽应留在枝条外侧；如遇填补内膛空虚，剪口芽方向应朝内；对于生长过快的枝条，为抑制其生长，以弱芽当剪口芽；复壮弱枝时选择饱满的壮芽作为剪口芽。

（2）大枝的剪除

第一，将枯枝或无用的老枝、病虫枝等全部剪除时，为了尽量缩小伤口，自分枝点的上部斜向下部剪下，伤口不大，很容易愈合。

第二，回缩多年生大枝时，往往会萌生徒长枝。为了防止徒长枝大量抽生，可先行疏枝和重短截。

第三，如果多年生枝较粗，必须用锯子锯除，可采取分段锯除，即先留一残桩，锯除上部，再锯除残桩。

（3）剪口的保护

若剪枝或截干造成剪口创伤面大，应用锋利的刀削平伤口，用硫酸铜溶液消毒，再涂保护剂，以防止伤口由于日晒雨淋、病菌入侵而腐烂。

（4）确保安全

操作人员上树修剪时，所有用具、机械必须灵活、牢固，防止发生事故。修剪行道树时注意高压线路，并防止锯落的大枝砸伤行人与车辆。

（5）职业道德

第一，修剪工具应锋利，修剪时不能造成树皮撕裂、折枝、断枝。

第二，修剪病枝的工具，要用硫酸铜消毒后再修剪其他枝条，以防交叉感染。

第三，修剪下的枝条应及时收集，有的可做插穗、接穗备用，病虫枝则需堆积烧毁。

（6）冬剪要掌握火候

原则上一些徒长枝、交叉枝和重叠枝都应去除，但实际处理中还要视具体树种和树势酌情处理。如白玉兰、西府海棠等树种，其萌芽力与成枝力都较弱，长枝少，平行枝多，并易生徒长枝，但冬剪时一般不做疏除处理，而用开角或拉枝等方式来改造树形，以达到早冠、多花、多果的目的。盲目剪去会严重削弱树势，造成冠部空虚，并在短时间内很难恢复。

5. 行道树的修剪

（1）修剪的基本要求

第一，整体效果：树冠整齐美观，分枝匀称，通风透光。

第二，树高 10～17m，冠／高为1/2，分枝应在 2m 以上，下缘线 1.8～2.5m。

不影响高压线、路灯、交通指示牌。

(2) 行道树修剪安排

从5月份起，生长期每月修剪一次。冬末春初可进行一次重剪。

(3) 行道树的几种造型

第一，杯状形的修剪。杯状形行道树具有典型的三叉六股十二枝的冠形，主干高为2.5～4m。整形工作是在定植后5～6年内完成，悬铃木常用此树形。

骨架完成后，树冠扩大很快，疏去密生枝、直立枝，促发侧生枝，内膛枝可适当保留，增加遮阴效果。上方有架空线路，勿使枝与线路触及，按规定保持一定距离。一般电话线为0.5m，高压线为1m以上。近建筑物一侧的行道树，为防止枝条扫瓦、堵门、堵窗，影响室内采光和安全，应随时对过长枝条进行短截修剪。

生长期内要经常进行抹芽，抹芽时不要扯伤树皮，不留残枝。冬季修剪时，把交叉枝、并生枝、下垂枝、枯枝、伤残枝及背上直立枝等截除。

第二，自然开心形的修剪。由杯状形改进而来，无中心主干，中心不空，但分枝较低。定植时，将主干留3m或者截干，春季发芽后，选留3～5个位于不同方向、分布均匀的侧枝行短剪，促枝条长成主枝，其余全部抹去。生长季注意将主枝上的芽抹去，只留3～5个方向合适、分布均匀的侧枝。来年萌发后选留侧枝，全部共留6～10个，使其向四方斜生，并行短截，促发次级侧枝，使冠形丰满、匀称。

第三，自然式冠形的修剪。在不妨碍交通和其他公用设施的情况下，树木有任意生长的条件时，行道树多采用自然式冠形，如尖塔形、卵圆形、扁圆形等。

有中央主干枝行道树，如杨树、水杉、侧柏、金钱松、雪松等，分枝点的高度按树种特性及树木规格而定，栽培中要保护顶芽向上生长。主干顶端如损伤，应选择一直立向上生长的枝条或壮芽处短剪，并把其下部的侧芽打去，抽出直立枝条代替，避免形成多头现象。

无中央主干枝行道树，如榆树等，在树冠下部留5～6个主枝，各层主枝间距要短，以利于自然长成卵圆形或扁圆形的树冠。每年修剪密生枝、枯死枝等。

6. 灌木的修剪

(1) 应使丛生大枝均衡生长，使植株保持内高外低、自然丰满的圆球形。

(2) 定植年代较长的灌木，如灌丛中老枝过多时，应有计划地分批疏除老枝，培养新枝。但对一些为特殊需要培养成高干的大型灌木，或茎干生花的灌木 (如紫荆等) 均不在此列。

(3) 经常短截突出灌丛外的徒长枝，使灌丛保持整齐均衡，但对一些具拱形枝的树种 (如连翘等) 所萌生的长枝则例外。

(4) 植株上不做留种用的残花废果，应尽早剪去，以免消耗养分。

7. 绿篱的修剪

(1) 不同形状绿篱的修剪

根据篱体形状和程度，可分为自然式和整形式等，其中自然式绿篱整形修剪程度不高。

(2) 绿篱的修剪时期

绿篱的修剪时期要根据树种来确定。绿篱栽植后，第一年可任其自然生长，使地上部和地下部充分生长；从第二年开始，按确定的绿篱高度截顶，对条带状绿篱不论充分木质化的老枝还是幼嫩的新梢，凡超过标准高度的一律整齐剪掉。

第一，常绿针叶树。常绿针叶树是在春末夏初完成第一次修剪；盛夏前多数树种已停止生长，树形可保持较长一段时间；立秋以后，如果水肥充足，会抽生秋梢并旺盛生长，可进行第二次修剪，使秋冬季都保持良好的树形。

第二，阔叶树种。大多数阔叶树种生长期新梢都在生长，仅盛夏生长比较缓慢，春、夏、秋三季都可以修剪。

第三，花灌木。花灌木栽植的绿篱最好在花谢后进行，既可防止大量结实和新梢徒长，又可促进花芽分化，为来年或下期开花创造条件。

(3) 老绿篱的更新复壮

大部分阔叶树种的萌发和再生能力都很强，当年老变形后，可采用平茬的方法更新。因有强大的根系，一年内就可长成绿篱的雏形，两年后就能恢复原貌；也可以通过老干逐年疏伐更新。大部分常绿针叶树种再生能力较弱，不能采用平茬更新的方法，可以通过间伐，加大株行距，改造成非完全规整式绿篱，否则只能重栽，重新培养。

(四) 树木的病虫害防治

防治园林树木病虫害应贯彻"预防为主，综合防治"的方针，应科学、有针对性地进行养护管理，使植株生长健壮，以增强抗病虫害的能力。

1. 防治病虫

对于病虫危害严重的单株，更应引起高度重视，采取果断措施，以免蔓延。修剪下来的病虫残枝，应集中处置，不要随意丢弃，以免造成再度传播污染。

(1) 涂干法

第一，每年夏季，在树干距地面 40 ~ 50cm 处，刮去 8 ~ 10cm 宽的一圈老皮。将 40% 氧化乐果乳剂加等量水，配成 1 : 1 的药液，涂抹在刮皮处，再用塑料膜包裹，对梨圆蚧的防治率可达 96%。

第二，在蚜虫发生初期，用 40% 氧化乐果 (或乐果) 乳油 7 份，加 3 份水配成药液，在树干上涂3~6cm宽的环。如树皮粗糙，可先将翘皮刮去再涂药，涂后用废纸或塑料膜包好，对苹果绵蚜的防治效果很好。

第三，在介壳虫虫体膨大但尚未硬化或产卵时，先在树干距地面40cm处刮去一圈宽10cm的老皮，露白为止。然后将40%的氧化乐果乳剂稀释2~6倍，涂抹在刮皮处，随即用塑料膜包好。涂药10d后，杀虫率可达100%。

第四，二星叶蝉成虫、若虫发生期（8月份），在主干分枝处以下剥去翘皮，均匀涂抹40%氧化乐果原液或5~10倍稀释液，形成药环。药环宽度为树干直径的1.5~2倍，涂药量以不流药液为宜。涂好后用塑料膜包严，4d后防效可达100%，有效期在50d以上。

第五，在成虫羽化初期，用甲胺磷10倍液或废机油、白涂剂等涂抹树干和大枝，可有效防止成虫蛀孔为害，并可兼治桑白蚧。

(2) 树体注射（吊针）

第一，用木工钻与树干成45°夹角打孔，孔深6cm左右，打孔部位离地面10~20cm。

第二，用注药器插入树干，将药液慢慢注入树体内，让药液随树体内液流到树木的干、枝、叶部，使树木整体带药。

2. 药害防治

(1) 药害的发生原因

第一，药剂种类选择不当。如波尔多液含铜离子浓度较高，对幼嫩组织易产生药害。

第二，部分树种对某些农药品种过敏。有些树种性质特殊，即使在正常使用情况下，也易产生药害，如碧桃、寿桃、樱花等对敌敌畏敏感，桃、梅类对乐果敏感，桃、李类对波尔多液敏感等。

第三，在树体敏感期用药。各种树木的开花期是对农药最敏感的时期之一，用药要慎重。

第四，高温易产生药害。温度高时，树体吸收药剂较快，药剂随水分蒸腾，很快在叶尖、叶缘集中，导致局部浓度过大而产生药害。

第五，浓度过高，用量过大。因病虫害抗性增强等原因而随意加大用药浓度、剂量，易产生药害。

(2) 药害的防治措施

为防止园林树木出现药害，除针对上述原因采取相应措施预防发生外，对于已经出现药害的植株，可采用下列方法处理。

第一，根据用药方式如根施或叶喷的不同，分别采用清水冲根或叶面淋洗的办法，去除残留药剂，减轻药害。

第二，加强肥水管理，使之尽快恢复健康，消除或减轻药害造成的影响。

3. 冻害防治

冻害是指树木因受低温的伤害而使细胞组织受伤，甚至死亡的现象。

冻害的防治措施如下：

（1）贯彻适地适树的原则

使树木适应当地的气候条件，耐寒性强可减少越冬防寒的工作量。

（2）加强栽培管理，提高抗寒性

春季加强管理，增施水肥，促进营养积累，保证树体健壮生长发育。8月下旬增施钾肥，及时排水，促进木质化，提早结束生长，进行抗寒锻炼。此外，在封冻前12月下旬灌一次封冻水，2月解冻后及时灌水能降低土温，推迟树系活动期，延迟花芽萌动，使之免受冻害。

（3）加强树体保护措施

树木冬季防寒防冻采用的措施主要是灌冻水，树枝除雪，卷干、包草，树干刷白等。

①灌冻水。在冬季土壤易冻结的地区，于土地封冻前，灌足一次水，称为灌冻水。对树木尤其是新栽植的树木灌一次水。灌后，在树木基部培土堆，这样既供应了树本身所需的水分，也提高了树的抗寒力。

②树枝除雪。在下大雪期间或之后，应把树枝上的积雪及时打掉，以免雪压过久、过重，使树枝弯垂，难以恢复原状，甚至折断或劈裂。尤其是枝叶茂密的常绿树，更应及时组织人员，持竿打雪，防雪压折树枝。对已结冰的枝，不能敲打，可任其不动；如结冰过重，可用竿支撑，待化冻后再拆除支架。

③卷干、包草。对于不耐寒的树木（尤其是新栽树以及一些从南方沿海地区引种的热带植物，如海枣、蒲葵等），要用草绳道道紧接地卷干或用稻草包裹主干，用绳子将枝条收紧防寒。特别是对于当年刚种植的海枣、蒲葵等，应将收紧的树冠用塑料薄膜包裹。此法防寒，应于春节过后拆除，不宜拖延。

④树干刷白。

（五）树体的保护与修补

树木的主干和骨干枝往往因病虫害、冻害、日灼、机械损伤等造成伤口，如不及时保护和修补，经过雨水的侵蚀和病菌的寄生，内部腐烂成树洞。这样不仅影响树体美观，而且影响树木的正常生长。因此，应根据树干伤口的部位、轻重等采取不同的治疗和修补方法。

1. 树体的保护和修补原则

贯彻"防重于治"的精神，尽量防止各种灾害的发生，做好宣传工作，对造成的伤口应尽早治理，防止扩大。

2. 树干伤口的治疗

对病、虫、冻、日灼或修剪造成的伤口，要用利刀刮干净削平，用硫酸铜或石硫合剂等药剂消毒，并涂保护剂，如铅油、接蜡等。

对风折枝干，应立即用绳索捆缚加固，然后消毒、涂保护剂，再用铁丝箍加固。

3. 补树洞

伤口浸染腐烂造成孔洞，心腐会缩短寿命，应及时进行修补工作，方法如下。

（1）开放法

孔洞不深也不过大，清理伤口，改变洞形以利排水，涂保护剂。

（2）封闭法

树洞清理消毒后，以油灰（生石灰 1 份 + 熟桐油 0.35 份）或水泥封闭外层，加颜料做假树皮。

（3）填充法

树洞较大的可用水砂浆、石砾混合进行填充，洞口留排水面并做树皮。

4. 吊枝和顶枝

大树、老树树身倾斜不稳时，大枝下垂的应设立支柱撑好，连接处加软垫，以免损伤树皮，称为顶枝。吊枝多用于果树上的瘦弱枝。

5. 涂白

（1）涂白的目的

涂白的目的是防治病虫害和延迟树木萌芽，避免日灼危害。在日照、昼夜温差变化较大的大陆性气候地区，涂白可以减弱树木地上部分吸收太阳辐射热，从而延迟芽的萌动期。涂白会反射阳光，避免枝干湿度的局部增高，因而可有效预防日灼危害。此外，树干刷白，还可防治部分病虫害，如紫薇等的介壳虫、柳树的钻心虫、桃树的流胶病等。

（2）涂白剂的配制

涂白剂的常用配方是：水 10 份，生石灰 3 份，石硫合剂原液 0.5 份，食盐 0.5 份，油脂（动植物油均可）少许。配制时要先化开石灰，把油脂倒入后充分搅拌，再加水拌成石灰乳，最后放入石硫合剂及盐水即可。此外，为延长涂白期限，还可在混合液中添加黏着剂（如装饰建筑外墙所用的 801 胶水）。

（3）刷白的高度

刷白的高度一般为从植株的根颈部向上一直刷至 1.1m 处。

6. 支撑

支撑是确保新植树木特别是大规格苗木成活和正常生长的重要措施。具体要求如下。

(1) 选用坚固的木棍或竹竿 (长度依所支树木的高矮而定,要统一、实用、美观),统一支撑方向,三根支柱中要有两根冲着西北方向,斜立于下风方向。

(2) 支柱下部埋入地下 30cm。

(3) 支柱与树干用草绳或麻绳隔开,先在树干或支棍上绕几圈,再捆紧实。同时,注意支柱与树干不能直接接触,否则会硌伤树皮。

(4) 高大乔木立柱应立于树高 1 / 3 处,一般树木应立于 1 / 2 ~ 2 / 3 处,使其真正起到支撑作用,不能过低,否则无效。

7. 调整补缺

园林树木栽植后,因树木质量、栽植技术、养护措施及各种外界条件的影响,难免会发生死树缺株的现象,对此应适时进行补植。

补植的树木在规格和形态上应与已成活株相协调,以免干扰设计景观效果。对已经死亡的植株,应认真调查研究,如土壤质地、树木习性、种植深浅、地下水位高低、病虫害、有害气体、人为损伤或其他情况,分析原因,采取改进措施,再行补植。

第二节　园林竹类移植与精细化养护管理

一、园林竹类

竹类植物是禾本科竹亚科植物。竹亚科是一类再生性很强的植物,是重要的造园材料,是构成中国园林的重要元素。中国是竹类植物分布的中心地区之一,除黑龙江、吉林、内蒙古、新疆外,全国均有分布。中国是世界上研究、培育和利用竹类植物最早的国家。竹类植物是集文化美学、景观价值于一身的优良品种,用于造园至少已有 2200 多年的历史了,其中比较出名的有湘妃竹。

(一) 形态特征

竹子属单子叶植物中的禾本科 (Gramineae- Poaceae)、竹亚科 (Bambusoideae) 植物,作为一种特殊的森林资源,以其分布广、适应性强,生长周期短、产量高,具有较好的水土保持及保护生态环境功能。竹类植物营养器官有根、地下茎、竹竿、秆芽、枝条、叶箨等;生殖器官为花、果实为种子。

(二) 一次开花

竹子不会年年开花，因为竹子是多年生一次开花植物，竹子开花是一种正常的自然现象，属于竹子结籽繁殖的一个过程。不过，竹子主要是进行无性繁殖的，每年春季从地下的竹鞭上长出笋来，然后发育成新竹。竹鞭不是它的根，而是地下茎。地下茎可以分为三个类型：单轴型的地下茎能继续生长，芽着生于两侧，侧芽发育成笋；合轴型的顶芽发育成笋，侧芽产生新的地下茎，相连形成合轴，地下茎产生竹秆密集成丛，大熊猫喜欢吃的愉竹和华桔竹，就属于这一类；此外还有一种复轴型，是上述两种的混合型。

竹子的有性生殖则像其他有花植物一样，先开花，后结籽，完成整个生长周期。竹子开花的周期，也因竹子种类的不同有三种类型：少数竹子可以年年开花，开花后竹秆并不死亡，仍然可以抽鞭长笋。大部分竹子在整个生长过程中只开一次花，而且有一定周期，从40年到80年不等，开花后杆叶枯黄，成片死去，地下茎也逐渐变黑，失去萌发力，结成的种子即所谓竹米，下种后萌发生长，才能长成新竹，箭竹就属于这个类型。还有一种类型是不定期零星开花，开花后，竹林并不死去，例如慈竹就是其中的一种。华桔竹、大箭竹等都属于定期成片开花的一类。这类竹子开花的间隔时间很长，一般为50～60年。还有的甚至要近百年才开一次花。但是，不论哪一年长出的竹竿，只要竹鞭的年龄相同或相近，那么开花的时间就大体相同。即使生态环境差别很大，如阳坡、阴坡，陡坡、缓坡，不同的土壤，不同的海拔高度，都能同时开花。

(三) 单子叶植物

竹子是单子叶植物，而一般树木大多是双子叶植物。单子叶植物茎的构造和双子叶植物有很大的区别，最主要的区别就是单子叶植物的茎里没有形成层。

如果把双子叶植物的茎切成很薄的薄片，放到显微镜下面观察，可以看到一个个维管束，外层是韧皮部，内层是木质部，在韧皮部与木质部之间夹有一层薄薄的形成层，树木之所以长得粗全靠它。形成层是最活跃的，它每年都会进行细胞分裂，产生新的韧皮部和木质部，于是茎才一年一年粗起来。

如果把单子叶植物的茎横切成薄片放在显微镜下面观察，也可以看到一个个维管束，同样外层是韧皮部，内层是木质部，但是韧皮部和木质部之间并没有一层活跃的形成层，所以单子叶植物的茎，只有在开始长出来的时候能够长粗，到一定程度后就不会长粗了 (长高不变粗)。

二、竹类的移植

竹类以分株、播种、埋鞭及扦插繁殖为主，多数喜深厚肥沃且湿润的土壤，生长成林快，适应性强。在我国，竹类主要分布于秦岭、淮河以南广大地区，北方多为栽培种。

(一) 移植的时间

一般来说，南方地区在春节和秋季均可移植，且以梅雨季节最适宜；北方以3月中旬至4月上旬和7月中下旬为好。但有时因工程需要，也有反季节移植。

(二) 竹苗的选择

1. 散生竹类的选择与挖掘

散生竹母竹宜选择1、2年生（毛竹选择2～4年生）、生长健壮、无病虫害、鞭芽饱满的单株。挖掘时，首先确定竹鞭的方向，一般情况下，竹株最下一盘竹枝伸展的方向与竹鞭的走向大致平行。在距母竹40cm处轻轻挖开土层，找到竹鞭，毛竹的挖掘一般留来鞭20～30cm、去鞭40～50cm，其他中型竹类一般留来鞭20cm、去鞭20～30cm，断面要光滑。按母竹来、去鞭方向呈椭圆形挖好土蔸，厚度一般为25～30cm，土蔸可视竹笋的位置适当加厚。挖掘时不能用力摇动竹竿，以免损伤竹竿与竹鞭的连接处，俗称"螺丝钉"。反季节移植时，要适当加大土蔸，多带宿土，起苗后马上用蒲包和草绳包扎，并喷水保湿。

2. 丛生竹类的选择与挖掘

丛生竹类一般选择枝叶茂盛、竿基芽肥大充实的1～2年生竹秆，在离其竿25～30cm外围扒开土壤，找出其柄基，然后用利凿切断分蔸，连蔸带土掘起，起蔸时尽量多带宿土，蔸上竹竿尽可能保持在10枝以上，20～30枝为最好。起苗后马上包扎，喷水保湿。

3. 混生竹类的选择与挖掘

混生竹类的选择与挖掘与丛生竹基本相同，尽可能选择成丛的竹蔸进行分蔸挖掘，竹蔸上竹竿应保留在10枝以上，分蔸、包扎、保湿方法同丛生竹。

(三) 土壤的改良

竹类具有发达的根系，要求土壤肥沃、湿润、深厚且排水良好，土层有效厚度在50cm以上，以沙质或沙质壤土坡地为好。竹类喜光，种竹地尽可能选择在背风向阳处。

（1）对于土壤肥力差、理化性状不佳的种竹地，首先要去除土壤中的石块、建筑垃圾、枯木枯枝，并对地形做适当的修整，使其有一定的坡度，以利自然排水。

（2）对土壤进行深耕，深耕时应掺加饼肥、腐叶土等有机肥，改善土壤肥力和理化性状。

（3）土层厚度不够时，应加厚土层，最好选用母竹生长地的土壤。

（四）竹苗的种植

1. 种植要求

竹类种植总的技术要求是：深挖穴、浅栽竹、下紧围、土松盖。种植前需对竹进行定高修剪，截去竹竿的顶梢部分，同时对根部折裂的竹鞭进行修剪。毛竹的种植密度控制在间距 60～80cm，其他散生竹在 40～60cm，丛生竹一般控制在 3m×3m。有时因景观需要，可适当加大种植密度。

种植穴的长宽不宜统一，但深度应达到40cm，视竹蔸大小适当修正种植穴和下垫土，使鞭根自然舒展，竹蔸下部要与下垫土密接。栽竹成活的关键在于竹鞭，竹鞭是地下茎，在土中横向生长，故不宜深种，否则影响竹鞭的生长行鞭。种竹的深度一般以竹鞭在土中 20～25cm 为宜，竹基部略高于地面 3～5cm，用土自下而上分层踏紧竹蔸周围至 2/3 处。浇透定蔸水，使竹鞭与土壤充分结合，再用松土覆盖至高出竹基 10～15cm 后筑浇水潭，浇水潭直径要略大于种植穴直径。待全部种好后，用竹竿对母竹进行网格状绑扎固定，栽后要及时检查种植质量，如发现露鞭或竹蔸松动的要及时覆土补救。

2. 注意事项

（1）准备工作要充分，尽量缩短母竹挖掘与种植的间隔时间，应随到随种。

（2）整个过程要保护好竹鞭、鞭根、芽，也不可损伤竹鞭与竹竿连接处，决不可用力摇动拉扯竹竿，以免损伤"螺丝钉"。

（3）运输过程做好竹蔸的保湿保土工作，长途运输时必须用篷布遮盖，中途适当喷水。装卸搬运时，须用双手抱蔸或多人抬蔸的办法，轻拿轻放。

三、竹类的养护

移植好的竹类植物养护与园林树木的养护管理一样，需要注意水、肥管理，及时除杂草、修残枝。

（一）水分管理

竹类喜土壤湿润、忌涝，需管好"五水"：初春浇迎春水，起到催笋作用；出笋后浇拔节水，促竹笋生长；6、7月浇竹鞭水，促竹鞭生长；8、9月浇孕笋水，促笋芽膨大生长；入冬时浇封冬水，起保湿防冻作用。雨季或大雨积水时，应及时排水，防止烂根、烂鞭。

(二) 肥料管理

竹类植物喜土壤肥沃，秋冬季施有机肥为佳，散生竹可铺撒在土壤表面，丛生竹应在其蔸边开沟或挖穴施入后覆土。3、4月是竹笋发育期，5、6月是拔节期，7、8、9月是行鞭育笋期，这三个旺盛生长期应每月施1次化肥。

肥料以氮、磷、钾的复合肥为主，比例以5：2：4为宜，并根据土壤养分情况确定施肥量。复合肥用水稀释后开沟或挖穴施下，再用土覆盖。

(三) 间伐抚育

应及时清除竹林中的病枝、倒伏枝和枯死枝，竹林过密或长势不佳时，适当进行间伐和钩梢，散生竹的间伐和钩梢应在晚秋或冬季进行，按生长势保留4、5年生以下的竹子，去除6、7年生以上的老竹。

丛生竹一般1年2次发笋，清除老竹竿尤为重要，一般1、2年生的全部保留，3年生的部分保留，4年生以上的全部去除。丛生竹间伐修剪时间一般在1~3月进行，过早、过迟均不利于竹子的生长，修剪时切口尽可能贴近基部，并按照去老留幼、去弱留强、去密留疏、去内留外的原则进行。

(四) 松土除草

松土除草是园林养护中最基本的一项工作，去除杂草不但能够保证土壤养分充分供应竹子生长，也能保证竹子的绿化景观效果。松土能够有效改善土壤结构，促进竹鞭的生长。因此，需要对竹林进行定期的除草和松土，特别是在春季杂草生长旺盛期，松土除草时注意不伤竹根、竹鞭和笋芽。

(五) 病虫害防治

竹子常见病虫害有丛枝病、枯梢病、煤污病、竹秆锈病、疥虫、红棕象甲、竹斑蛾等。丛枝病、竹秆锈病等多半发生在老竹株上，因此，加强间伐抚育管理，及时间伐老竹、病竹，合理调节竹林密度，保持竹林通风透光，改善生长环境，可有效增强竹子的抗病力。煤污病常由介壳虫、蚜虫引发，加强对介壳虫、蚜虫的防治就能有效控制煤污病的发生。

四、园林竹类的精细化养护的策略

竹类植物作为园林设计中的重要元素，以其独特的形态、优雅的气质和丰富的文化内涵深受人们喜爱。然而，要使竹类植物在园林中展现出最佳的生长状态，精细化养护显得尤为关键。下面将探讨园林竹类精细化养护的方法与策略，以期为广大园林工作者提供有益的参考。

(一) 选择合适的竹种与土壤

首先，要根据园林的地理环境、气候特点以及景观需求，选择适合的竹种。同时，要确保土壤排水良好，富含有机质，以满足竹类生长的基本需求。对于土壤条件不佳的区域，可通过改良土壤、添加有机肥等方式，提高土壤肥力。

(二) 科学浇水与施肥

浇水是竹类养护的重要环节。要根据竹类的生长习性、季节变化以及土壤湿度，合理安排浇水时间和浇水量。在生长旺盛期，应保持土壤湿润；而在休眠期，应适当减少浇水，避免积水造成根部腐烂。此外，施肥也是促进竹类生长的关键措施。要根据竹类的生长阶段和营养需求，选择合适的肥料类型和施肥频率，确保竹类获得充足的养分。

(三) 修剪与整形

修剪与整形是保持竹类美观的关键步骤。要根据竹类的生长特点和景观需求，定期进行修剪，去除弱枝、病枝和不规则生长的枝条。同时，可通过整形修剪，使竹类呈现出更加优美的形态和层次感。需要注意的是，修剪时要避免过度修剪，以免影响竹类的正常生长。

(四) 定期巡查与记录

精细化养护还需注重定期巡查与记录。通过巡查，可以及时发现竹类生长过程中的问题，如缺水、缺肥、病虫害等，从而及时采取措施进行处理。同时，记录竹类的生长情况和养护措施，有助于总结养护经验，为今后的养护工作提供参考。

(五) 培训与教育

提高园林工作者的养护技能也是实现竹类精细化养护的关键。通过组织培训、开展技术交流等方式，提高园林工作者对竹类生长习性、养护技术等方面的认识和掌握程度，从而确保养护工作的质量和效果。

综上可知，园林竹类的精细化养护需要从多个方面入手，包括选择合适的竹种与土壤、科学浇水与施肥、修剪与整形、病虫害防治、定期巡查与记录以及培训与教育等。只有综合运用这些方法与策略，才能使竹类展现出最佳的生长状态，为园林增添更多的生机与美感。

第七章　园林花卉与草坪的精细化养护管理

第一节　时令花卉栽植与精细化养护管理

一、露地花卉栽植与精细化养护管理

露地花卉包括在露地直播的花卉和育苗后移栽到露地栽培的花卉。露地花卉一般适应性强、栽培管理方便、省时省工、设备简单、生产程序简便、成本低，是园林绿化、美化的主要成分。

(一) 露地花卉栽植前的整地

整地是指在花卉播种或定植前，对种植圃地进行翻耕、平整的操作过程。

1. 整地时期

(1) 春季使用的土地最好在上一年的秋季翻耕。

(2) 秋季使用的土地应在上茬作物出圃后立即翻耕。

(3) 耙地应在栽种前进行。如果土壤过干，土块不容易破碎，可先灌水，待土壤水分蒸发、含水量达60%左右时，再将土面耙平。土壤过湿时，耙地容易造成土表板结。

2. 整地深度

(1) 一两年生花卉的生长期短、根系较浅，整地要浅，一般翻耕的深度为20~30cm。

(2) 宿根和球根花卉及木本花卉整地要深，翻耕的深度为40~50cm。

(3) 大型木本花卉要根据苗木的情况深挖定植穴。黏土要适当加深，沙土可适当浅一些。

3. 整地方式

整地方式包括翻耕和耙地。

4. 土壤改良

不同的土壤改良方式不一样。

5. 施基肥

(1) 在花卉种植前施入的肥料称为基肥。在肥料比较充足时，有机肥可在翻耕

和耙地时施入，可以同土壤充分混合。

（2）一些精细的肥料或化肥可在播种或栽植时施入。施入播种穴或栽植穴内，同土壤充分混合。

6. 作畦

翻耕以及耙过的土壤在花卉种植前要做成栽培畦。栽培畦的形式要根据不同地区的气候条件、土壤条件、灌溉条件、花卉的种类以及花卉布置方式采用不同的形式。

（1）在雨量较大的地区栽培牡丹、大丽花、菊花等不耐水湿的花卉，最好采用高畦或高垄，并在四周挖排水沟。

（2）北方干旱地区多利用低畦或平畦栽培。

（二）露地花卉的定植

1. 草本花卉

在栽植前挖好的栽植沟内施入少量的磷酸二铵等肥料，与土壤充分混匀后再栽苗。可采用在沟（穴）内先浇水，在水没有渗下以前把苗栽上，待水渗完后用土埋住苗；也可先栽苗后浇水。

2. 乔木及灌木花卉

乔木及灌木花卉的定植与园林树木的定植方法相同。

（三）露地花卉的养护管理

1. 灌溉

（1）灌溉的水质。浇花的水质以软水为好，一般使用河水、雨水最佳，其次为池水及湖水，泉水不宜。不宜直接从水龙头上接水来浇花，而应在浇花前先将水存放几个小时或在太阳下晒一段时间。不宜用污水浇花。

（2）浇水时期。在夏秋季节应多浇，在雨季则不浇或少浇。在高温时期，中午切忌浇水，宜早、晚进行；冬天气温低，宜少浇，并在晴天上午10时左右浇。幼苗时少浇，旺盛生长期多浇，开花结果时不能多浇。春天浇花宜中午前后进行。

（3）浇水方式。每次浇水不宜直接浇在根部，要浇到根区的四周，以引导根系向外伸展。每次浇水过程中，按照"初宜细、中宜大、终宜畅"的原则来完成，以免表土冲刷。灌溉的形式主要有畦灌、沟灌、滴灌、喷灌、渗灌五种。

2. 施肥

（1）基肥。在育苗和移栽之前，施入土壤中的肥料主要有厩肥、堆肥、饼肥、骨粉、过磷酸钙以及复混肥等。先施入肥料，再用土覆盖，也可以将肥料先拌入土中，然后种植花卉。

（2）追肥。追肥指在花木生长期间所施的肥料。一般多用腐熟良好的有机肥或速效性化肥。

3.中耕除草

（1）中耕不宜在土壤太湿时进行。

（2）中耕的工具有小花锄和小竹片等。花锄用于成片花坛的中耕，小竹片用于盆栽花卉。

（3）中耕的深度以不伤根为原则，根系深，中耕深；根系浅，中耕浅；近根处宜浅，远根处宜深；草本花卉中耕浅，木本花卉中耕深。

4.整形修剪

（1）整形。露地花卉一般以自然形态为主，在栽培上有特殊需求时才结合修剪进行整形。主要的形式有单干式、多干式、丛生式、垂枝式、攀缘式。

（2）修剪。修剪主要是摘心、除芽、去蕾。

二、盆栽花卉栽植与精细化养护管理

盆栽花卉用途非常广泛，室内外均可采用，草本、木本、球根类均可盆栽。盆栽时，首先要根据植株的大小、生长习性、根径大小、栽培目的选用适当的花盆；然后将花苗定植，并进行灌溉、施肥、中耕除草、整形修剪、病虫害防治、防寒越冬等一系列管理工作，使之苗壮成长。

（一）营养土的配制

营养土又叫作培养土（盆土、花土），是人工配制的营养丰富、结构良好的基质。所谓的基质，就是固定植物根系，并为植物提供生长发育所需要的养分、水分、通气等条件的物质。

1.配制营养土的常用材料

配制营养土常用的材料有园土、腐叶土、粒沙、堆肥土、塘泥、蛭石、珍珠岩、针叶土、锯末木屑、稻壳、甘蔗渣、陶粒、炉渣、木炭、水苔、苔藓等。

2.营养土的混合配制

根据所选基质种类的不同，配制方法可分为无机复合基质、有机复合基质和无机 - 有机复合基质三类。

3.营养土的消毒

消毒的方法有烧土消毒、蒸汽消毒和药品消毒等。

（1）烧土消毒。烧土消毒方法简单易行，安全可靠，即把土放在装有铁板的炉灶上翻炒。土壤湿润状态不同，烧土所需要的温度也不同，一般80℃历时30min，便可把土壤中的有害生物杀死。如果消毒时间过长，会把有益的生物杀死。

（2）蒸汽消毒。蒸汽消毒效果最好，方法简单。利用放出蒸汽的热进行消毒，土壤量大的可选用此法。温度达100℃，保持10min即可达到消毒的目的。

（3）药品消毒。药品消毒主要有三种方法。

第一，75%多菌灵可湿性粉剂。多菌灵可湿性粉剂是一种广谱、高效、低毒、长效的杀菌剂，可以有效地预防和治疗营养土中的病毒、细菌等。使用时，将多菌灵可湿性粉剂按一定比例兑水，均匀喷洒在营养土表面，并轻轻铲平，一般可以消除营养土中的病菌。

第二，霉多宁。霉多宁是一种高效、广谱的杀菌剂，可以有效地防治病菌、真菌等。使用时，将霉多宁稀释至一定的浓度，然后均匀喷洒在营养土表面，让其自然风干即可。霉多宁具有良好的渗透性和附着性，可以有效地杀死营养土中的病毒和真菌等。

第三，还原霉素。还原霉素是一种高效、广谱的杀菌剂，可以有效地预防和治疗营养土中的真菌、细菌等。使用时，将还原霉素按照一定比例稀释后，均匀喷洒在营养土表面，一般可以消除营养土中的病毒。

4.营养土的酸碱测试与调节

（1）土壤酸碱度的测定。可以使用pH试纸、酸度计。

（2）酸度调节。碱性土要调酸，加硫黄粉和硫酸亚铁。酸性土中和，可以使用石灰粉、石膏、草木灰。

（二）花卉上盆

将花苗栽植于花盆中的过程叫上盆，也叫盆栽，一般在春秋两季进行。上盆主要分为以下四步。

（1）垫片。用两块或三块碎盆片盖在盆底排水孔洞的上方，搭成"人"字形或品字形，使盆土不会落到洞口而多余的水又能流出。

（2）加培养土。先加一层粗培养土（板栗大小的晒干的塘泥），加基肥，再铺一层细培养土，以免花卉的根与基肥直接接触。

（3）移苗。将花苗立于盆中央，掌握种植深度，不可过深或过浅，一般是根茎处距盆口沿约2cm。一手扶苗，一手从四周加入细培养土，加到半盆时，振动花盆，并用手指轻压紧培养土，使根与土紧密结合；再加细培养土，直到距盆口4cm，面上稍加一层粗培养土，以便浇水施肥，并防止板结。只有基生叶而无明显主茎的花苗，上盆时要注意"上不埋心，下不露根"。

（4）浇水。上盆后要浇透水，并移至荫蔽处一周左右。

（三）花卉换盆

花卉小苗长大后经过2～3次换盆才定植于大盆中。多年生的花木也要经过定期（每年或2～3年后）换盆，更新培养土。

1. 换盆时间

对于盆花，一定要选择好换盆时机，如果原来的花盆够大，就尽量不要更换。

多数情况是最好在春天进行换盆，因为这更有利于花的适应。多年生花卉换盆多在休眠期进行，不要在开花期换盆。

2. 换盆次数

一两年生花卉一年换盆2～3次，宿根花卉一年1次，木本花卉2～3年1次。

（四）盆栽花卉的日常养护

1. 浇水

（1）水质要求。盆花最好用软水浇灌，雨水、河水、湖水、塘水等称为软水。

（2）水的温度。浇水温度与当时的气温相差要小，如果突然浇灌温差较大的水，根系及土壤的温度突然下降或升高，会使根系正常的生理活动受到阻碍，减弱水分吸收，发生生理干旱。因此，夏季忌在中午浇水，冬季自来水的温度常低于室温，使用时可加些温水，有利于花卉生长需要。

（3）浇水适量。判断植物的需水量，要在实践中逐步摸索，找出规律，要掌握好浇水量。一般盆栽花卉要掌握"见湿、见干"，木本花卉和仙人掌类要掌握"干透、湿透"的原则。夏季时多数植物生长旺盛、蒸发量大，应多浇水，夏季室内花卉2～3d浇水一次，在室外则每天浇一次水。秋冬季节对那些处于休眠、半休眠状态的花卉还是以控制浇水、使盆土经常保持偏干为好，总之要根据盆花对水的需要做到适时适量的原则。

不同品种的花卉浇水量要区别对待，一般草本花卉比木本花卉需水量大，浇水宜多；南方花卉比原产干旱地区的花卉需水量大；叶片大、质地柔软、光滑无毛的花卉蒸发量多，需水量大；而叶片小、革质的花卉需水较少。

（4）浇水方式。多数花卉喜欢喷浇，喷水能降低气温，增加环境湿度，减少植物蒸发，冲洗叶面灰尘，提高光合作用。经常喷浇的花卉，枝叶洁净，能提高植物的观赏价值。但盛开的花朵及茸毛较多的花卉不宜喷水。

2. 给花卉施肥

（1）施好基肥。花卉在播种、上盆或换盆时，将基肥施入盆底或盆下部周围，以腐熟后的饼肥、畜禽粪、骨粉等有机肥为主。施入量视盆土多少、花株大小而定，一般每 5kg 盆土施 300~400g 有机肥为宜。

（2）适时适量追肥。在花卉植株生长旺期，根据其发育状况（包括叶色及厚度、茎的粗壮程度、花色鲜艳程度等），可将速效性肥料直接施入盆内外缘，深度为 5cm 左右，施入量因盆土多少而定。追肥在花卉生长季节都可进行，当植株进入休眠期时，停止施肥。每周施 1~2 次，立秋后每半月施 1 次。

（3）必要时叶面喷肥。一般情况下，草本花卉使用浓度为 0.1%~0.3%，木本花卉为 0.5%~0.8%，喷施应选在早晨太阳出来前或傍晚日落后。每 7d 喷一次，连续三次后，停喷一次（约半个月），以后再连续。

三、花卉的病虫害防治

花卉常见的病虫害有白粉病、锈病、黑斑病、缩叶病、黄化病等，以及天牛类、蚜虫类、介壳虫类、金龟子类等虫害。

（一）花卉常见病害的防治

1. 白粉病

（1）常见花卉。常见于凤仙花、瓜叶菊、大丽菊、月季、垂丝海棠等花卉，主要发生在叶上，也危害嫩茎、花及果实。

（2）病情表现。初发病时，先在叶上出现多个褪色病斑，但其周围没有明显边缘。后小斑合成大斑。随着病情发展，病斑上布满白粉，叶片萎缩，花受害而不能正常开花，果实受害则停止发育。此病发生期可自初春延至夏季，直到秋季。

（3）防治方法。初发病时及早摘除病叶，防止蔓延；发病严重时，可喷洒 1000 倍 70% 甲基托布津液。

2. 锈病

（1）常见花卉。易发此病的以贴梗海棠等蔷薇科植物居多，包括玫瑰、垂丝海棠等。另外，芍药、石竹也易患此病。

（2）病情表现。早春发病较重，初期在嫩叶上呈斑点状，失绿，后在其上密生小黑点，并自反面抽出灰白色羊毛状物。8~9 月，产生黄褐色的粉末状物，随风传播，次年早春又随雨水传播，再危害花卉，危害较轻时形成病斑，影响外观及光合作用，严重时会引起落叶。

（3）防治方法。尽量避免在附近种植松柏等转主寄生植物。早春，约为 3 月中旬，开始喷洒 400 倍 20% 萎锈灵乳剂液或 50% 退菌特可湿性粉剂，约半个月后再喷一次，直到 4 月初为止，若春季少雨或干旱，可少喷一次。

3. 缩叶病

(1) 常见花卉。主要发生在梅、桃等蔷薇科植物的叶片上。

(2) 病情表现。早春初展叶时，受害叶片畸形、肿胀，颜色发红。随着叶片长大，而向反面卷缩，病斑渐变成白色，并且其上有粉状物出现。由于叶片受害，嫩梢不能正常生长，乃至枯死。叶片受害严重，易掉落，从而影响树势，减少花量。

(3) 防治方法。发病初期，及时摘除初期显现病症的病叶，以减少病原传播。早春发芽前，喷洒 3% ~ 5% 石硫合剂，以消除在芽鳞内外及病梢上越冬的病原。倘若能连续两三年这样做，就可以比较彻底地防治此病。

(二) 花卉常见虫害的防治

1. 蚜虫

(1) 常见花卉。多种盆栽花卉均受蚜虫危害，例如桃、月季、榆叶梅、梅花等。

(2) 病情表现。蚜虫多聚集在叶片反面，以吸食叶液为生。随着早春气温上升，受害叶片不能正常展叶，新梢无法生长，严重时会造成叶片脱落，影响开花。至夏季高温时，有些蚜虫迁飞至其他植物如蔬菜等叶上，直至初冬再飞回树上产卵越冬。

(3) 防治方法。发芽后展叶前，可喷洒 1000 倍 40% 乐果乳剂，以杀死初经卵化的幼蚜；也可先不喷药，以保护瓢虫等天敌，让其消灭蚜虫，直至因种群消长失衡，天敌无法控制蚜虫时，再考虑用药。

2. 介壳虫

介壳虫种类之多、危害花木之众为害虫之最。龟甲蚧，白色脂质，圆形。桑白蚧，白色，尖形。牡蛎蚧，深褐色，雄虫长形，雌虫圆形。盔甲蚧，深褐色，圆形，形似盔甲。

(1) 常见花卉。易受介壳虫危害的植物有山茶、石榴、夹竹桃、杜鹃、木槿、樱花、梅花、桃花、海棠、月季等。

(2) 病情表现。幼虫先在叶片上吸食汁液，使叶片失绿，至成虫时，多在枝干上吸食汁液，严重衰弱树势而影响开花。

(3) 防治方法。用手捏死或用小刀刮除叶片和枝干上的害虫，在幼虫期喷洒 1000 倍 40% 乐果乳剂 1 ~ 2 次，其间相隔 7 ~ 10d。

3. 红蜘蛛

红蜘蛛的虫体小，肉眼几乎难以分辨，多呈聚生，且繁殖速度极快。

(1) 常见花卉。易受危害的植物很多，如月季、玫瑰、桃花、樱花、杜鹃等。

(2) 病情表现。虫聚生于叶片背面吸食汁液，初使叶片失绿，最终造成叶片脱落、新梢枯死。严重时，小树生长衰弱，甚至死亡。

（3）防治方法。于初发期喷洒 1000 倍 40% 乐果乳剂或 1000~1500 倍 40% 三氯杀螨乳剂，喷杀时要周到密布。夏季高温时，该虫繁殖快，往往防治不及，要早喷洒农药，且要连续 3~4 次，其间间隔 7d 左右，而且不要单一使用一种农药，以免产生抗药性。

4. 线虫

线虫危害植物根部，引起植物发育不正常。

（1）常见花卉。受害植物有兰花、康乃馨、水仙、牡丹等。

（2）病情表现。虫害轻时，往往不易察觉；虫害严重时，植物生长不良，开花不旺。由于土壤中线虫种类繁多，虫体幼小，肉眼几乎看不到。

（3）防治方法。每千克种植土壤中加 20~30 粒 3% 呋喃颗粒剂，通过土壤溶解，缓缓释放，来消灭线虫。

5. 毛虫类

毛虫类有天幕毛虫、舟形毛虫等，食性很杂，几乎危害所有植物，呈暴发性。要及早防治，主要可采用人工捕捉的方法，必要时用 1000 倍 40% 乐果乳剂喷洒。

（1）常见花卉。常见于桃花、梅花、樱花等。

（2）病情表现。幼虫在枝干中蛀食，严重的可使 2~3 年生大枝蛀断，影响树姿。

（3）防治方法。平时注意观察，当枝干上有蛀孔，并自蛀孔排泄小颗粒状粪便时，可用铁线自蛀孔向虫道挖除，或将枝剪断，杀死害虫。用 150 倍 80% 的敌敌畏乳剂，用注射器由虫道排粪口注入，然后以湿泥将虫道堵住，杀死害虫。

6. 地下害虫

蛴螬，即金龟子幼虫，白色。地老虎，绿黑色。在土壤里以取食植物根或根颈部为生，常致植物死亡。防治方法是及时从其入土洞口挖除。

四、花坛的布置

布置花坛是园林绿化的组成部分，尤其是在节日，公园绿地、街头巷尾用各色鲜花布置多种形式的花坛，呈现万紫千红、花团锦簇的景观，更能增添喜庆气氛。花坛的种类和布置形式多样，人们把以花卉为主要植物材料、集中布置成以观赏为主要目的的植物配植，称为花坛。

（一）平面花坛的布置

平面花坛是指从表面观赏其图案与花色的花坛。花坛本身除呈简单的几何形状外，一般不修饰成具体的形体。这种花坛在社区绿化中最为常见。

1.整地

(1)整地的质量要求。栽培花卉的土壤必须深厚、肥沃、疏松。所以，开辟花坛之前，一定要先行整地，将土壤深翻30cm以上。在深翻细耙过程中清除草根、石块及其他杂物，施入基肥，严禁混入有害物质。如果栽植深根性花卉，土壤还要翻得更深一些。如果土质很差，则应全部换成符合要求的土壤。

(2)花坛的表面地形处理。平面花坛的表面不一定呈水平状。花坛用地应处理成一定的坡度。为便于观赏和有利于排水，可根据花坛所在位置，决定坡的形状。若从四面观赏，可处理成中间高、四周低或台阶状等形式；如果只是单面观赏，则可处理成一面坡的形式。

(3)花坛的地面、边饰、边界。花坛的地面应高出所在地的地平面，这样有利于排水，尤其是四周地势较低之处，更应如此。为了使花坛有明显的轮廓和防止水土流失，四周最好以花卉材料做边饰，如麦冬、雀舌黄杨、龟甲冬青等。同时，应做边界，可用砖块、预制块、天然石块等修砌。单面设置的最好用常绿树(如桂花、含笑等)做背景加以衬托，这样更为美观。

2.定点、放线

栽植花卉前，先在地面上准确地画出花坛位置和范围的轮廓线。此外，放线要考虑先后顺序，避免踩乱已放印好的线条。

3.栽植

不同花苗的栽植方法是不一样的。

4.栽植顺序

(1)单个的独立花坛，应按由中心向四周的顺序退栽。

(2)一面坡式的花坛，应按自上而下的顺序栽植。

(3)高低不同品种的花苗混栽时，应先栽高的，后栽低矮的。

(4)宿根、球根花卉与一两年生花卉混栽的，应先栽宿根、球根花卉，后栽一两年生花卉。

(5)模纹花坛，应先栽好图案的各条轮廓线，再栽轮廓线内部的填充部分。

(6)大型花坛，可以分区、分块栽植。

5.栽植距离

花的栽植间距要以植株的高低、分蘖的多少、冠丛的大小而定，以栽后不露地面为原则。也就是说，距离以相邻的两株花苗冠丛之和决定。然而，栽植尚未长大的小苗，应留出适当的空间。栽植模纹花坛，植株间距应适当密些。栽植规则式花坛，花卉植株间错开，栽植成梅花状(或叫三角形栽植)。

6. 栽植深度

栽植深度对花苗的生长发育有很大的影响。栽植过深，对花苗根系生长不利，甚至会致其腐烂死亡；栽植过浅，花苗不耐干旱，而且植株易倒伏。栽植深度以壅土覆盖没根颈部为宜。栽好后，应使用细眼喷嘴浇水，防止水流冲倒花苗，待第一次浇的水渗入土壤后再浇一次，确保浇透。

7. 花卉更换

由于各种花卉都有一定的花期，要使花坛有花，要根据季节和花期适时更换花卉。全年换花次数一般不少于4次，要求高的花坛每年换花多达8次。

(二) 立体花坛的布置

所谓立体花坛，就是用砖、木、竹、泥、钢筋、钢管、角钢等制成骨架，再用五色草布置外形的植物配植形式，如布置成花瓶、花篮、鸟、兽等形状。

立体花坛造型必须达到艺术和牢固性的统一，一般应有一个特定的外形，根据花坛设计图而定。外形结构的制作方法是多种多样的，目前常用钢筋、钢管、角铁制成造型骨架，中心用废旧的砖块、泡沫、塑料等做填充物，基座用木工板等制成。然后，再用细网眼（1.5cm×1.5cm 见方）铁丝网将造型骨架和基座固定好，填入疏松的细土作为栽植五色草时固定根系的基质。

(三) 花台的布置

花台又称为花池，是我国传统的花卉种植形式，在我国已有悠久的历史。其特点是以假山石料或砖块等堆砌成高出地面的池状花坛，故人们习惯称之为花池。现今在花台的应用上，各地多喜欢和假山叠石相结合。花台植物的配植采用草本和木本相结合的原则。

1. 花台的位置

花台的位置一般设置在庭院的中央、两侧或角隅，亦有与建筑相连而设于墙基、窗下或门旁的。

2. 花台花卉的选择

花台因布置形式及环境不同而风格各异。

（1）我国古典园林及民族式的建筑庭院内，花台常呈盆景式，以松、竹、梅、牡丹、杜鹃等为主，配饰山石小草，重姿态风韵，而不在乎色彩华丽。

（2）花台以栽植草花作整形布置时，其选材基本上与花坛相同，但因面积狭小，一个花台内常用一种花卉。因其台面高于地台，故更应选株形较矮或茎叶匍匐、下垂于台壁的花卉。

3. 花台植物的栽植

花台内栽种的植物多注重单株形态，栽植时要求精细。栽植木本花卉时，栽植穴要略大于植株的根系或泥球，穴底部必须符合栽植要求，入穴时要深浅适中，要调整植株观赏面和姿态，种植后土壤一定要按实，定植后要浇足水，并整形修剪，保持树形完美。栽植花卉时，与布置花坛时的种植要求相同。

4. 花台的养护管理

花台养护管理一般要求精细，应根据不同花卉品种的栽培和观赏要求，进行修剪、施肥和病虫害防治，以促进花卉的正常生长发育。对特殊姿态造型的树木，更需注重整形修剪，并加以保护，以保持其特定的优美姿态。

五、花卉的花期调控

花期调节又称为催延花期或促成和抑制栽培，就是通过某些栽培手段或措施，达到将自然花期提早或延迟的目的。

(一) 花期调控的必要性

冬季，在我国除南方温暖地区尚有露地花卉可供应用外，在北方寒冷地区，由于冬季气温过低，不能在露地生产鲜花。为了满足冬春季节对鲜花的需要，就要采用促成和抑制栽培的方法进行花卉生产。尤其是节日用花，需要数量大、种类多、要求质量高，还必须准确地应时开花。特别是国庆要使四季具有代表性的花卉如春季的杜鹃、西府海棠，夏季的芍药、荷花，秋季的菊花、桂花，冬季的梅花、水仙、茶花等都同时开放。因而，进行花期调控也是园林绿化的重要工作之一。

(二) 花卉促成和抑制栽培

花卉促成和抑制栽培就是人为地利用各种栽培措施，使花卉在自然花期之外，按照人们的意志定时开放，即所谓"催百花于片刻，聚四季于一时"。开花期比自然花期提早的称为促成栽培，比自然花期延迟的称为抑制栽培。

(三) 确定开花调节技术的依据

确定开花调节技术的依据如下。

(1) 充分了解栽培对象的生长发育特性，如营养生长、成花诱导、花芽分化、花芽发育的进程和所需求的环境条件，休眠与解除休眠的特性与要求的条件，才可选定采用何种途径达到开花调节的目的。

(2) 有的情况下只需一种措施就能达到定期开花的目的，在适宜的生长季内调节播种期。但是，经常遇到的是须采取多种措施方可达到目的，如菊花周年供花需要调节扦插时期、摘心时期，采用长日照抑制成花促进营养生长，应用短日照诱导孕育花芽和花芽分化等多项措施。

（3）在控制环境调节开花时，需了解各环境因子对栽培对象起作用的有效范围及最适范围，分清质性作用范围与量性作用范围，同时还要了解各环境因子之间的相互关系，是否存在相互促进或相互代替的性能，以便在必要时相互弥补。低温可以部分代替短日照作用，高温可部分代替长日照作用，强光也可部分代替长日照作用。

（4）控制环境实现开花调节需要加光、遮光、加温、降温及冷藏等特殊设施，在实施栽培前须先了解或测试设施、设备的性能是否与栽培对象的要求相符合，否则可能达不到目的。如冬季在日光温室促成栽培唐菖蒲，而温室缺乏加温条件，当地光照过弱，则往往出现"盲花"、花枝产量低或每穗花朵过少等现象。

（5）控制环境调节开花时，应尽量利用自然季节的环境条件以节约能源及设施。如促成木本花卉，可以部分或全部利用户外低温以满足花芽解除休眠对低温的需求。

（6）人工调节开花，必须有密切目标和严格的操作计划。根据需求确定花期，然后按既定目标制定促成或抑制栽培计划及措施程序，并需随时检验，根据实际进程调整措施。在控制发育进程的时间上要留有余地，以防意外。

（7）人工调节开花，应该根据开花时期选用适宜的品种。如早花促成栽培宜选用自身花期早的品种，晚花促成栽培或抑制栽培宜选用晚花品种，可以简化栽培措施。例如，香豌豆是量性长日花卉，冬季生产可用长日性弱的品种，夏季生产可用长日性强的品种。

（8）不论促成栽培或是抑制栽培，都需要与土、肥、水、气及病虫害等常规管理相配合，不可掉以轻心。

六、处理前预先应做好的准备工作

（一）花卉种类和品种的选择

在确定用花时间以后，首先要选择适宜的花卉种类和品种。被选花卉应能充分满足花卉应用的要求，另外要选择在确定的用花时间比较容易开花、不需过多复杂处理的花卉种类，以节省处理时间、降低成本。同种花卉的不同品种，对处理的反应常是不相同的，有时甚至相差较大，例如菊花早花品种南洋大白。短日照处理50d开花；而晚花品种佛见笑则要处理60～70d才开花。为了提早开花，应选用早花品种，若要延迟开花，则应选用晚花品种。

(二) 球根成熟程度

球根花卉进行促成栽培，要设法使球根提早成熟，球根的成熟程度对促成栽培的效果具有重大影响。成熟程度不高的球根，促成栽培反应不良，开花质量降低，甚至球根不能发芽生根。

(三) 植株或球根大小

要选择生长健壮、能够开花的植株或球根。依据商品质量要求，植株和球根必须达到一定的大小，经过处理开花才有较高的商品价值。如采用未经充分生长的植株进行处理，结果植株在很矮小的情况下开花，花的质量就低，不能满足花卉应用的需要。同时，某些花卉要生长到一定年限才能开花，处理时要选用达到开花苗龄的植株。球根花卉是当球根达到一定大小时才能开花，如郁金香鳞茎重量为12g以上、风信子鳞茎周径要达到8cm以上等。

(四) 处理设备

要有完善的处理设备，如温度处理的控温设备、日照处理的遮光和加光设施等。

(五) 栽培条件和栽培技术

要有良好的栽培设备和熟练的栽培技术。促成和抑制栽培效果的好坏，除取决于处理措施是否科学和完善外，栽培管理也是十分重要的。优良的栽培环境加上熟练的栽培技术，可使处理植株生长健壮，提高开花的数量和质量，提高商品价值，并可延长观赏期。

七、调节花期的园艺措施

(一) 温度处理

温度处理包括加温处理和低温处理两方面。

1.加温处理

(1) 促进花芽的发育和开花，对已完成花芽分化的因环境不宜而未开花的木本盆栽花卉，如蜡梅、梅花、迎春等在预定花期前25d移至25℃的温室内处理10d。

多年生花卉又分一次花芽分化多次开花或连续花芽分化连续开花的情况，应在环境温度下降时不开花而休眠之前移至温室内，如美人蕉、大丽花、非洲菊等。

(2) 促进营养生长，提前开花。一两年生的花或秋花类因开花时温度低开花慢，可在幼苗(早春)阶段放入温室内,缩短营养生长,提前开花,如瓜叶菊等。

(3)打破休眠,促进生长发芽。高温打破休眠,提早发芽、提早定植处理种子或种球,如唐菖蒲春花、秋花的栽培。

2. 低温处理

低温处理既有促成栽培,也有延迟栽培的用途。

(1)延长休眠期,延迟开花。具有休眠的繁殖材料在早春气温回升前降温处理,避免自然发芽。繁殖材料为球根、球茎的多用,在1℃~3℃条件下干藏至预定发芽开花期。

(2)减缓生长,延迟花芽分化或花蕾的形成。在花芽分化前控制在最低生长温度与最适生长温度之间,多为盆栽花卉,如瓜叶菊、八仙花、唐菖蒲等。

(3)低温直接抑制花蕾开花。多年生花卉、草花均可采用,注意温度不宜过低,花蕾耐低温的能力较差,低温处理时间不宜太早,避免花期发育不完全,太晚又达不到目的。

(4)强迫休眠,使春花秋开。多年生木本花卉,如碧桃、牡丹、玉兰、丁香、海棠等盆栽时采用。

(5)打破休眠,促进早花。温度调节可以增大休眠胚或生长点的活性,打破营养芽的自发休眠,使之萌发生长。比如,唐菖蒲种球在2~5℃低温下,冷藏5周可以打破其休眠,提前种植,能够提早花期。

(6)快速通过春化阶段,提早开花。一两年生草花,尤其是2年生草花,须低温完成春化阶段(营养生长前期),在幼苗期作低温处理,如紫罗兰、报春花、小苍兰、瓜叶菊等。瓜叶菊15℃下6周完成春化阶段通过花芽分化,正常温度下8周;报春花10℃处理幼苗。

3. 光照处理

光照处理包括长日照处理、短日照处理和光暗颠倒处理三种方式。只有对光周期敏感的花卉进行处理才有明显效果,对中性日照植物无意义。在花芽分化和开花两个时期最为有效。

(1)短日照处理。自然光照的非短日照的条件下,对短日照植物进行短日照处理,起促成栽培作用;对长日照花卉处理,起抑制栽培作用。

(2)长日照处理(短日照季节)。可对长日照花卉促成栽培,对短日照花卉抑制栽培。

每天自然光照条件下进行补光栽培,满足光照14h左右,在日落以后进行人工补光,光照强度为100lx即可。白炽灯在花蕾上方1m,100W的可照16m^2,60W的可照5m^2。

植株的感光部位主要为叶表面和顶芽附近，也是遮光处理的部位。

对秋菊抑制栽培延至春节开花，人为长日照处理，在9月花芽分化前每天光照14h，至10月中下旬停止处理，任其在自然光照下栽培，一般在开花前40~50d停止补光。

（3）光暗颠倒（黑白颠倒）处理。光暗颠倒可以改变夜间开花的习性。"昙花一现"说明昙花的花期很短，但更重要的是昙花的自然花期是在夏季午后的9~11时，使人们欣赏昙花受到限制。如果当昙花花蕾形成、长达8cm左右的时候，白天遮光，夜晚开灯照明，就可使昙花在白天开放，且能延长开放的时间。

4. 药剂处理

应用一些化学药剂或激素物质处理花卉，可以达到使其提前开花或延迟开花的目的。由于药剂或激素的来源不同，花卉生长发育的状态不同，每次应用均应进行严格的试验。

常用的药剂有赤霉素、乙酸、萘乙酸（NAA）、2，4-D、秋水仙素、吲哚乙酸（IAA）、乙炔、马来酸肼（MH）、脱落酸（ABA）等。

5. 栽培措施

利用不同的栽培技术措施可以在有限的范围内调整和控制花期。如调整播种期或栽植期，采用修剪、摘心、施肥和控制水分等措施可有效地调节花期。

（1）改变播种期。不需要特殊环境诱导，在适宜的生长条件下只要生长到一定大小即可开花的种类，可以通过改变播种期调节开花期。多数一年生草本花卉属于日长中性，对光周期小时数没有严格要求，在温度适宜生长的地区或季节采用分期播种，可在不同时期开花。如果在温室提前育苗，可提前开花，秋季盆栽后移入温室保护也可延迟开花，如翠雀的矮性品种、一串红的花期调节。

两年生花卉需要在低温下形成花芽和开花。在温度适宜的季节或冬季在温室保护，也可调节播种期在不同时期开花。例如，金盏菊在低温下播种30~40d开花，自7~9月陆续播种，可于12月至次年5月先后开花。紫罗兰12月播种，5月开花；2~5月播种，则6~8月开花；7月播种，则2~3月开花。

（2）调节扦插期。如需"十一"开花，可于3月下旬栽植葱兰，5月上旬栽植荷花（红千叶），7月中旬栽植唐菖蒲、晚香玉，7月25日栽植美人蕉（上盆，剪除老叶、保护叶及幼芽）。

如"五一"用花，一串红可于8月下旬播种，冬季温室盆栽，不断摘心，不使其开花，于"五一"前25~30d，停止摘心。"五一"时繁花盛开，株幅可达50cm。

其他如金盏菊9月播种，冬季在低温温室栽培，12月至次年1月开花。

（3）修剪。用摘心、修剪、摘蕾、剥芽、摘叶、环剥等措施，调节植物生长速度。

如一串红、天竺葵等都可以在花后进行修剪，并加强管理，即可重新抽枝发叶、开花。摘心处理有利于植株整形和延迟开花。剥去侧芽、侧蕾，有利于主芽开花；摘除顶芽、顶蕾，有利于侧芽、侧蕾开花；环割使养分聚于上部花枝，有利于开花。

如为"十一"开花，早菊的晚花品种7月1~5日，早花品种7月15~20日进行修剪。例：荷兰菊，3月上盆后，修剪2~3次，最后1次在"十一"前20d进行；一串红于"十一"前25~30d摘心；榆叶梅于9月8~10日摘除叶片，则9月底至10月上旬开花。

月季花、茉莉、香石竹、倒挂金钟、一串红等多种花卉，在适宜条件下一年中可多次开花，可通过修剪、摘心等技术措施预定花期。

月季花从修剪到开花的时间，夏季40~45d，冬季50~55d；9月下旬修剪可于11月中旬开花，10月中旬修剪可于12月开花，不同植株分期修剪可使花期相接。

一串红修剪后发生新枝约经过20d开花，4月5日修剪于5月1日开花，9月5日修剪可于国庆节开花。

荷兰菊在短日照期间摘心后新枝经20d开花，在一定季节内定期修剪也可定期开花。

(4)施肥。适当增施磷肥、钾肥，控制氮肥，常常对花卉的发育起促进作用。通常，氮肥和水分充足可促进营养生长而延迟开花，增施磷肥、钾肥有助于抑制营养生长而促进花芽分化。菊花在营养生长后期追磷肥、钾肥可提早开花约1周。能连续发生花蕾、总体花期较长的花卉，在开花后期增施营养可延长总花期。如仙客来在开花近末期增施氮肥可延长花期约1个月。

(5)控制水分。人为地控制水分，使植株落叶休眠，再于适当时候给予水分供应，则可解除休眠，进而发芽、生长、开花。玉兰、丁香等木本植物，用这种方法也可以在"十一"开花。

干旱的夏季，充分灌水有利于生长发育，促进开花。例如在干旱条件下，当唐菖蒲抽穗期充分灌水后，可提早开花约1周。

第二节　地被植物与草坪的建植与精细化养护管理

一、地被植物的建植与精细化养护管理

地被植物是指那些株丛密集、低矮，经简单管理即可用于代替草坪覆盖在地表、防止水土流失，能吸附尘土、净化空气、减弱噪声、消除污染并具有一定观赏和经济价值的植物。它不仅包括多年生低矮草本植物，还有一些适应性较强的低矮、匍

匍型的灌木和藤本植物。所谓地被植物，是指某些有一定观赏价值，铺设于大面积裸露平地或坡地，或适于阴湿林下和林间隙地等各种环境覆盖地面的多年生草本和低矮丛生、枝叶密集或偃伏性或半蔓性的灌木以及藤本植物。

(一) 地被植物的特点及作用

它们比草坪应用更为灵活，在不良土壤、树荫浓密以及黄土暴露的地方，可以代替草坪生长。地被植物种类繁多，可以广泛地选择，不仅包括多年生低矮草本植物，还包括一些适应性较强的低矮、匍匐型的灌木和藤本植物。它们不仅可以增加植物层次，丰富园林景色，而且适应性和抗逆性很强，可粗放管理；并能防止土壤中减少或抑制杂草生长；同时还具有净化空气、降低气温、减少地面辐射等生态作用。

地被植物在园林绿化中所起的作用越来越重要，是不可缺少的景观组成部分。地被植物在乔木、灌木、草本多层植物的搭配中，丰富的植物层次变化能形成吸引人的组合体。乔木、灌木、草本结构的群落生态效益比乔木、灌木两层及乔木单层结构要好。

按一定比例栽植地被植物可组成稳定性好、优美整洁的植物群落。很多地被植物有着鲜艳的花果，色彩丰富的叶片，可营造多层次、多色彩、多季相、多质感的景观，丰富了园林景观配置，提高绿化效果。

(二) 地被植物种类

1. 主要类型

地被是指能够覆盖地面的低矮植物群体。组成地被的植物称为地被植物。包括宿根植物、球根植物、一二年生植物、矮生灌木和少量藤本植物。地被植物的共同特点是对地表有覆盖、保护和装饰作用，以及低矮、管理方便、抗逆性强、繁殖容易等优良特性。其中草本植物以宿根植物中的低矮且扩展能力强，繁殖容易，耐旱、耐寒、耐瘠薄者为首选种类。球根植物以美人蕉和大丽花为主，但是不能自然露地越冬。一二年生花卉中作为地被的种类通常是开花性状良好并且能够自播繁衍，管理粗放，生活能力强者。

2. 主要种类

地被植物包括 70 多种，分属于 30 多个科。其中绿地栽培的近 60 种，未被开发利用的野生植物约有 20 种。若按其株数计栽种普遍的有芙蓉葵、蜀葵、地被菊类、五叶地锦、紫穗槐、大叶黄杨、矮牵牛、白三叶、凤尾兰等。其中藤本植物五叶地锦已被广泛应用于公路边坡绿化；观赏价值高、适应性强的马蔺得到重用；居住区

绿地大面积种植芙蓉葵和蜀葵，生长开花状况良好。

(三) 地被植物的建植

地被植物，作为城市绿化和生态修复的重要元素，不仅能美化环境，还能提升生态多样性，对改善城市微气候、减少城市热岛效应、净化空气等方面发挥着重要作用。下面将详细探讨地被植物的建植过程及其带来的益处。

1. 地被植物的选择

地被植物的种类选择至关重要，这需要根据建植地的气候、土壤、光照等条件进行综合考虑。在选择时，应优先考虑适应性强、生长迅速、观赏价值高的植物种类，如常春藤、麦冬、鸢尾等。同时，为了提升生态多样性，也可以适当引入一些本地野生植物，以形成丰富的植物群落。

地被植物为多年生低矮植物，适应性强，包括匍匐型的灌木和藤本植物，具有观叶或观花及绿化和美化等功能，其选择标准为：① 植株低矮：常分为30cm、50cm、70cm左右等几种，一般不超过100cm；② 绿叶期较长：株丛能覆盖地面，具有一定的防护作用；③ 生长势强：繁殖容易，拓展性强；④ 适应性强：抗干旱、抗病虫害、抗瘠薄，便于粗放管理。

2. 地被植物的建植方法

地被植物的建植方法主要包括播种、扦插、分株等。播种法适用于种子易获取且发芽率高的植物种类；扦插法则适用于易生根的植物；分株法则适用于丛生性强、易于分株的植物。在建植过程中，应注意控制种植密度，保持合理的间距，以便植物正常生长和繁衍。

3. 地被植物建植的益处

地被植物的建植具有诸多益处。首先，地被植物能有效覆盖裸露地面，减少水土流失，保持土壤肥力。其次，地被植物能增加城市绿量，提高绿化覆盖率，改善城市生态环境。此外，地被植物还能为城市野生动物提供栖息地，促进生物多样性。最后，地被植物的观赏价值也为城市景观增添了独特的魅力。

地被植物的建植是城市绿化建设的重要组成部分，它不仅能美化环境，提升城市形象，还能改善生态环境，提升居民生活质量。因此，我们应重视地被植物的建植工作，科学选择植物种类，采用合理的建植方法，加强养护管理，以充分发挥地被植物在城市绿化和生态修复中的重要作用。同时，通过普及地被植物知识，提高公众对地被植物的认识和重视程度，共同推动城市绿化事业的发展。

4. 地被植物的养护管理

修剪：大多数地被植物无须修剪，以粗放管理为主。但对于观花类地被，应在花后把残花和花茎及时修剪整齐,这样既保持了景观效果又有助于植物后期生长。

浇水:通常地被植物可不用特殊浇灌,它们具有很强抗性和适应性。一般在干旱季节可适当补充水分。

肥力补充:不同种类的地被植物在生长期需适当补充肥力,尤其是球根类植物,对其补充肥力更为重要,可以在秋季基肥或早春生长前追肥处理。

更新复壮:地被植物在生长过程中若出现成片早衰,则应视情况进行表土刺孔,使植株根部土壤疏松透气,同时加强水肥管理,促进植株更新复苏。对于观花类宿根或球根植物,则需3~5年分根翻种,否则会引起自然衰退。由于不利因素造成植物死亡并形成的空秃情况,应检查原因,做松土或换土处理,及时补栽。

二、园林草坪建植与精细化养护管理

(一) 草坪修剪

修剪是草坪养护中最重要的项目之一,是草坪养护标准高低的主要指标。草坪草长得过高会降低观赏价值和失去使用功能。修剪的目的不仅仅是美观,适当定期进行修剪可保持草坪平整,促进草的分枝,利于匍匐枝的伸长,提高草坪的密度,改善通气性,减少病虫害的发生,抑制生长点较高的杂草的竞争能力。

1. 草坪修剪的原则

遵循草坪修剪剪去1/3的原则要求,每次修剪量不能超过茎叶组织纵向总高度的1/3,也不能伤害根茎,否则会因地上茎叶生长与地下根系生长不平衡而影响草坪草的正常生长。

2. 修剪高度

修剪高度(留茬高度)是修剪后地上枝条的垂直高度,修剪高度对草坪根系的影响很大。修剪低矮的草坪看起来漂亮,但不抗环境胁迫,多病,对细致的栽培管理依赖性强。

草坪草修剪得越低,草坪根系分布越浅,浅的根系需要强化水分管理和施肥。以弥补植物对土壤水分与养分吸收能力的降低。维护一个修剪低矮的草坪比维护高的草坪需要更高的技术水平。

(1)耐剪高度

每一种草坪草都有它特定的耐剪高度范围,在这个范围之内则可获得令人满意的草坪质量。

低于耐剪高度范围,发生茎叶剥离或过多地把绿色茎叶去掉,老茎裸露,甚至造成地面裸露。

高于耐剪高度范围，草坪草变得蓬松、柔软、匍匐，难以形成令人满意的草坪。

某一草坪精确的耐剪范围是难以确定的，草坪草的遗传特点、气候条件、栽培管理措施及其他环境影响因素对这一范围都有影响。多数情况下，在这个高度范围内修剪草坪表现良好。不同草坪草因生物学特性不同，其所耐受的修剪高度不同。

第一，直立生长的草坪草，一般不耐低矮的修剪，如草地早熟禾和高羊茅。

第二，具有匍匐茎的草坪草，如匍匐剪股颖和狗牙根可耐低修剪。

第三，常见草坪草耐低矮修剪能力由高到低的顺序为：匍匐剪股颖、狗牙根、结缕草、野牛草、黑麦草、早熟禾、细羊茅、高羊茅。

（2）修剪高度的确定

① 冷季型草坪：夏季适当提高修剪高度来弥补高温、干旱胁迫。

② 暖季型草坪：应该在生长早、后期提高修剪高度以提高草坪的抗冻能力和加强光合作用。

③ 生长在阴面的草坪草，无论是暖季型草坪草还是冷季型草坪草，修剪高度都应比正常情况下高出 1.5～2.0cm，使叶面积增大，以利于光合产物的形成。

④ 进入冬季的草坪要修剪得比正常修剪高度低一些，这样可以使得草坪冬季绿期加长，春季返青提早。

⑤ 在草坪草胁迫期，应当提高修剪高度。在高温干旱或高温高湿期间，降低草坪草修剪高度是特别危险的。

⑥ 草坪春季返青之前，应尽可能降低修剪高度，剪掉上部枯黄老叶，利于下部活叶片和土壤接收阳光，促进返青。

（二）修剪频率及周期

修剪频率是指一定时期内草坪修剪的次数，修剪周期是指连续两次修剪之间的间隔时间。修剪频率越高，次数就越多，修剪周期越短。

修剪频率取决于修剪高度，何时修剪则由草坪草生长速度来决定，而草坪草的生长速度则随草种、季节、天气的变化和养护管理程度不同而发生变化。

（1）在夏季，冷季型草坪进入休眠，一般 2～3 周修剪一次。

（2）在秋、春两季由于生长茂盛，冷季型草需要经常修剪，至少一周一次。

（3）暖季型草冬季休眠，在春秋生长缓慢，应减少修剪次数，在夏季天气较热，暖季型草生长茂盛，应进行多次修剪。

在草坪管理中，可根据草坪修剪的 1/3 原则来确定修剪时间和频率。1/3 原则也是确定修剪时间和频率的唯一依据。

(三) 剪草机械的选用

（1）特级草坪只能用滚筒剪草机剪，一级、二级草坪用旋刀机剪，三级草坪用气垫机或割灌机剪，四级草坪用割灌机剪，所有草边均用软绳型割灌机或手剪。

（2）在每次剪草前，应先测定草坪草的大概高度，并根据所选用的机器调整刀盘高度。一般特级至二级的草，每次剪去长度不超过草高的 1 / 3。

(四) 草坪修剪方向

由于修剪方向的不同，草坪茎叶的取向、反光也不相同，因而产生了像许多体育场见到的明暗相间的条带，由小型剪草机修剪的果岭也呈现同样的图案。

不改变修剪方向可使草坪土壤受到不均匀挤压，甚至出现车轮压槽；不改变修剪路线，可使土壤板结，损伤草坪草。修剪时要尽可能地改变修剪方向，使草坪上的挤压分布均匀，减少对草坪的践踏。

同时，每次修剪若总是朝着一个方向，易使草坪草向剪草方向倾斜生长，草坪趋于瘦弱和形成"斑纹"现象（草叶趋于同一方向的定向生长）。因此，要避免在同一地点、同一方向进行多次修剪。

(五) 剪草的操作

1. 剪草的操作要求

割草前应先把草坪上的垃圾除净。

割下的草可留在草坪上为土壤提供养分，这样也可以节省一些费用。如果潮湿天气持续时间很长，草长得太高，则剪下的草应除去，因为它们盖在草上，形成一个垫子，会压死下面的草。在大门口等碎草会影响美观的地方，可以将其装袋，或耙拢后清除。割草时应注意不要将碎草吹入灌木丛或树根下，这样很不美观。

竖杆、标志牌、建筑物和树木周围的草应修剪得和草坪同样高。不得使用割草机和修剪机处理乔木和灌木根部，这样会对植物根部造成损伤。

所有的人行道、小路和路边的草应经常修整。灌木和树木应修剪，并在护根区与草坪间保持 5cm 高的边缘。在道路、路边的裂缝和伸缩缝中生长的各种草应经常清除。割草并修剪后，留下的碎草连同其他垃圾一并清扫干净。

2. 剪草的操作步骤

（1）清除草地上的石块、枯枝等杂物。

（2）选择走向，与上一次走向要求有至少 30° 的交叉，不可重复修剪，以避免引起草坪长势偏向一侧。

（3）速度保持不急不缓，路线直，每次往返修剪的截割面应保证有 10cm 左右的重叠。

（4）遇障碍物应绕行，四周不规则草边应沿曲线剪齐，转弯时应调小油门。

（5）若草过长，应分次剪短，不允许超负荷运作。

（6）边角、路基边草坪以及树下的草坪用割灌机剪，花丛、细小灌木周边修剪不允许用割灌机（以免误伤花木），应用手剪修剪。

（7）剪完后将草屑清扫干净入袋，清理现场，清洗机械。

（六）草屑的处理

剪草机修剪下的草坪草组织总体称为草屑。

1. 移出草屑

在高尔夫球场等管理精细的草坪，移走碎草会提高草坪的外观质量。

如草屑较长，应移出草坪，否则长草屑将破坏草坪的外观。形成的草堆或草的厚覆盖将引起其下草坪草死亡或发生疾病，害虫也容易在此产卵。

2. 留下草屑

在普通草坪上，只要剪下来的碎草不形成团块残留在草坪表面，就不会引起什么问题。

碎草屑内含有植物所需的营养元素（施肥后有效养分的 60%～70% 含在头三次修剪的草屑中），是重要的氮源之一。碎草含有 78%～80% 的水、3%～6% 的氮、1% 的磷和 1%～3% 的钾。

有研究证明，草坪草能从草屑中获得所需氮素的 25%～40%。归还这部分养分于土壤，可减少化肥施用量。

（七）草坪修剪的注意事项

（1）防止叶片撕裂和叶片挤伤。在剪过的草坪上，有时会出现叶片撕裂和叶片挤伤，残损的叶片尖部变灰，进而变褐色，也可发生萎缩，这种现象可以在各种草坪上发生，特别是在黑麦草上尤为严重。出现这种问题时，一种可能是滚刀式剪草机钝刀片或调整距离不适当，另一种可能是旋刀式剪草机低转速造成的，还有一种可能是滚刀式剪草机转弯过急。

（2）修剪前必须仔细清除草坪内的树枝、砖块、塑料袋等杂物。

（3）草坪的修剪通常应在土壤较硬时进行，以免破坏草坪的平整度。

（4）机具的刀刃必须锋利，以防因刀片钝而使草坪刀口出现丝状，如果天气特别热，将造成草坪景观变成白色，同时容易使伤口感染，引起草坪病虫害发生。修剪前最好对刀片进行消毒，特别是在 7~8 月病虫害多发季节。修剪应在露水消退以后进行，且修剪的前一天下午不浇水，修剪之后间隔 2~3h 浇水，防止病虫害发生。

（5）修剪后的草屑留在草坪上，少量的短草屑可作为草皮的薄层覆盖之用，改善干旱状况和防止苔藓着生。但修剪间隔时间较长、草屑又多又长时，必须使用集草袋予以清除；否则，草屑在草坪上堆积，不仅使草坪不美观，而且会使下部草坪草因光照、通气不足而窒息死亡；此外，草屑在腐烂后，会产生一些有毒的小分子有机酸，抑制草坪根系的活性，使草坪长势变弱，还易于滋生杂草，造成病虫害流行。

（6）机油、汽油滴漏到草坪上会造成草坪死亡，严禁在草坪上对割草机进行加油或检修。

（7）草坪修剪一定要把安全放在第一位，操作人员要做到岗前培训，合格上岗，作业时要穿长裤，戴防护眼镜，穿防滑高腰劳保鞋，防止意外伤害；剪草机使用后要及时清洗、检查。修剪前一定要检查清除草坪内的石块、木桩和其他可能损害剪草机的障碍物，以免剪草机刀片、曲轴受损伤。

（八）草坪施肥

草坪施肥是为草坪草提供必需养分的重要措施。草坪生长所需养分的供给必须在一定范围内，并且各种养分的比例要恰当，否则，草坪草不能正常地生长发育。

草坪草可以通过根、茎、叶来吸收养分，其中叶片和一部分茎是吸收 CO_2 的主要场所，而水分和矿质元素的吸收主要是依靠根系来完成的，但地上部分也能吸收一部分水分和矿质元素。

1. 施肥的重要性

（1）保持土壤肥力

土壤肥力是任何草坪管理过程中都应考虑的问题。健康的草坪需要肥沃的土壤。因为草能迅速地消耗掉土壤中的养分，所以应该定期给土壤增加养分。

虽然营养对于草的健康成长非常重要，但是过量使用肥料会破坏草坪与环境。因此，在对草坪施肥时，应该只用保持草坪健康所需的最低数量的肥料。

（2）土壤的 pH

土壤的 pH 对于植物的健康生长是非常重要的。土壤的 pH 表示其酸碱平衡度，有些植物适合于中性土壤，有些则适合于酸性或碱性土壤。草皮在 pH 为 6.0~7.0 时生长最好，因此，为了让草皮健康生长，应检查土壤的 pH 是否适合，否则应对其进行改善。土壤酸性过强时可加石灰，碱性过强时可加适量的硫黄、硫酸铝、腐殖质肥等。

2. 草坪草的营养需求

草坪草物质组成：水（75%～85%）和干物质（15%～25%）。

草坪草正常生长发育不可缺少的营养元素有以下十六种：C、H、O，主要来自空气和水；N、P、K，大量元素；Ca、Mg、S，中量元素；Fe、Mn、Cu、Zn、Mo、Cl、B，微量元素。

各种营养元素无论在草坪草组织中的含量高低，对草坪草的生长都是同等重要的，缺一不可。

草坪生长中需要量最大的是 N，K 列第二，接着是 P。

草坪每吸收一个单位的 N 需吸收 0.1 个单位的 P 和 0.5 个单位的 K，所以有时推荐配方施肥的比例为 1∶0.1∶0.5（N∶P∶K）。

N 肥可通过淋洗或挥发损失，而 P、K 损失很少。

在确定施肥量的时候，要首先确定施用的 N 肥量，再结合土壤养分测定结果、草坪管理经验等确定 N 肥、P 肥、K 肥的比例，计算出 P 肥、K 肥的用量。

给草坪施肥要少量、多次，以确保草能均匀生长。

3. 肥料的选用

草坪需要的主要养分是氮、磷、钾，氮是最重要的，因为它能促进草叶生长，使草坪保持绿色；磷是植物开花、结果、长籽所必需的，并可加强根系的生长；钾是增强植物活力和抵抗力所必需的，对于植物根部也有重要作用。

（1）草坪肥料的种类

第一，氮肥。

① 铵态氮肥：硝酸铵（含氮 34%）、硫酸铵（含氮 20.5%～21%）。铵态氮肥在土壤中移动性一般很小，不易淋失，肥效较长；但是铵态氮易氧化成为硝酸盐，在碱性土壤中易挥发损失。而且过量的铵态氮会引起氨中毒，同时对钙、镁、钾等离子的吸收有一定的抑制作用。

② 硝态氮肥：硝酸钠、硝酸钙和硝酸铵。硝态氮肥水溶性好，在土壤中移动快；草坪草容易吸收硝酸盐，且过量吸收不会有害；硝态氮容易淋失，并且容易反硝化作用而损失。草坪上应用较多的硝态氮肥是硝酸铵，硝酸钠和硝酸钙则不经常施用。

③ 酰铵态氮肥：尿素。尿素含氮 46%，是固体氮肥中含氮最高的肥料。吸湿性低，储藏性能好，易溶于水。

④ 天然有机肥。

⑤ 缓释氮肥。

第二，磷肥。磷肥易被土壤固定，因此为了提高肥效，不宜于建坪前过早施用或施到离根层较远的地方。有条件的地方可于施用磷肥前先打孔，以利肥料进入根层。

①天然磷肥：包括过磷酸盐、重过磷酸盐、偏磷酸钙和磷矿石等。其中过磷酸钙是草坪磷肥中最常用的；重过磷酸钙中磷的含量比过磷酸盐高，一般不单独施用，而以高效复合肥形式施用；偏磷酸钙是酸性土壤上草坪草吸收利用的有效磷肥；磷矿石在草坪上应用较少。

②有机磷肥：骨粉是最常见的天然有机磷肥，其中磷素的释放取决于含磷有机物的降解。骨粉在酸性土壤上肥效显著，它可以降低土壤的酸度，但相对于过磷酸盐来说价格比较贵。

③工业副产品：主要有碱性渣，这是钢铁工业的副产品。碱性渣肥效长，是缓效磷肥，能降低土壤的酸度，其中还含有一定的镁和锰。

④化学磷肥：包括过磷酸铵、磷酸钾和偏磷酸钾。

第三，钾肥。

第四，复合肥。同时含有两种或两种以上氮、磷、钾主要元素的化学肥料。

第五，微量元素肥料。主要是一些含硼、锌、钼、锰、铁、铜等微量营养元素的无机盐类和氧化物或螯合物。

第六，有机肥料。如粪尿肥类、堆沤肥类、绿肥类、饼肥类等。

（2）肥料的表示方法

肥料的表示方法包含三3个数字，如10-6-4。第一个数字代表含氮的百分数，第二个数字是含磷的百分数，第三个数字是含钾的百分数。所有的肥料都是按这个顺序排列其主要养分的。

（3）肥料的选用

一级以上草坪选用速溶复合肥、快绿美及长效肥，二、三级草坪采用缓溶复合肥，四级草地基本不施肥。

4.施肥时间及施肥次数

（1）不同类型草坪的施肥次数与频率

第一，冷季型草坪草。对于冷季型草坪草在深秋施肥是非常重要的，这有利于草坪越冬。特别是在过渡地带，深秋施氮可以使草坪在冬季保持绿色，且春季返青早。磷肥、钾肥对于草坪草冬季生长的效应不大，但可以增加草坪的抗逆性。

第二，暖季型草坪草。暖季型草坪草最佳的施肥时间是早春和仲夏。秋季施肥不能过迟，以防降低草坪草抗寒性。

（2）不同肥料的施肥次数与用量

一般速效性氮肥要求少量多次，每次用量以不超过 $5g / m^2$ 为宜，且施肥后应立即灌水。一则可以防止氮肥过量造成徒长或灼伤植株，诱发病害，增加剪草工作量；二则可以减少氮肥损失。

对于缓释氮肥，由于其具有平衡、连续释放肥效的特性，因此可以减少施肥次数，一次用量则可高达 $15g / m^2$。

(3) 不同养护水平下的施肥次数和频率

实践中，草坪施肥的次数或频率常取决于草坪养护管理水平。

第一，低养护管理的草坪。冷季型草坪草于每年秋季施用1次，暖季型草坪草在初夏施用1次。

第二，中等养护管理的草坪。冷季型草坪草在春季与秋季各施肥1次，暖季型草坪草在春季、仲夏、秋初各施用1次。

第三，高养护管理的草坪。在草坪草快速生长的季节，无论是冷季型草坪草还是暖季型草坪草，最好每月施肥1次。

(九) 施肥的方法和方式

1. 施肥方法

(1) 基肥。以基肥为主。

(2) 种。播种时把肥料撒在种子附近，以速效磷肥为主。

(3) 追肥。以微量元素在内的养分追肥为辅。

2. 施肥方式

(1) 表施。表施是指采取下落式或旋转式施肥机将颗粒状肥直接撒入草坪内，然后结合灌水，使肥料进入草坪土壤中。每次施入草坪的肥料的利用率大约只有 $1 / 3$。

(2) 灌溉施肥。灌溉施肥是指经过灌溉系统将肥料溶解在灌溉水中，喷洒在草坪上。目前一般用于高养护的草坪，如高尔夫球场。

(十) 草坪灌溉

水分是植物体的重要组成部分，没有水就没有生命、没有植物。草坪草的含水量可达其鲜重的 $65\% \sim 80\%$。草坪灌溉是弥补自然降水在数量上的不足与时空上的不均，保证适时适量地满足草坪生长所需水分的重要措施。

1. 草坪对水分的需求

草坪消耗土壤水分的途径主要是草坪植株间土壤的蒸发和草坪草的蒸腾两部分，两部分之和称为蒸发量。草坪需水量是在草坪草正常生长状况条件下，在整个绿期内或一年的蒸散量，单位以 mm 表示。

草坪草对水分的需求可以从生理需水和生态需水两方面考虑。直接用于草坪生命活动与保持植物体内水分平衡所需的水分称为生理需水。需水量在不同草种之间变化较大。

确定草坪需水量应当以实际测定的草坪蒸发蒸腾量为基础，也可以用潜在的或最大的蒸发蒸腾量乘以作物系数来计算草坪的实际蒸发蒸腾量。

2.草坪灌溉时机

（1）灌溉时间的确定

灌溉时机的判断：叶色由亮变暗或者土壤呈现浅白色时，草坪需要灌溉。

（2）一天中最佳灌水时间

晚秋至早春，均以中午前后灌水为好，其余则以早上、傍晚灌水为好。尤其是有微风时，空气湿度较大而温度低，可减少蒸发量。

3.草坪灌溉次数

（1）成熟草坪灌溉原则。见干则浇，一次浇透。

（2）未成熟草坪灌溉原则。少量多次。

4.草坪灌水量的确定

通过检查灌溉水浸润土壤的实际深度来确定灌水量。一般在生长季节，草坪每次的灌水量以湿润到土层的 10～15cm 为宜。在北方，冬季灌溉则增加到 20～25cm。

在草坪草生长季节的干旱期内，每周需补充 30～40mm 水；在炎热而干旱的条件下，旺盛生长的草坪每周需补充 60mm 或更多的水。

5.草坪灌溉操作

施肥作业需与草坪灌溉紧密结合，防止烧苗。

北方冬季干旱少雪、春季少雨的地区，入冬前灌一次"封冻水"，使根部吸收充足水分，增强抗旱越冬能力；春季草坪返青前灌一次"开春水"，防止草坪萌芽期春旱而死，促使提早返青。

沙质土保水能力差，在冬季晴朗天气，白天温度高时灌溉，至土壤表层湿润为止，不可多浇或形成积水，以免夜间结冰造成冻害。

若草坪践踏严重，土壤干硬结实，应于灌溉前先打孔通气，便于水分渗入土壤。

（十一）草坪病虫害和杂草的防治

草坪病害的发生与发展使草坪生长受到严重影响，景观遭到破坏，甚至导致草坪大面积死亡。所以，识别并防治草坪病害就成了草坪养护的重要工作事项。

1.草坪病害的原因

依据致病原因不同，草坪病害可分为两大类：一类是由生物寄生（病原物）引起的，有明显的传染现象，称为侵染性病害；另一类是由物理或化学的非生物因素引起的，无传染现象，称为非侵染性病害。

（1）非侵染性病害

非侵染性病害（亦称生理性病害）的发生，取决于草坪和环境两方面的因素，包括土壤内缺乏草坪必需的营养或营养元素的供给比例失调、水分失调、温度不适、光照过强或不足、土壤盐碱伤害、环境污染产生的一些有毒物质或有害气体等。由于各个因素间是互相联系的，因此生理性病害的发生原因较为繁杂，而且这类病的症状常与侵染性病害相似且多并发。

（2）侵染性病害

侵染性病害的病原物主要包括真菌、细菌、病毒、类病毒、类菌质体、线虫等，其中以真菌病害的发生较为严重。

2. 草坪主要病害的防治

在我国，常见的草坪病害主要有以下几种类型。

（1）褐斑病

褐斑病所引起的草坪病害是草坪上最为广泛的病害。由于它的土传习性，寄主范围比任何病原菌都要广。在我国黄河、淮河流域，褐斑病是早熟禾最重要的病害之一，常造成草坪大面积枯死。

①特性。被浸染的叶片首先出现水浸状，颜色变暗、变绿，最终干枯、萎蔫，转为浅褐色。在暖湿条件下，枯黄斑有暗绿色至灰褐色的浸润性边缘（由萎蔫的新病株组成），称为"烟状圈"，在清晨有露水时或高温条件下，这种现象比较明显。留茬较高的草坪则出现褐色圆形枯草斑，无"烟状圈"症状。在干燥条件下，枯草斑直径可达30cm，枯黄斑中央的病株较边缘病株恢复快，结果其中央呈绿色，边缘为黄褐色环带，有时病株散生于草坪中，无明显枯黄斑。

②诱发因素。高湿条件、施氮过多、生境郁闭、枯草层厚。

③防治方法。

第一，栽培管理措施：平衡施肥，增施磷肥、钾肥，避免偏施氮肥。防止水大漫灌和积水，改善通风透光条件，降低湿度，清除枯草层和病残体，减少菌源。

第二，药物控制：三唑酮、代森锰锌、甲基托布津等。

（2）白粉病

白粉病主要危害早熟禾、细羊茅和狗牙根等。生境郁闭、光照不足时发病尤重。

第一，特征。叶片出现白色霉点，后逐渐扩大成近圆形、椭圆形霉斑，初呈白色，后变污灰色、灰褐色。霉斑表面着生一层白色粉状物质。

第二，诱发因素。管理不善、氮肥施用过多、遮阴、植株密度过大和灌水不当。

第三，防治方法。①种植抗病品种。②加强栽培管理：减少氮肥用量或与磷肥、钾肥配合使用；降低种植密度，减少草坪周围灌、乔木的遮阴，以利于草坪通风透光，降低草坪湿度。适度灌水，避免草坪过早，病草提前修剪，减少再侵染菌源。③药物防治：多菌灵、甲基托布津。

（3）腐霉菌病害

第一，特征。高温高湿条件下，腐霉菌侵染常导致根部、根颈部和茎、叶变褐、腐烂。草坪上突然出现直径 1～5cm 的圆形黄褐色枯草斑。修剪较低的草坪上枯草斑最初很小，但迅速扩大。修剪较高的草坪枯草斑较大，形状较不规则。枯草斑内病株叶片呈褐色、水渍状腐烂，干燥后病叶皱缩，色泽变浅，高湿时则生有成团的绵毛状菌丝体。多数相邻的枯草斑可汇合成较大的形状不规则的死草区，这类死草区往往分布在草坪最低湿的区段，有时沿剪草机作业路线呈长条形分布。

第二，诱发因素。高温高湿条件：白天最高温30℃以上，夜间最低温20℃，大气相对湿度高于90%，且持续14h以上。低凹积水，土壤贫瘠，有机质含量低，通气性差，氮肥施用过量。

第三，防治方法。①栽培管理措施：改善立地条件，避免雨后积水。合理灌水，减少灌水次数，控制灌水量，减少根层（10～15cm）土壤含水量，降低草坪小气候的相对湿度。及时清除枯草层，高温季节有露水时不剪草，以避免病菌传播。平衡施肥。②药物控制：百菌清、代森锰锌、甲霜灵、杀毒矾等。

（4）立枯病

第一，特征。病草坪初现淡绿色小型病草斑，随后很快变为黄枯色，在干热条件下，病草枯死。枯黄斑呈圆形或不规则形，直径为2～30cm，斑内植株几乎全部都发生根腐和基腐。此外，病株还能产生叶斑。叶斑主要生于老叶和叶鞘上，不规则形，初现水渍状墨绿色，后变枯黄色至褐色，有红褐色边缘，外缘枯黄色。

草地早熟禾草坪出现的枯黄斑直径可达 1m，呈条形、新月形、近圆形，枯草斑边缘多为红褐色。通常，枯黄斑的中央为正常草株，受病害影响较少，四周则为已枯死的草株。

第二，诱发因素。高温、湿度过高或过低，光照强，氮肥施用过量，枯草层太厚，pH > 7.0 或 pH < 5.0。

第三，防治方法。①栽培管理措施。增施磷肥、钾肥，控制氮肥用量，减少灌溉次数，清除枯草层。②药物控制。多菌灵、甲基托布津。

（5）锈病

锈病是草坪草最重要、分布较广的一类病害，主要危害草坪草的叶片和叶鞘，也侵染茎秆和穗部。锈病种类很多，因菌落的形状、大小、色泽、着生特点而分为叶锈病、秆锈病、条锈病和冠锈病。

第一，特征。病部形成黄褐色的菌落，散出铁锈状物质。草坪感染锈病后叶绿素被破坏，光合作用降低，呼吸作用失调，蒸腾作用增强，大量失水，叶片变黄、枯死，草坪被破坏。

第二，诱发因素。低温（7℃~25℃，因不同种类锈病有所不同），潮湿。锈菌孢子萌发和侵入寄主要有水湿条件或100%的空气湿度，因而在锈病发生时期的降雨量和雨日数往往是决定流行程度的主导因素。通常，在草坪密度高、遮阴、灌水不当、排水不畅、低凹积水时易发。

第三，防治方法。①栽培管理措施。增施磷肥、钾肥，适量施用氮肥。合理灌水，降低草坪湿度，发病后适时剪草，减少菌源数量。②药物防治。三唑类内吸性杀菌剂，如速保利等。

（6）炭疽病

第一，特征。炭疽病发生在温暖至炎热期间，在单个叶片上产生圆形或长形的红褐色病斑，被黄色晕圈包围。小病斑合并，可能使整个叶片烂掉。有的草坪草叶片变成黄色，然后变成古铜色至褐色。

第二，诱发因素。炭疽病通常是在由其他原因所引起的草坪草生长弱后出现的，如蠕孢菌侵染、肥力水平低或肥料不平衡、枯草垫太厚、干旱、昆虫损害、土壤板结等。

第三，防治方法。①栽培技术措施。轻施氮肥可以防止炭疽病严重发生，每100m² 施27g氮肥。为了防止草坪严重损失，在必要时需使用杀菌剂处理。②化学防治。用苯并咪唑类内吸性杀菌剂，如多菌灵和50%苯菌灵可湿性粉剂（300~500）mg／L、70%甲基托布津可湿性粉剂（500~700）mg／L，上述杀菌剂在发病期间每隔10~15d打一次药。在病情严重地区，每隔10d打一次药，在整个发病季节内不要停止打药。

（7）叶斑病

第一，特征。叶斑病主要危害叶片。叶片受害初期产生黄褐色稍凹陷小点，边缘清楚。随着病斑扩大，凹陷加深，凹陷部深褐色或棕褐色，边缘黄红色至紫黑色，病健交界清楚。单个病斑圆形或椭圆形，多个病斑融合成不规则大斑。有时假球茎也可受害，病部会出现稍隆起的黑色小点。

第二，病原。叶斑病的病原菌是两种真菌，即半知菌亚门叶点菌和拟茎点霉菌。

第三，发病规律。病菌以菌丝或分生孢子在病残组织内越冬，借风雨、水滴传播，从伤口或自然孔口侵入。高温高湿发病严重。

第四，防治方法。①栽培技术。在早春和早秋，减少氮肥用量，有助于防治叶斑病。保持磷和钾正常使用量。避免在早春和早秋或白天过量供水，这样容易使叶片干枯。②化学防治。大多数接触性杀菌剂7~10d喷药一次，直到发病停止。

（8）霜霉病

霜霉病是由真菌中的霜霉菌引起的植物病害。

第一，特征。典型症状是草坪上出现环形或不规则形状、直径为5~50cm、红褐色的病草斑块。病草水浸状，迅速死亡。死叶弥散在分健叶间，使病草斑呈斑驳。病株叶片和叶鞘上生有红色的棉絮状菌丝体（直径可达10mm）和红色丝状菌丝束，胶质肉状，干燥后变细成线状。

第二，诱发因素。病菌以菌丝在种子或秋冬季生菜上越冬，也可以卵孢子在病残体上越冬。主要通过气流、浇水、农事及昆虫传播。病菌孢子萌发温度为6℃~10℃，适宜侵染温度15℃~17℃，田间种植过密、定植后浇水过早或量过大、土壤湿度大、排水不良等容易引起发病。春末夏初或秋季连续阴雨天气最易发生。

第三，防治方法。加强栽培管理，适当稀植，采用高畦栽培，用小水浇灌，严禁大水漫灌，雨天注意防漏，有条件的地区采用滴灌技术可较好地控制病害。剪草后彻底清除草屑，也可应用粉尘剂或烟雾剂防治。

（9）红线病

红线病是一种草坪很容易感染的病害。

第一，特征。草坪上出现环形或不规则形状、直径为5~50cm、红褐色的病草斑块。

红线病很容易辨认，它在叶片或叶鞘上有粉红色子座。在早晨有露水时，子座呈胶状或肉质状。当叶干时，子座也发干，呈线状，变薄。从远处看，被侵染的草坪呈现缺水状态；从近一点距离看，它像是有长孺孢叶斑病菌，直接在草坪上。特别是在紫羊茅上，该病与核盘菌所引起的银圆斑病相似。仔细观察叶片，呈现粉红色子座。

第二，诱发因素。病菌以子座和休眠菌丝在寄主组织中生存。在温度低于21℃潮湿条件下发病。春、秋有毛毛雨，是发病的严重时期。病害是由于子座生长，由一株传到另一株而扩展。当子座破裂，它能被风带到很远的地方；它们也能通过刈割设备进行传播。

第三，防治方法。在夏末按计划施用氮肥是关键。最后施用氮肥的日期可以调整，进而使草在下雪前有足够的时间锻炼得更耐寒，然后考虑使用杀菌剂防治红线病。

防治红线病的杀菌剂有百菌清、放线菌酮、放线菌酮加福美双。

（10）全蚀病

第一，特征。草坪产生枯黄色至淡褐色小型枯草斑，夏末受干热天气的影响，症状尤为明显，病株变暗褐色至红褐色。发病草坪夏末至秋冬病情逐渐加重，冬季若较温暖，病原菌仍不停止活动，翌年晚春剪股颖草坪就出现新的发病中心。冬季枯草斑变灰色。草坪上枯草斑圆形或环带状，每年可扩大15cm，直径可达1m以上，但也有些枯草斑短暂出现，不扩展。

第二，诱发因素。土壤严重缺磷或氮、磷比例失调，将加重全蚀病的发生。土壤pH升高时，全蚀病发病较重，在酸性土壤中发病较轻。保肥、保水能力差的沙土地易发病。

第三，防治方法。发病早期，铲除病株和枯草斑。增施有机肥和磷肥，保持氮、磷比例平衡，合理排灌，降低土壤湿度。病草坪不施或慎施石灰。在播种前，均匀撒施硫酸铵和磷肥做基肥。发病前期，在草的基部和土表喷施三唑酮或三唑类内吸性杀菌剂，防治效果明显。

（11）粉雪霉病

冷季型草均易感病。主要寄主为一年生早熟禾、剪股颖，次要寄主为羊茅属种、草地早熟禾、粗茎早熟禾、黑麦草属种。

第一，特征。当气候条件长期湿冷时，圆枯斑开始出现。病斑早期为直径小于5cm的水浸状小圆斑点。病斑颜色很快从橘褐色变为深褐色，进而转为浅灰色。病斑直径通常小于20cm，但特殊条件下病斑可合并，并可无限扩大，造成大面积草坪死亡。

第二，诱发因素。在积雪期长，同时积雪下的土壤未冰冻的地区易发此病。在部分地区此病可常年发生。当降雪、雪融化反复出现时，草坪易发病。此病发生的最适条件为高湿，气温在0℃～8℃。个别病原菌菌株可在零下6℃下生长。当叶表水膜存留期长、浓雾、毛毛雨频繁时，即使气温在18℃，此病也可能严重发生。病原菌在气温21℃时停止侵染。表土层约2.5cm范围内的pH大于6.5时，利于此病发生。

第三，侵染循环。病原以菌丝体和大型分生孢子随染病组织或植物残体在土壤或枯草层中越夏。在晚秋初冬，当环境条件有利于病原时，菌丝体从染病组织或植物残体长出或有分生孢子萌发，通过叶茎伤口或气孔侵染叶片和叶鞘。在适宜湿润环境条件下和温度介于冰点到16℃时，侵染点迅速扩大。在温暖晴朗的天气且草冠干燥时，此病停止为害。冬季病菌在雪层下以菌丝体扩展蔓延，春季产生分生孢子和子囊孢子，随气流传播。分生孢子和染病残体易被草坪维护机械设备、人员、动物携带而传播疾病，也可经带菌草坪或种子传播。主要传播途径为人员活动（如病原菌黏附到高尔夫球员的鞋和球棒上）和雨水（包括灌溉用水）的溅泼作用。

(十二) 草坪主要虫害的防治

相对于草坪病害来讲，草坪植物的虫害对于草坪的危害较轻，比较容易防治。但如果防治不及时，亦会对草坪造成大面积的危害。

草坪的虫害危害可分为两大类，一类是危害草坪幼苗的地下害虫，另一类是危害建成草地的害虫。

1. 地下害虫

(1) 蝼蛄是危害最严重的地下害虫之一，它有短小坚硬的前腿，爪子似小铲，主要咬食刚出苗的幼根或嫩茎。蝼蛄主要将身体伏在地表下边，边吃边向前移动，可将草坪草一片一片地齐根咬断，造成大面积的缺苗断垄，严重影响出苗效果。防治方法：① 药剂拌秧，用 50% 辛硫磷乳油 500~800 倍液拌种或灌根。② 撒施毒耳，将麸皮或谷糠炒熟，用辛硫磷药液拌匀，傍晚撒放田间，进行诱杀。

(2) 蛴螬是危害草坪的主要地下害虫之一，蛴螬是由甲虫的卵孵化而成的，以草根为食，严重时将成片成片的草坪根系咬断，导致草坪草变黄而死掉。

防治方法：① 药剂拌种：用辛硫磷、毒死蜱拌种。② 喷灌药液：喷洒辛硫磷，甲基硫环磷等药液对虫口密度大的地方要用药液灌根。

(3) 蚂蚁：为害方式主要是播种后，将种子搬运到其窝穴里边，影响种子均匀度和密度。可将福喃丹 3% 的颗粒剂撒于窝穴。

(4) 蚯蚓：对出现其粪便及拱松土的地方喷药。

2. 其他害虫

对草坪危害较多的害虫还有黏虫、蝗虫、蚜虫等，这类害虫每年都有不同程度的发生，对草坪造成一定的危害。它们主要蚕食地上部的嫩茎和叶片，所以对多年生草不至于造成毁灭性危害。在夏秋季节要注意草地调查，发病前草地上常常有成虫蛾产卵，在气温适宜时卵很快孵化。黏虫、蝗虫都是暴食性害虫，及时发现及时打药防治即可，最好用低毒性杀虫剂。

(十三) 杂草的防治

草坪中的杂草主要有马唐、牛筋草、稗草、水蜈蚣、香附子、天胡荽、一点红、酢浆草、白三叶草等。这些杂草密度大、生长迅速、竞争力强，对草坪生长构成严重威胁。

草坪杂草的防治措施如下。

1. 草坪杂草的物理防除

(1) 播种前防除。坪床在播种或营养繁殖之前，用手工拔除杂草，或者通过土壤翻耕机具，在翻挖的同时清除杂草。

对于有地下蔓生根茎的杂草可采用土壤休闲法，即夏季在坪床不种植任何植物，且定期进行耙、锄作业，以杀死杂草可能生长出来的营养繁殖器官。

（2）手工除草。手工除草是一种古老的除草法，污染少，在杂草繁衍生长以前拔除杂草可收到良好的防除效果。拔除的时间是在雨后或灌水后，将杂草的地上、地下部分同时拔除。手工除草的要领如下。

① 一般，少量杂草或无法用除草剂的草坪杂草采用人工拔除。

② 人工除草按区、片、块划分，定人、定量、定时地完成除草工作。

③ 应采用蹲姿作业，不允许坐地或弯腰寻杂草。

④ 应用辅助工具，将草连同草根一起拔除，不可只将杂草的上部分去除。

⑤ 拔出的杂草应及时放于垃圾桶内，不可随处乱放。

⑥ 除草应按块、片、区依次完成。

（3）滚压防除。对早春已发芽出苗的杂草，可采用重量为100～150kg的轻滚筒轴进行交叉滚压，消灭杂草幼苗，每隔2～3周滚压1次。

（4）修剪防除。对于依靠种子繁殖的一年生杂草，可在开花初期进行草坪低修剪，使其不能结实而达到将其防除的目的。

2. 化学除草

化学除草是使用化学药剂引起杂草生理异常，导致其死亡，以达到杀死杂草的目的。

化学除草的优点是劳动强度低，除草费用低，尤其适于大面积除草，缺点是容易对环境造成一定的污染和破坏。

（十四）草坪辅助养护管理

俗话说"草坪三分种，要七分管"。草坪一旦建成，为保证草坪的坪用状态与持续利用，要对其进行日常和定期的养护管理。

1. 清除枯草

枯草在地面和草叶之间可能会形成一个枯草层，当这层枯草厚度超过1cm时，即应清除。寒季草的枯草应在秋季清除，热季草的枯草应在春季清除。

（1）二级以上的草坪，视草坪生长密度，1～2年疏草一次；举行大型活动后，草坪应局部疏草并培沙。

（2）局部疏草：用铁耙将被踩实部分耙松，深度约5cm，清除耙出的土块、杂物，施上土壤改良肥，培沙。

（3）大范围打孔疏草：准备机械、沙、工具，先用剪草机将草重剪一次，用疏草机疏草，用打孔机打孔，人工扫除或用旋刀剪草机吸走打出的泥块及草渣，施用土壤改良肥，培沙。

（4）二级以上草坪如出现直径 10cm 以上秃斑、枯死，或局部恶性杂草占该部分草坪草 50% 以上且无法用除草剂清除的，应局部更换该处草坪的草。

（5）二级以上草坪局部被踩实，导致生长严重不良，应局部疏草改良。

2. 滚压

滚压能增加草坪草的分蘖，促进匍匐枝的生长；使匍匐茎的节间变短，增加草坪密度；铺植草坪能使根与土壤紧密结合，让根系容易吸收水分，萌发新根。滚压广泛用于运动场草坪管理中，以提供一个结实、平整的表面，提高草坪质量。

3. 表施细土

表施细土是将沙、土壤或沙、土壤和有机肥按一定比例混合均匀地施在草坪表面的作业。在建成草坪上，表施细土可以改善草坪土壤结构，控制枯草层，防止草坪草徒长，有利于草坪更新，修复凹凸不平的坪床可使草坪平整均一。

（1）覆沙或覆土的时机

覆沙或覆土最好在草坪的萌发期及旺盛生长期进行。一般暖季型草在 4 ~ 7 月和 9 月为宜，而冷季型草在 3 ~ 6 月和 10 ~ 11 月为好。

（2）准备工作

表施的土壤应提前准备，最好是土与有机肥堆制。堆制过程中，在气候和微生物活动的共同作用下，堆肥材料形成一种同质的、稳定的土壤。

为了提高效果，在施用前对表施材料过筛、消毒，还要在实验室中对材料的组成进行分析和评价。

表施细土的比例：沃土、沙、有机质的比例为 1：1：1 或 2：1：1 较好。

（3）表施细土的技术要点

第一，施土前必须先行剪草。

第二，土壤材料经干燥并过筛、堆制后能施用。

第三，若结合施肥，则须在施肥后再施土。

第四，一次施土厚度不宜超过 0.5cm，最好用复合肥料撒播机施土。

第五，施土后必须用金属刷将草坪床面拖平。

（十五）草坪通气

时间长了，土壤会变得板结，使得养分和水分很难渗透到植物根部，使植物的根部变浅，继而干枯。为了减轻板结，通常采用通气的方法，即在草地上钻洞，让水分、氧气和养分能穿透土壤，达到根部，通气孔深度为 5 ~ 10cm。

1. 打孔

打孔也称为除土芯或土芯耕作，是用专门机具在草坪上打上许多孔洞，挖出土芯的一种方式。

（1）打孔的作用。

① 释放土壤有毒气体。

② 改善干土或难湿土壤的易湿性。

③ 加速长期过湿土壤的干燥。

④ 增加地表板结或枯草层过厚草坪土壤的渗透性能。

⑤ 刺激根系在孔内生长。

⑥ 增加孔上草坪草茎叶的生长。

⑦ 打破由地表覆土而引起的不良层次。

⑧ 控制枯草层的发生等。

⑨ 打孔结合覆土效果更佳，可改善草坪对施肥的反应。

（2）打孔的时机。一般，冷季型草坪在夏末或秋初进行，而暖季型草坪在春末和夏初进行。

（3）孔的大小。孔的直径在 6～19mm，孔距一般为 5cm、11cm、13cm 和 15cm。最深可达 8～10cm。

（4）打孔的注意事项。

① 一般，草坪不清除打孔产生的心土，而是待心土干燥后通过垂直修剪机或拖耙将心土粉碎，使土壤均匀地分布在草坪表面上，使之重新入孔中。

② 打孔的时间要避免在夏季进行。

③ 要经多次打孔作业，才可以改善整个草坪的土壤状况。

2. 划条与刺孔

划条与刺孔与打孔相似，划条或刺孔也可用来改善土壤通透条件，特别是在土壤板结严重处。但划条和刺孔不移出土壤，对草坪破坏较小。

（1）划条。划条是指用固定在犁盘上的 V 形刀片划土，深度可达 7～10cm。与打孔不同的是，操作中没有土条带出，因而对草坪破坏性很小。

（2）刺孔。刺孔与划条相似，扎土深度 2～3cm。在草坪表面刺孔长度较短。

3. 纵向刈割（纵向修剪）

纵向刈割是指用安装在横轴上的一系列纵向排列刀片的疏草机来修剪、管理草坪。由于刀片可以调整，能接触到草坪的不同深度。

纵向刈割的注意事项如下。

（1）地上匍匐茎和横向生长的叶片可以被剪掉，也可用来减少果岭上的纹理。

（2）浅的纵向修剪，可以用来破碎打孔后留下的土条，使土壤均匀分布到草坪中。

（3）设置刀片较深时，大多数累积的枯草层可被移走。

（4）设置刀片深度达到枯草层以下时，则会改善表层土壤的通透性。

（十六）草坪补植

为了恢复裸露或稀疏部分的草皮，管理者应每年补种 1 次。补种最好在秋季，其次选择在春季。草坪补植有以下几个要求。

（1）补植要补与原草坪相同的草种，适当密植，补植后加强保养。

（2）补植前需将须补植地表表面杂物（包括须更换的草皮）清除干净，然后将地表以下 2cm 土层用大锄刨松（土块大小不得超过 1cm），再进行草皮铺植。

（3）草皮与草皮之间可稍留间隙（1cm 左右），但切记不可重叠铺植。

（4）铺植完毕需用平锹拍击新植草皮，以使草皮根部与土壤密接，以保证草皮成活率。拍击时，由中间向四周逐块铺开，铺完后及时浇水，并保持土壤湿润，直至新叶开始生长。

第八章　园林水生植物栽植与精细化养护管理

第一节　水生植物概述

一、水生植物的定义

能在水中生长的植物，统称为水生植物。水生植物是出色的游泳运动员或潜水者。叶子柔软而透明，有的形成丝状，如金鱼藻。丝状叶可以大大增加与水的接触面积，使叶子能最大限度地得到水里很少能得到的光照，吸收水里溶解得很少的二氧化碳，保证光合作用的进行。

根据水生植物的生活方式，一般将其分为挺水植物、浮叶植物，沉水植物和漂浮植物以及湿生植物几大类。水生植物的恢复与重建在淡水生态系统的稳态转化（从浊水到清水）中具有重要作用，是水生态修复的主要措施。

二、水生植物的形态特征

水生植物的细胞间隙特别发达，经常还发育有特殊的通气组织，以保证在植株的水下部分能有足够的氧气。水生植物的通气组织有开放式和封闭式两大类。莲等植物的通气组织属于开放式的，空气从叶片的气孔进入后能通过茎和叶的通气组织，从而进入地下茎和根部的气室。整个通气组织通过气孔直接与外界的空气进行交流。金鱼藻等植物的通气组织是封闭式的，它不与外界大气连通，只贮存光合作用产生的氧气供呼吸作用之用，以及呼吸作用产生的二氧化碳供光合作用之用。

水生植物的叶面积通常增大，表皮发育微弱或在有的情况下几乎没有表皮。沉没在水中的叶片部分表皮上没有气孔，而浮在水面上的叶片表面气孔则常常增多。此外，沉没在水中的叶子同化组织没有栅栏组织与海绵组织的分化。水生植物叶子的这些特点都是适应水物种分布中弱光、缺氧的环境条件的结果。水生植物在水中的叶片还常常分裂成带状或丝状，以增加对光、二氧化碳和无机盐类的吸收面积。同时这些非常薄、强烈分裂的叶片能充分吸收水体中丰富的无机盐和二氧化碳。爵床科的水罗兰就是一个典型的例子。它的叶片分为两型叶，水面上的叶片能够执行正常的光合作用的任务，而沉没在水中的、强烈分裂的叶片还能担负吸收无机盐的任务。

由于长期适应于水环境，生活在静水或流动很慢的水体中的植物茎内的机械组织几乎完全消失。根系的发育非常微弱，在有的情况下几乎没有根，主要是水中的叶代替了根的吸收功能，如狐尾藻。

水生植物以营养繁殖为主，如常见的作为饲料的水浮莲和凤眼莲等。有些植物即使不能营养繁殖，也依靠水授粉，如苦草（Vallisneria spiralis）。

三、水生植物的分类

(一) 挺水植物

挺水型水生植物植株高大，花色艳丽，绝大多数有茎、叶之分；直立挺拔，下部或基部沉于水中，根或地茎扎入泥中生长，上部植株挺出水面。挺水型植物种类繁多，常见的有荷花、千屈菜、菖蒲、黄菖蒲、水葱、梭鱼草、花叶芦竹、香蒲、泽泻、旱伞草、芦苇、茭白等。单子叶植物的挺水植物常有小横脉。

(二) 浮叶植物

浮叶型水生植物的根状茎发达，无明显的地上茎或茎细弱不能直立，叶片漂浮于水面上。常见种类有王莲、睡莲、萍蓬草、芡实、荇菜、水罂粟等。

萍蓬草属和睡莲属植物，它们的根生长在池塘底部，花和叶漂浮在水面上，它们除了本身非常美丽外，还为池塘生物提供庇荫，并限制水藻的生长。

(三) 沉水植物

沉水型水生植物根茎生于泥中，整个植株沉入水中，具发达的通气组织，利于进行气体交换。叶多为狭长或丝状，能吸收水中部分养分，在水下弱光的条件下也能正常生长发育。对水质有一定的要求，因为水质混浊会影响其光合作用。花小，花期短（除部分植物外），以观叶为主。

沉水植物，如软骨草属（Lagaro-sipHon）或狐尾藻属（MyriopHyllum）植物，在水中担当着"造氧机"的角色，为池塘中的其他生物提供生长所必需的溶解氧；同时，它们还能够除去水中过剩的养分，因而通过控制水藻生长而保持水体的清澈。

水藻过多会导致水质混浊、发绿，并遮挡水生植物和池塘生物健壮生长所必需的光线。沉水植物有：轮叶黑藻、金鱼藻、马来眼子菜、苦草、菹草、水菜花、海菜花、海菖蒲等。

(四) 水缘植物

这类植物生长在水池边，从水深23cm处到水池边的泥里，都可以生长。水缘植物的品种非常多，主要起到观赏作用。种植在小型野生生物水池边的水缘植物，可以为水鸟和其他光顾水池的动物提供藏身的地方。

在自然条件下生长的水缘植物，可能会成片蔓延，不过，移植到小型水池边以后，只要经常修剪，用培植盆控制根部的蔓延，不会有什么问题。一些预制模的水池带有浅水区，是专门为水缘植物预备的。当然，植物也可以种植在平底的培植盆里，直接放在浅水区。

(五) 喜湿植物

这类植物生长在水池或小溪边沿湿润的土壤里，根部完全浸泡在水中。喜湿性植物不是真正的水生植物，只是它们喜欢生长在有水的地方，根部只有长期浸泡在水中的情况下，才能旺盛生长，如绶草，圆叶狸藻，石菖蒲，金钱蒲。

(六) 漂浮植物

漂浮型水生植物种类较少，这类植株的根不生于泥中，株体漂浮于水面之上，随水流、风浪四处漂泊，多数以观叶为主，为池水提供装饰和绿荫。又因为它们既能吸收水里的矿物质，又遮蔽射入水中的阳光，所以也能够抑制水体中藻类的生长。

能更快地提供水面的遮盖装饰。但有些品种生长、繁衍得特别迅速，可能会成为水中一害，如凤眼莲等，所以需要定期用网捞出一些，否则就会覆盖整个水面。另外，也不要将这类植物引入面积较大的池塘，因为如果想将这类植物从大池塘当中除去将会非常困难。

(七) 水景设计

水景设计同其他植物类群的设计遵循相同的原则，就是使用对比或互补的色彩、质地和形状。如果选择具有多样化的叶子、花色、花形以及种实的水生植物，它们可以提供范围广泛的多种趣味。然而，提供不同的水深条件是种植不同种类水生植物的基础。深水植物，如水面开白花，气味芳香的二穗水蕹（Aponogeton distachyos）币口具有芦荟状的带尖叶子的浮水植物，水剑叶（Stratiotes aloides）需要约1m的水深，睡莲属（NympHaea）植物花色素雅，颜色从纯白色到深红色，根系生长需要的水深是15~l00cm，因物种和品种而异。

水缘植物是种类最多的水生植物，从湿泥地到30~45cm深的水中都可生长。水缘植物在装饰人工或自然水塘的边缘、产生有趣的倒影和为野生生物提供庇护方面，都具有不可估量的价值。水缘植物形态多样，睡菜（MenVanthestrifoliata）春天开出秀丽的白色花簇，光滑亮泽的叶子在水面铺开，花蔺（Buto-mtts umbellatus）花茎直立，顶部开着伞形小巧的粉红色花，坚实的水芋属（Lysichikrn）植物花似海芋，叶子漂亮。

第二节　水生植物的种植

水生植物以其优美的姿态、绚丽的色彩及形成的倒影，加强了水体的美感，在园林水景中有着广泛的应用。合理巧妙地栽种水生植物可大大提升园林的造景功能，突出园林的景观效果。

一、水生植物的选择原则

水生植物的种类繁多，在园林绿化中，选择植物也应遵循一定的美学、生态学及经济学原则。

（1）选择易于管理的植物品种。水生植物是否适合于某个特定的水体，不仅仅在于它是否好养、成活率是否高，更在于它对于后期管理要求的高低，以及是否较好地符合设计意图。

水生植物管理的难易程度主要与所选的植物种类有关，选择不会蔓生或不会自动播种的植物品种，会使水景池的养护力度大大降低。最易于管理的植物种类是那些能维持一定生长秩序和状态的植物，像沼泽金盏草、垂尾苔草和很多适度生长的鸢尾类。

在选择植物时，还要考虑水体所在的环境特点，以此选择适宜的品种。如果在通风地带，要仔细地衡量植物的抗强风能力，避免种植一些容易倒伏的植物品种。低矮而又粗壮的植物抗风能力强，但在某些情况下，会使整个水池在立面的景观效果上不太符合美学的要求。

（2）选择不同开花季节的植物。很多水生植物都是开花植物，给水景带来不同的色彩景观。在选择植物时，应考虑到色彩在时间上的延续性和变化性，可以通过选择在不同季节开花的植物搭配来维持水景在色彩上的动人效果。例如，早春时，水池里金盏草属的植物最先开花，最常见的为长柱驴蹄草及其变种，随后湿地中的樱草类植物就会绽放出亮丽的各色花朵。在它们之后，浅水中鸢尾类植物开始绽放。随后，睡莲便会成为水体中的焦点，并能维持到夏末。秋天，芦苇类会开出灰褐色的花冠，其间芫菱、梭鱼草和花蔺类植物会给景观增添别样的亮色，一些秋季叶色变化的观叶植物最终将水景带入深秋。在冬季，水景虽是一片死寂的景象，但一些植物残留的干花，如水车前等，仍然会产生一点情趣。这些干花会非常吸引人，尤其在下雪后更富有情趣。

二、水生植物的栽植方法

栽植水生植物有两种不同的技术途径：一是将水生植物种在容器中，再将容器沉入水中；二是在池底砌筑栽植槽，铺上至少15cm厚的培养土，将水生植物植入土中。

(一) 用容器栽植水生植物再沉入水中

用容器栽植水生植物再沉入水中的方法很常用，因为它移动方便。例如，北方冬季须把容器取出来收藏以防严寒；在春季换土、加肥、分株时，作业也比较灵活省工，而且，这种方法能保持池水的清澈，清理池底和换水也较为方便。

(二) 池底砌筑栽植槽

(1) 施工方法。水池建造时，在适宜的水深处砌筑种植槽，再加上腐殖质多的培养土。种植器一般选用木箱、竹篮、柳条筐等，一年之内不致腐烂。选用时应注意装土栽种以后，在水中不致倾倒或被风浪吹翻。一般不用有孔的容器，因为培养土及其肥效很容易流失到水里，甚至污染水质。不同水生植物对水深要求不同，容器放置的位置也不相同。一种方法是在水中砌砖石方台，将容器放在方台的顶托上，使其稳妥可靠；另一种方法是用两根耐水的绳索捆住容器，然后将绳索固定在岸边，压在石下。如水位距岸边很近，岸上又有假山石散点，要将绳索隐蔽起来，否则会影响景观效果。

(2) 种植的土壤要求。可用干净的园土细细筛过，去掉土中的小树枝、杂草、枯叶等，尽量避免用塘里的稀泥，以免掺入水生杂草的种子或其他有害生物菌。以此为主要材料，再加入少量粗骨粉及一些缓释性氮肥。

三、水生植物栽植的密度要求

水生植物种植主要为片植、块植与丛植。片植或块植一般都需要满种，即竣工验收时要求全部覆盖地面(水面)。

(一) 密度过大或偏稀的缺点

(1) 密度过大。密度偏大的现象主要出现在植物个体较大的水生植物上，如斑茅、芡实、海寿花、红蓼、千屈菜、蒲苇、大慈姑、薏苡等。如在某施工图苗木表中标注的种植密度：芡实25株／m²，芡实一张叶子的直径可达1.5～2.0m，每株的

营养面积在 $4m^2$ 以上，如果按照上述设计，密度大了 100 倍。

密度太大，不仅浪费苗木，而且由于植株的营养面积过小，种植后恢复时间延长，长势不良，同时形成通风条件差、光照也不好的环境，而导致病虫害发生，严重影响景观。

（2）密度偏稀。密度偏稀主要出现在植物个体较小的水生植物，尤其是莎草科、灯芯草科等叶子较小或退化成膜质、主要营养体和观赏部位都为直立茎（或称秆）的水生植物，如灯芯草、旱伞草等。

密度偏稀，植物群体的种间竞争处于不利地位，易使杂草繁衍，给养护管理带来很大困难，影响保存率。如不及时采取其他措施，最后往往成为一片荒芜之地。

（二）合适的种植密度

水生植物从分蘖特性方面大致可以分成三类：第一类是不分蘖，如慈姑；第二类是一年只分蘖一次，如玉蝉花、黄菖蒲等鸢尾科植物；第三类是生长期内不断分蘖，如再力花、水葱等。

针对这些差别，不同的水生植物种植密度可有小范围的调整。不分蘖的和一年只分蘖一次但种植时已过分蘖期的应种密，对于第三类来说，可略微稀一些，但是竣工验收时必须达到设计密度要求。

以上植物的栽植密度基本上还是比较合理的，但是，在植株的规格上有些偏大。一般，丛生型、挺水型的水生植物，其单丛控制在 3～20 株为好，莎草科、灯芯草科的，5～20 株，其余的 2～5 株，而体形较大的，如芡实、睡莲每 4～$6m^2$ 种植 1 株即可。

四、水生植物的水深要求

水生植物除漂浮植物外，对其影响最大的生态因子是水的深度，它直接影响到水生植物的生存。人们通常把植物在一定水深范围内能够正常生长发育和繁衍的生态学特性称为植物的水深适应性。

植物的水深适应性是常水位以下区域配置植物时的限制性因素。

第三节　水生植物的精细化养护管理

水生植物不仅能让园林景观丰富多彩，还可有效改善水质环境，但水生植物毕竟不同于陆生植物，细胞间隙特别发达，还经常发育有特殊的通气组织，以保证植株的水下部分有足够的氧气。因此，水生植物的养护也不同于陆生植物。

一、水生植物的养护原则

水生植物的养护主要是水分管理，沉水、浮水、浮叶植物从起苗到种植过程都不能长时间离开水，尤其是炎热的夏天施工，苗木在运输过程中要做好降温保湿工作，确保植物体表湿润，做到先灌水、后种植。如不能及时灌水，则只能延期种植。挺水植物和湿生植物种植后要及时灌水，如水系不能及时灌水的，要经常浇水，使土壤水分保持过饱和状态。

水生植物的养护必须掌握一些原则，才能使其生长良好。

(一) 日照

大多数水生植物都需要充足的日照，尤其是生长期 (每年 4 ~ 10 月)，如阳光照射不足，会发生徒长、叶小而薄、不开花等现象。

(二) 用土

除了漂浮植物不需底土外，栽植其他种类的水生植物，需用田土、池塘烂泥等有机黏质土作为底土，在表层铺盖直径 1 ~ 2cm 的粗沙，可防止灌水或震动造成水混浊现象。

(三) 施肥

以油粕、骨粉的玉肥作为基肥，放四五个玉肥于容器角落即可，水边植物不需基肥。追肥则以化学肥料代替有机肥，以避免污染水质，用量较一般植物稀薄十倍。

(四) 水位

水生植物依生长习性不同，对水深的要求也不同。漂浮植物最简单，仅需足够的水深使其漂浮。沉水植物则水高必须超过植株。使茎叶自然伸展。水边植物则保持土壤湿润，稍呈积水状态。挺水植物因茎叶会挺出水面，须保持 50 ~ 100cm 的水深。浮水植物较麻烦，水位高低须依茎梗长短调整，使叶浮于水面呈自然状态为佳。

(五) 疏除

若同一水池中混合栽植各类水生植物，必须定时疏除繁殖快速的种类，以免覆满水面，影响睡莲或其他沉水植物的生长；浮水植物过大或叶面互相遮盖时，也必须进行分株。

(六) 换水

为避免蚊虫滋生或水质恶化，当用水发生混浊时，必须换水，夏季则须增加换水次数。

二、水生植物的日常养护要点

当值绿化工每天应巡查一次水生植物，及时清除枯残枝叶及杂物。

(1) 对于因病虫害等原因而造成整盆死亡的，应将其空盆撤出。

(2) 水生植物的施肥应在种植时或移入水池前10d进行，施肥不应污染水池水质。

(3) 养有观赏鱼的水池不允许喷洒对鱼类有害的农药，这类水池的水生植物有严重病虫害时，应撤出后再喷药处理。

三、水生植物的冬季管理要点

(1) 对于因不耐寒而干枯的水生植物，应在其冬季枯黄后将其泥上部分清除。

(2) 对于多年生耐寒水生植物，应在每年2月底新芽长出前将泥上部分剪除。

(3) 盆栽水生植物可在冬季连盆拿出水面，并在开春前补施一次基肥，待其新叶长出后再移入水中。

四、常见水生植物的习性及养护

(一) 黄花鸢尾

黄花鸢尾为多年生挺水型水生草本植物，高60～120cm，花茎高于叶，花黄色，花茎8～12cm，花期5～6月。

黄花鸢尾适应性强，在15℃～35℃温度下均能生长，10℃以下时植株停止生长。耐寒，喜水湿，能在水畔和浅水中正常生长，也耐干燥，喜含石灰质的弱碱性土壤。

生长期施肥3～4次，并注意清除杂草和枯黄叶。夏季高温，应经常向叶面喷水，增加空气湿度，使苗壮叶绿。

(二) 睡莲

睡莲为多年生水生浮叶草本植物，叶片漂浮于水，长5～12cm，宽3.5～9cm。睡莲的花色丰富，有粉色、红色、黄色、白色、紫色等，花果期6～10月。

睡莲喜强光、通风良好，所以睡莲花朵在晚上会闭合，到早上又会张开。生长季节池水深度以不超过 80cm 为宜。3~4 月萌发长叶，5~8 月陆续开花。

当叶片载浮于水面，以后不论何时都要保持一定的水深。时常注意水深，如见减少立即增加水量至一定的深度。管理中如看到黄色枯叶，除及时拿掉外，其他不需特别照料。

（三）千屈菜

千屈菜为多年生湿生草本植物，高 30~100cm，花为紫色，花果期为 6~9 月。

千屈菜喜温暖及光照充足、通风良好的环境，喜水湿，我国南北各地均有野生，多生长在沼泽地、水旁湿地和河边、沟边，现各地广泛栽培。比较耐寒，在我国南北各地均可露地越冬。在浅水中栽培，长势最好，也可旱地栽培。对土壤要求不严，在土质肥沃的塘泥基质中花色鲜艳，长势强壮。

生长期要及时拔除杂草，保持水面清洁。为增强通风，剪除部分过密过弱枝，及时剪除开败的花穗，促进新花穗萌发。露地栽培不用保护，可自然越冬。

（四）芦苇

芦苇为多年水生或湿生的高大禾草，生长在灌溉沟渠旁、河堤沼泽地等，世界各地均有生长。

芦苇的植株高大，地下有发达的匍匐根状茎。茎秆直立，秆高 1~3m，节下常生白粉，叶长 15~45cm，宽 1~3.5cm，圆锥花序分枝稠密，向斜伸展，花序长 10~40cm。花色为白绿色或褐色，花期为 8~12 月。

芦苇喜光，耐盐碱，耐酸。芦苇极易成活，地栽 5 年后，应重新分株繁殖。

（五）荷花

荷花为多年生挺水植物，挺出水面 1~2m，花生顶端，花色有白色、粉色、深红色、淡紫色、黄色或间色等。花期 6~9 月，每日昼开暮闭。果熟期 9~10 月。

荷花性喜相对稳定的平静浅水，湖沼、泽地、池塘是其适生地。

荷花喜肥，但施肥过多会烧苗，因而要薄肥勤施。荷花是长日照植物，栽培场地应有充足的光照。

（六）菖蒲

菖蒲为多年水生草本植物，高 50~120cm 或更长，全株具香气，花期 6~9 月。

菖蒲喜欢生长在池塘、湖泊岸边浅水区，沼泽地或泡子中。最适宜生长的温度为 20~25℃，10℃以下停止生长。冬季以地下茎潜入泥中越冬。菖蒲在生长季节的适应性较强，可进行粗放管理。在生长期内保持水位或潮湿。越冬前要清理地上部分的枯枝残叶。

(七) 再力花

再力花为多年生挺水草本植物，叶卵状、披针形，浅灰蓝色，边缘紫色，长50cm，宽25cm。复总状花序，花小，堇色。再力花株型美观洒脱，叶色翠绿可爱，是一种花叶俱佳的水生植物。

再力花以根茎分株繁殖，可丛植于角落，也可带状种植于水边。

再力花喜温暖水湿、阳光充足的气候环境，不耐寒，入冬后地上部分逐渐枯死，以根茎在泥中越冬。

(八) 梭鱼草

梭鱼草为多年生挺水或湿生草本植物，株高80~150cm，小花密集，达200朵以上，蓝紫色，花果期为5~10月。

梭鱼草喜温、喜阳、喜肥、喜湿，怕风不耐寒，静水及水流缓慢的水域中均可生长，适温15~30℃，越冬温度不宜低于5℃。梭鱼草生长迅速，繁殖能力强，条件适宜的前提下，可在短时间内覆盖大片水域。

(九) 水葱

水葱为莎草科多年生宿根挺水草本植物，株高1~2m，茎秆高大通直，很像食用的大葱，但不能食用。生长在湖边、水边、浅水塘、沼泽地或湿地草丛中。匍匐根状茎粗壮，具许多须根。秆高大，圆柱状，高1~2m，花果期6~9月。秆挺拔翠绿，成片栽植颇为壮观，也可丛植点缀于桥头、建筑旁。

水葱喜欢较干燥的空气环境，阴雨天过长，易受病菌侵染；喜欢冷凉气候，忌酷热，耐霜寒。与其他草花一样，对肥水要求较多，在施肥过后，晚上要保持叶片和花朵干燥。栽培管理粗放，入冬时需剪除地上部分的枯枝落叶。

(十) 慈姑

慈姑为多年生草本植物，高50~100cm，总状花序或圆锥形花序，花白色，10~11月结果。

慈姑有很强的适应性，在陆地上各种水面的浅水区均能生长，但要求光照充足、气候温和、较背风的环境下生长，要求土壤肥沃但土层不太深的黏土上生长。风、雨易造成叶茎折断，球茎生长受阻。

生长期应及时除草，并追肥 2 ~ 3 次，肥料要在露水干后施用，以免造成肥害。

（十一）王莲

王莲为一年生大型浮叶草本植物，王莲的花很大，单生，直径 25 ~ 40cm，花瓣数目很多，呈倒卵形，长 10 ~ 22cm，雄蕊多数，花丝扁平。王莲的花期为夏季或秋季，傍晚伸出水面开放，花芳香，第 1d 白色，有白兰花香气，次日逐渐闭合，傍晚再次开放，花瓣变为淡红色至深红色，第 3d 闭合并沉入水中。

王莲施追肥 1 ~ 2 次，入秋后即应停止施肥。王莲喜光，栽培水面应有充足阳光。

（十二）花叶香蒲

花叶香蒲为多年生挺水草本植物，植株高 80 ~ 120cm。叶剑状、直立、墨绿色，花黄色，花序棍棒状、粗壮，叶片带银白条纹。喜生于浅水中。花单生，雌雄同株，构成顶生的蜡烛状顶生花序，花期 5 ~ 8 月。

花叶香蒲耐寒、喜光、喜温、怕风，适宜在 10 ~ 20cm 的浅水中生长，特别在生长初期忌水位过高。叶色斑驳，丛植于河岸、桥头水际，观赏效果甚佳。

（十三）芡实

芡实为一年水生草本植物，直径 65 ~ 130cm，生于池沼、湖泊中，背面紫红色，花蓝紫色，花果期为 6 ~ 10 月。芡实初生叶沉水，箭形；后生叶浮于水面，叶柄长，圆柱形中空，表面生多数刺，叶片呈椭圆状肾形或圆状盾形。花单生，花梗粗长，多刺，伸出水面。芡实叶大，浓绿皱褶，形状奇特，可丛植点缀水面，也可与荷花、香蒲等植物配置水景。

芡实喜温暖气候，喜光，耐寒。在水深 80 ~ 120cm 处生长良好。

（十四）荇菜

荇菜为多年生浮叶草本水生植物，茎细长柔软而多分枝，匍匐生长，节上生根，漂浮于水面或生于泥土中，鲜黄色花朵挺出水面，花多且花期长。荇菜一般于 3 ~ 5 月返青，5 ~ 10 月开花并结果，9 ~ 10 月果实成熟。

荇菜生于池沼、湖泊、沟渠、稻田、河流或河口的平稳水域。根和横走的根茎生长于底泥中，茎枝悬于水中，生出大量不定根，叶和花漂浮于水面。喜光、耐寒、耐热，能自播繁衍。

荇菜管理较粗放，生长期要防治蚜虫。

第九章　智慧园林绿化的精细化养护管理

第一节　智慧园林的认知

随着科技的飞速发展和社会的不断进步，智能化已经渗透到我们生活的方方面面，园林领域也不例外。智慧园林，作为现代园林与信息技术、智能技术深度融合的产物，正在逐步改变我们与园林的互动方式，为我们的生活带来更多的便利与乐趣。

一、智慧园林的概念

智慧园林，顾名思义，是指运用现代信息技术和智能技术，对园林进行智能化管理和服务的园林形态。它不仅包括传统园林的绿化、美化、生态等功能，还通过引入物联网、大数据、云计算、人工智能等先进技术，实现园林信息的实时采集、传输、处理和应用，从而提升园林的管理效率和服务水平。

智慧园林的建设，旨在为人们创造一个更加舒适、便捷、智能的园林环境。它不仅可以实现园林资源的优化配置和高效利用，还可以为人们提供更加个性化、多样化的园林服务，满足不同人群的需求。

二、智慧园林的特征

（1）信息化与智能化。智慧园林通过物联网技术，实现对园林内各类设施、植物、环境等信息的实时采集和传输。同时，借助大数据和人工智能技术，对这些信息进行分析和处理，为园林管理提供决策支持。此外，智能化设备如智能灌溉系统、智能照明系统等的应用，也大大提高了园林管理的智能化水平。

（2）互动性与体验性。智慧园林注重人与园林的互动体验。通过引入虚拟现实、增强现实等技术，人们可以在园林中获得更加沉浸式的体验。同时，智慧园林还提供各种互动功能，如智能导览、智能互动游戏等，让人们更加深入地了解园林的历史、文化和特色。

（3）生态化与可持续性。智慧园林强调生态优先、绿色发展的理念。在设计和建设过程中，注重保护生态环境和生物多样性，合理利用自然资源。同时，通过引入绿色能源、节能技术等手段，降低园林的能耗和排放，实现园林的可持续发展。

（4）个性化与定制化。智慧园林可以根据不同人群的需求和喜好，提供个性化的服务。例如，为老年人提供健康监测和休闲活动建议；为儿童提供寓教于乐的游戏和学习资源；为游客提供定制化的旅游线路和特色体验等。

三、智慧园林的技术支撑

随着科技的飞速发展，智慧园林已经逐渐成为现代城市绿化的新名片。智慧园林，是运用"互联网+"思维，借助物联网、大数据、云计算、移动互联网、信息智能终端等新一代信息技术，实现园林绿化智慧化服务与管理的一种新模式。其技术支撑是智慧园林得以实现和持续发展的关键所在。

首先，物联网技术为智慧园林提供了强大的硬件支撑。物联网通过各类传感器、监控设备，实现对园林环境数据的实时采集和传输，包括气温、湿度、光照、土壤水分、植物生长情况等。这些数据经过处理后，形成完整的园林数据体系，为后续的智能化管理提供了坚实的基础。同时，物联网技术还能实现设备之间、设备与系统之间的互联互通，使得园林的管理更加便捷、高效。

其次，大数据和云计算技术为智慧园林提供了强大的数据处理和存储能力。通过大数据分析，人们可以对园林的各种数据进行深入挖掘，发现潜在的问题和规律，为决策提供支持。云计算则为各类园林绿化数据的存储提供了新模式，使得数据的获取、处理和共享变得更加方便和高效。

再次，人工智能和机器学习技术也为智慧园林的智能化管理提供了可能。通过对历史数据的学习和分析，人工智能可以实现对园林系统的自动调节、故障检测、智能预警等功能，大大提高了管理的效率和精度。同时，人工智能还可以为用户提供个性化的服务，如景点推荐、导航引导等，提升了用户的满意度和体验。

最后，移动互联网和信息智能终端技术的发展，使得智慧园林的服务更加便捷和多样化。通过手机App、微信公众号等渠道，用户可以随时随地获取园林的信息和服务，与园林进行实时的互动。而信息智能终端则可以实现对园林设备的远程控制和管理，使得园林的管理更加智能化和自动化。

总的来说，智慧园林的技术支撑包括物联网、大数据、云计算、人工智能和移动互联网等多个方面。这些技术的融合应用，使得智慧园林得以实现从数据采集、处理到决策支持、服务提供等全过程的智能化管理。未来，随着科技的不断发展，智慧园林的技术支撑将会更加完善，为城市园林绿化提供更加精准、高效的服务，助力创造优美舒适宜居的生活环境。

然而，我们也应看到，智慧园林的发展还面临着一些挑战和问题。例如，如何保证数据的准确性和安全性，如何避免技术的滥用和误用，如何使更多的人了解和接受智慧园林等。这些问题需要我们在推进智慧园林建设的过程中不断思考和解决。

此外，智慧园林的建设也需要政府、企业和社会各界的共同努力。政府应出台相关政策，鼓励和支持智慧园林的发展；企业应加大研发投入，推动技术创新和产业升级；社会各界应积极参与智慧园林的建设和管理，共同营造美好的城市环境。

智慧园林作为现代城市绿化的新方向，其技术支撑是实现其目标的关键所在。通过物联网、大数据、云计算、人工智能和移动互联网等技术的融合应用，智慧园林将为城市园林绿化提供更加精准、高效的服务，为创造优美舒适宜居的生活环境贡献力量。同时，我们也需要不断面对和解决智慧园林发展中存在的问题和挑战，推动其持续健康发展。

四、智慧园林的目标

随着信息技术的迅猛发展，智慧园林作为城市绿化建设的新模式，正逐渐成为现代城市发展的重要组成部分。智慧园林旨在通过综合运用物联网、大数据、云计算等先进技术，实现园林数据监测、园林工作管理以及智能服务系统的全面升级，从而为市民提供更为舒适、便捷和绿色的生活环境。

(一)园林数据监测

智慧园林的首要目标是实现园林数据的实时监测与精准分析。通过部署各类传感器和设备，我们可以对土壤湿度、空气质量、植物生长状况等关键指标进行实时采集和传输。这些数据不仅有助于我们了解园林环境的实时状态，还能为后续的园林管理和维护提供科学依据。同时，通过对历史数据的分析，我们可以预测园林环境的变化趋势，为未来的园林规划和设计提供参考。

(二)园林工作管理

智慧园林的第二个目标是优化园林工作管理流程，提高工作效率。通过构建园林信息化管理平台，我们可以实现园林资源的数字化管理，包括植物种类、数量、分布位置等信息的录入和查询。此外，平台还可以对园林工作人员进行任务分配和进度监控，确保各项园林工作按时、按质完成。同时，智慧园林还可以借助智能分析技术，对园林工作中的问题及时发现和预警，为管理决策提供有力支持。

(三)智能服务系统

智慧园林的最终目标是构建完善的智能服务系统，提升市民的游园体验。通过引入智能导览系统，市民可以方便地获取园林的实时信息、景点介绍以及活动安排等内容。此外，智能灌溉系统可以根据土壤湿度和植物需求自动调节水量和灌溉时间，实现节水灌溉。智能照明系统则可以根据光照强度和人流密度自动调节灯光亮度和色温，为市民提供舒适的夜间游园环境。这些智能服务的实现，不仅提升了园林的智能化水平，也为市民带来了更加便捷、舒适的游园体验。

综上可知，智慧园林的目标在于通过数据监测、工作管理和智能服务系统的构建，实现园林环境的智能化管理和服务升级。随着技术的不断进步和应用场景的不断拓展，智慧园林将在未来发挥更加重要的作用，为城市的可持续发展和市民的幸福生活贡献力量。

五、智慧园林系统

(一) 智慧园林系统架构概述

智慧园林系统架构通过管理制度、管理手段与管理方法的创新，以新一代信息网络基础为依托，融合空间信息技术、云计算、大数据分析、物联网、4G/5G 通信技术等多项前沿技术，构建城市"智慧园林"管理系统，实现"全市一张网，监管一条线，展示一平台"，从而对园林绿化事前、事中、事后的全过程实行精细化管理，全面提升园林绿化精细化管理水平。

(二) 智慧园林系统项目架构

随着科技的快速发展，智慧园林系统正逐渐成为现代园林管理的核心工具。该系统整合了先进的硬件、通信传输技术、数据采集方法、存储处理机制、软件应用以及智能分析功能，实现了对园林的智能化、精细化管理。下面将从硬件架构、通信传输、数据采集、存储处理、软件应用以及智能分析六个方面，对智慧园林系统架构进行详细介绍。

1. 硬件架构

智慧园林系统的硬件架构是系统的基础，主要包括传感器网络、监控设备、控制设备等。传感器网络负责实时采集园林环境数据，如温度、湿度、光照等；监控设备则用于对园林进行全方位的视频监控，确保园林安全；控制设备则负责根据采集到的数据，对园林灌溉、照明等设备进行智能化控制。

2. 通信传输

通信传输是智慧园林系统中的重要环节，负责将硬件设备采集到的数据实时传输到数据中心。常见的通信传输技术包括有线传输和无线传输。无线传输技术如

Wi-Fi、ZigBee 等，具有部署灵活、成本较低的优势，在智慧园林系统中得到广泛应用。

3. 数据采集

数据采集是智慧园林系统的核心功能之一。通过传感器网络，系统可以实时采集园林环境数据，如土壤湿度、空气质量、植物生长状况等。此外，系统还可以通过监控设备采集视频数据，为园林管理提供直观的信息支持。

4. 存储处理

采集到的数据需要进行存储和处理，以便后续分析和应用。智慧园林系统通常采用分布式存储技术，将数据存储在云端或本地服务器中。同时，系统还会对数据进行清洗、整理和分析，提取出有价值的信息，为园林管理提供决策支持。

5. 软件应用

软件应用是智慧园林系统的重要组成部分，主要包括数据可视化、远程控制、报警提示等功能。通过数据可视化功能，用户可以直观地了解园林环境状况；远程控制功能则允许用户对园林设备进行远程操控，提高管理效率；报警提示功能则可以在异常情况发生时及时通知用户，确保园林安全。

6. 智能分析

智能分析是智慧园林系统的核心优势之一。通过对采集到的数据进行深入分析和挖掘，系统可以预测园林环境的变化趋势，为园林管理提供科学依据。此外，系统还可以根据历史数据和实时数据，对园林灌溉、施肥等管理策略进行优化，提高园林的生态效益和经济效益。

总之，智慧园林系统架构是一个复杂的系统工程，需要整合多种技术和设备，实现对园林的智能化、精细化管理。随着技术的不断进步和应用场景的不断拓展，智慧园林系统将在未来发挥更加重要的作用，推动园林行业的可持续发展。

(三) 智慧园林系统架构的逻辑设计

1. 搭建全市一张网

随着城市化进程的加速，园林绿化作为城市生态文明建设的重要组成部分，其管理与维护的智能化、精细化水平亟待提升。为此，我们提出了智慧园林系统架构的逻辑设计，旨在搭建全市一张网，实现园林绿化信息的全面整合与可视化动态监管。

(1) 建立园林绿化基础信息库

园林绿化基础信息库是智慧园林系统的核心组成部分，它涵盖了作业人员、车辆、标段、外包服务企业、园林绿化资源信息等各项资料。通过电子化管理的方式，我们可以实现对这些信息的快速录入、查询、更新和统计分析，从而提高管理效率，减少信息错漏。

在作业人员管理方面，我们将建立人员信息档案，包括姓名、性别、年龄、职务、技能等基本信息，以及工作记录、考核情况等动态信息。通过系统，管理人员可以实时了解人员的工作状态，合理安排工作任务。

车辆和标段管理同样重要。我们将对园林绿化作业车辆进行编号、登记，建立车辆档案，记录车辆的使用情况、维修记录等信息。同时，根据园林绿化的区域划分，建立标段信息库，记录每个标段的面积、位置、植被种类等详细信息。

此外，我们还将建立外包服务企业信息库，记录企业的基本信息、业务范围、服务质量等，以便于对服务企业进行评估和管理。同时，园林绿化资源信息库将包含各类植物、设施等资源的信息，为园林绿化的规划、设计和维护提供数据支持。

（2）建立园林绿化"一张图"展示

在建立了园林绿化基础信息库的基础上，我们将进一步通过地图展示的方式，实现各类信息资源的整合和可视化动态监管。这"一张图"将整合作业人员、车辆、标段、外包服务企业以及园林绿化资源等各方面的信息，以直观的方式展现园林绿化的全貌。

在地图上，我们可以根据实际需要设置不同的图层，分别展示作业人员的位置、车辆的运行轨迹、标段的分布情况以及各类园林绿化资源的位置和状态。通过点击或查询地图上的元素，我们可以快速获取相关的详细信息，如作业人员的个人信息、车辆的使用情况、标段的绿化情况等。

此外，这"一张图"还将具备动态更新的功能。当园林绿化作业现场发生变化时，如作业人员的移动、车辆的调度、标段绿化状态的改变等，系统能够实时更新地图上的信息，确保信息的准确性和时效性。

通过这"一张图"的展示，管理人员可以全面、直观地了解园林绿化的整体情况，及时发现并解决存在的问题，同时为园林绿化的规划、设计、施工和维护提供了有力的数据支持和决策依据，有助于提升园林绿化的管理水平和服务质量。

综上可知，智慧园林系统架构的逻辑设计通过建立园林绿化基础信息库和"一张图"展示，实现全市园林绿化信息的全面整合与可视化动态监管。这将有助于提升园林绿化的管理效率和服务水平，推动城市生态文明建设的可持续发展。

2. 实现监管一体化

智慧园林系统是现代城市管理的重要组成部分，其目标是实现园林绿化的智能化、精细化、高效化管理。为实现这一目标，智慧园林系统架构的逻辑设计显得尤为重要。下面将围绕行政审批、工程建设、行政执法和养护作业四个关键环节，探讨如何实现监管一条线的逻辑设计。

(1) 行政审批

行政审批是智慧园林系统的起始环节，它涉及对园林项目的规划、设计、立项等事项的审核与批准。在逻辑设计上，应建立统一的审批平台，实现线上申报、审批流程透明化、审批结果及时反馈等功能。同时，通过与相关部门的数据共享，实现对申报材料的自动核查与校验，提高审批效率和准确性。

(2) 工程建设

工程建设是园林项目落地的关键环节，包括施工准备、施工过程监管、竣工验收等阶段。在逻辑设计上，应建立工程建设管理平台，实现对工程进度的实时监控、质量安全的在线监管、施工人员的动态管理等功能，通过引入物联网、大数据等技术手段，实现对施工现场的智能化管理，提高工程建设的质量和效率。

(3) 行政执法

行政执法是保障园林法规有效实施的重要手段，包括对违法行为的查处、处罚等。在逻辑设计上，应建立行政执法系统，实现对违法行为的及时发现、快速处理、信息共享等功能。通过与公安、城管等部门的协同作战，形成联合执法机制，提高执法效率和威慑力。

(4) 养护作业

养护作业是保持园林景观美观和生态功能的关键环节，包括浇水、修剪、病虫害防治等日常工作。在逻辑设计上，应建立养护作业管理系统，实现对养护任务的合理分配、作业过程的实时监控、作业质量的评估与反馈等功能。同时，通过对养护数据的收集与分析，为养护决策提供科学依据，提高养护作业的针对性和有效性。

① 基础信息管理。

基础信息管理是智慧园林系统的基石，它涉及对园林资源、设施、人员等基础信息的录入、更新和查询。在逻辑设计上，应建立统一的基础信息数据库，实现信息的集中存储和共享。同时，通过数据标准化和规范化处理，确保信息的准确性和一致性。此外，还应建立信息安全保障机制，确保基础信息的安全性和保密性。

② 养护作业管理。

养护作业管理是智慧园林系统的核心功能之一，它直接关系到园林景观的保持和提升。在逻辑设计上，应建立养护作业管理平台，实现对养护任务的制定、分配、执行和评估等全过程的管理。通过引入智能化养护设备和技术手段，如自动喷灌系统、智能修剪机等，提高养护作业的效率和质量。同时，应建立养护知识库和经验分享机制，提升养护人员的专业素养和技能水平。

综上可知，智慧园林系统架构的逻辑设计应围绕行政审批、工程建设、行政执法和养护作业四个关键环节展开，实现监管一条线的目标。通过引入先进的信息技术手段和管理理念，不断提升智慧园林系统的智能化水平和管理效能，为城市园林绿化事业的发展提供有力支撑。

3. 全时空管理

随着信息技术的迅猛发展，智慧园林作为城市绿化管理的新模式，正逐渐成为现代城市建设的重要组成部分。下面旨在探讨智慧园林系统架构的逻辑设计，特别是如何通过构建"云＋端"管理模式以及整合多个 App 功能来实现全业务的移动化管理和全时空的园林管理。

（1）构建"云＋端"管理模式，实现全业务的移动化管理

"云＋端"管理模式的构建是智慧园林系统架构的核心。云端作为数据存储和处理的中心，负责收集、分析和共享园林管理的各类信息。通过云计算技术，可以实现数据的实时更新、备份和共享，确保数据的准确性和安全性。同时，云端还能提供强大的计算能力，支持复杂的数据分析和决策支持功能。

在终端方面，通过移动设备和专用 App，管理人员可以随时随地访问云端数据，进行实时监控、任务调度和决策执行。这种移动化的管理方式不仅提高了工作效率，还使得园林管理更加灵活和便捷。此外，通过终端设备的普及和 App 的易用性设计，还可以吸引更多的公众参与园林管理，形成全民参与的良好氛围。

（2）整合移动考评系统、移动执法系统和移动数据更新系统等多个 App 功能，构建统一的"园林通"系统

为了实现全时空的园林管理，需要整合多个 App 功能，构建统一的"园林通"系统。该系统应包括以下主要功能：

① 移动考评系统：通过 App 实现园林工作的在线考评，包括任务完成情况、工作质量等方面的评价。这有助于形成公正、透明的考评机制，激发工作人员的积极性。

② 移动执法系统：通过 App 进行园林执法的在线操作，包括违法行为的发现、记录、上报和处理等。这可以提高执法效率，降低执法成本，确保园林法规得到有效执行。

③ 移动数据更新系统：通过 App 实现园林数据的实时更新和维护，包括植物信息、设施状态、环境数据等。这有助于保持数据的准确性和时效性，为决策提供有力支持。

此外，"园林通"系统还应具备统一的管理界面和操作流程，方便用户快速掌握和使用。同时，系统还应支持多平台接入，满足不同用户的设备需求。

综上可知，智慧园林系统架构的逻辑设计应注重"云＋端"管理模式的构建和

多个 App 功能的整合。通过实现全业务的移动化管理和全时空的园林管理，可以提高园林管理的效率和水平，为城市的绿化建设和可持续发展贡献力量。

4. 多元化展现平台

随着信息技术的迅猛发展，智慧园林的概念逐渐深入人心。智慧园林系统通过集成先进的信息技术手段，实现对园林绿化的全面监测、高效管理和智能决策，为城市绿化工作提供了强有力的支持。在构建智慧园林系统的过程中，一个多元化的展现平台是不可或缺的，它能够为各方提供便捷的沟通交流渠道，促进信息的共享与利用。

（1）园林绿化管理门户网站

园林绿化管理门户网站是智慧园林系统的重要入口，它集信息发布、在线查询、业务办理等功能于一体。通过门户网站，管理部门可以发布最新的政策法规、工作动态和绿化成果，方便用户了解园林绿化的最新情况。同时，用户也可以通过门户网站查询绿化项目的进度、效果评估等信息，实现信息的透明化和共享化。

（2）移动门户

随着移动互联网的普及，移动门户成为智慧园林系统不可或缺的一部分。通过移动门户，用户可以随时随地访问园林绿化信息，了解园林绿化的最新动态。同时，移动门户还可以提供定位服务，帮助用户快速找到附近的绿化项目或设施，提高用户的体验感和满意度。

（3）公众服务平台

公众服务平台是智慧园林系统与公众之间的重要桥梁。通过微博、微信、手机 App 等社交媒体和移动应用，智慧园林系统可以及时向公众推送绿化信息、活动通知等，增强公众对园林绿化的关注度和参与度。同时，公众也可以通过这些平台反馈意见和建议，为园林绿化工作提供宝贵的参考和支持。

（4）园林绿化二维码系统

园林绿化二维码系统是一种创新的展现形式，它将每个绿化项目或设施与唯一的二维码关联起来。用户通过扫描二维码，可以快速获取该项目的详细信息、维护记录、管理责任等信息，实现信息的快速获取和追溯。同时，二维码系统还可以与移动支付等功能结合，为用户提供便捷的支付和购买服务。

通过以上四个方面的构建，智慧园林系统展现平台得以实现多元化、便捷性和互动性的提升。它不仅为管理部门提供了高效的管理工具和信息发布渠道，也为公众提供了更加便捷、丰富的园林绿化服务体验。未来，随着技术的不断进步和应用场景的不断拓展，智慧园林系统展现平台将继续优化和创新，为城市绿化事业注入更多智慧和活力。

(四) 智慧园林系统组成

随着科技的不断发展，智慧园林系统已经成为现代城市绿化建设的重要组成部分。该系统集成了多种先进的技术手段，为园林的管理、维护与观赏提供了全方位的智能化支持。下面将详细介绍智慧园林系统的主要组成部分及其功能。

1. 智能分析系统

智能分析系统是智慧园林的"大脑"，通过大数据分析技术，对园林的各类信息进行收集、整理、分析和预测。同时，它能够实时监测园林内的植物生长情况、水资源利用情况、游客流量等，为管理者提供科学的决策依据。此外，智能分析系统还能够预测园林的未来发展趋势，帮助管理者制定长远的发展规划。

2. 移动监管系统

移动监管系统通过移动终端设备，实现园林管理的便捷化和高效化。管理人员可以随时随地对园林进行巡查，及时发现问题并进行处理。同时，移动监管系统还能够实现信息的实时更新和共享，确保园林管理的及时性和准确性。

3. 园林互动平台

园林互动平台是连接管理者与游客的重要桥梁。通过该平台，游客可以获取园林的实时信息、参与互动活动、提出意见建议等；而管理者则可以通过平台收集游客的反馈，不断优化园林的管理和服务。这种互动模式不仅能够提升游客的满意度，还能够增强园林的吸引力和影响力。

4. 园林工作系统

园林工作系统是对园林日常维护和管理工作的全面支持。它涵盖了植物养护、病虫害防治、设施维护等多个方面。通过自动化和智能化的技术手段，园林工作系统能够大大提高工作效率，降低人工成本，确保园林的健康和美观。

5. 环境监测系统

环境监测系统是智慧园林的重要组成部分，主要负责监测园林内的空气质量、温湿度、光照强度等环境参数。通过实时监测和数据分析，系统能够及时发现环境问题，为管理者提供治理依据。同时，环境监测系统还能够为游客提供舒适的游览环境，提升园林的整体品质。

6. 土壤监测系统

土壤是植物生长的基础，土壤监测系统对于保障园林植物的健康生长至关重要。该系统通过实时监测土壤的水分、养分、pH 等关键指标，为管理者提供科学的施肥和灌溉建议。同时，土壤监测系统还能够及时发现土壤污染等问题，确保园林的生态环境安全。

7. 视频监控系统

视频监控系统是保障园林安全的重要手段。通过安装高清摄像头和智能分析软件，系统能够实现对园林内的全面监控和实时录像。这不仅可以防止盗窃、破坏等不法行为的发生，还能够为事故调查提供有力的证据支持。

8. 网络控制系统

网络控制系统是智慧园林的神经中枢，它负责将各个子系统进行有机整合和协调控制。通过网络通信技术，网络控制系统能够实现信息的快速传输和共享，确保各个子系统之间的协同工作。同时，网络控制系统还能够根据实际情况调整控制策略，实现园林的智能化管理。

综上可知，智慧园林系统通过集成多种先进的技术手段，为园林的管理、维护与观赏提供了全方位的智能化支持。随着技术的不断进步和应用场景的不断拓展，智慧园林系统将在未来发挥更加重要的作用，推动城市绿化建设的可持续发展。

(五) 智慧园林系统的特点

随着科技的不断发展，智慧园林系统已经成为现代园林管理的重要工具。它融合了先进的智能化技术，通过集成化、智能化和自动化的手段，极大地提升了园林管理的效率和质量。下面将从智能联动、高度集成、综合处理以及多重安全机制等方面，探讨智慧园林系统的特点。

1. 智能联动：实现园林元素的协同工作

智慧园林系统通过智能联动技术，实现了园林内各个元素的协同工作。无论是灌溉系统、照明系统还是监控系统，都可以通过智慧园林系统进行统一管理和控制。这种智能联动不仅提高了管理效率，还能根据实际需要灵活调整各个系统的运行状态，实现资源的最大化利用。

2. 高度集成：简化管理流程，提升管理效率

智慧园林系统具有高度集成的特点，能够将多个功能模块集成在一个平台上。这种集成化的设计使得管理人员可以通过一个统一的界面，对园林内的各项事务进行集中管理。这不仅简化了管理流程，还降低了管理成本，提高了管理效率。

3. 综合处理：实现信息的全面收集、智能分析和决策输出

智慧园林系统具备强大的综合处理能力。它可以通过各种传感器和监测设备，全面收集园林内的环境信息、设备运行状态等数据。然后，利用智能算法对这些数据进行处理和分析，提取出有价值的信息。最后，根据这些信息，系统可以自动生成决策建议或控制指令，为管理人员提供科学的决策依据。

在综合处理方面，智慧园林系统还具备综合信息和智能处理的能力。它可以将

不同来源的信息进行整合和关联，形成完整的信息链。同时，通过智能算法的应用，系统可以对这些信息进行深度挖掘和分析，发现潜在的问题和规律，为园林管理提供有力的支持。

此外，智慧园林系统还能够根据分析结果输出决策建议。这些建议既可以针对园林内的具体问题提出解决方案，也可以为未来的规划和发展提供指导。通过决策输出的方式，智慧园林系统能够将数据转化为有价值的信息，为管理人员提供更加便捷和高效的决策工具。

4. 多重安全机制保驾：确保系统稳定运行和数据安全

智慧园林系统在安全方面采取了多重保障机制。首先，机房安全保障措施确保了系统硬件设备的稳定运行，防止因设备故障导致的系统瘫痪。其次，系统安全保障措施包括访问控制、身份认证等机制，防止未经授权的访问和操作。此外，网络安全维护措施还能够抵御网络攻击和恶意入侵，保护系统免受网络威胁。巡更系统保障则能够确保系统日常运行中的安全和稳定。信息加密传输和软件多重校验等技术手段的应用，进一步增强了数据的安全性和可靠性。

5. 统一管理：实现园林管理的全面优化

智慧园林系统通过统一管理的方式，实现了园林管理的全面优化。无论是资源分配、设备维护还是应急响应等方面，系统都能够提供有效的支持。通过智能分析和决策输出功能，系统还可以帮助管理人员发现并解决潜在的问题和隐患，提升园林的整体质量和管理水平。

智慧园林系统以其智能联动、高度集成、综合处理以及多重安全机制等特点，为现代园林管理带来了革命性的变革。它不仅提高了管理效率和质量，还为园林的可持续发展提供了有力的支持。随着技术的不断进步和应用场景的不断拓展，智慧园林系统将在未来发挥更加重要的作用。

总之，智慧园林是园林领域的一次革命性创新，它将为我们带来更加美好、便捷、智能的园林生活体验。随着技术的不断进步和应用场景的不断拓展，智慧园林必将在未来发挥更加重要的作用，成为我们生活中不可或缺的一部分。

第二节　智慧绿化养护管理的应用

园林绿化通过智慧养护，改变落后观念，从节水、节能、节人工、节药等环节入手，并依靠智慧养护服务板块、智慧养护操控模块途径，可有效节约养护过程中的成本，同时实现提高养护质量的目的。

一、智慧养护的概念

智慧养护是集物联网技术、互联网和移动互联网为一体，依托部署在园林中的各种传感节点(环境温湿度、土壤水分、二氧化碳、图像等)和有线、无线通信网络，实现园林管理的智能感知、智能预警、智能分析、智能灌溉、专家在线指导，为园林管理提供精细化培育、可视化管理、智能化决策等方面的技术支持。

二、智慧养护的工作原理

传感器、数据模块、监控器等采集数据和影像资料，通过网关或 Wi-Fi、4G／5G 信号等传输至云平台形成数据，管理员使用 PC 平台软件或手机 App 实现远程控制或系统根据数据分析自动控制的过程。

三、园林绿化养护管理系统的应用

园林绿化人员可运用北斗定位、地理信息、移动互联等现代计算机信息技术，进一步提升绿地养护的管理能力和服务水平，提高养护效率，实现城市园林绿化管理"一张图"。基于园林"一张图"，集成养护管理、园林资产管理、园林巡更巡检等管理，对养护工作远程指导，制订养护计划、建立养护日志的电子台账档案等，实现园林的精细化、智能化管理。

四、智能灌溉的应用

园林灌溉的智能化是现代科技不断完善和发展后的产物，无论是对园林灌溉的效率和质量还是节约水资源都具有非常重要的意义和作用，被广泛应用在我国的园林绿化领域。

(一)智能灌溉技术

智能灌溉主要是灌溉系统可以自动感测园林植物的温度以及湿度等适宜的生长环境，并根据光照和气象等外部环境因素进行详细的分析判断，从而确定是否灌溉以及具体灌溉措施的灌溉方式。

智能灌溉系统主要包括传感器技术、自动控制技术以及计算机技术等多种现代化高新技术，在一般情况下由喷灌和滴灌等园林灌溉方式组成。

智能灌溉系统主要包括数据系统、传输系统、数据处理系统、远程检测系统以及电磁控制系统。数据系统也是数据采集站，内有温湿度传感器以及光照传感器，其作用是准确地收集园林植物外部环境具体信息，为园林灌溉提供重要的保障。传输系统是传输基站，由大量的无线传输模块构成，作用是将数据系统中的数据信息进行传送，交给下一环节的数据处理中心进行数据信息的处理。远程监测系统是利用上位机进行园林灌溉的实时监控。而电磁控制系统是一个电磁阀控制站，利用继电器实现信息的接收，进而对智能灌溉进行有效地控制。

（二）智能灌溉类型

智能灌溉根据操控方式、动力来源等分为多种类型，最常用的有太阳能、无线遥控和总线控制三种系统，可根据园林实际情况合理进行选择。

（1）太阳能灌溉系统。太阳能灌溉指的是以太阳能作为启动能源，将溪涧、地下水等水资源用于园林灌溉。太阳能灌溉系统主要由雨水探测器、太阳能电板组成。其中雨水探测器的功能为对有雨天气进行检测，若是检测到雨水天气则会自行将系统关闭。太阳能电板的主要作用为吸收太阳能并将其转化为电泵动力，为电泵抽取水源提供动力。太阳能灌溉系统抽取水源后会将其输送至储水池中保存，再经上坡方位的洒水器实施灌溉。

（2）无线遥控灌溉系统。无线遥控灌溉系统指的是以远程终端单元为信息中转站辅助灌溉的系统。具体来讲，是由远程终端负责采集园林植被肥、水需求信息，再通过 GSM（全球移动通信系统）将信息传至中央控制系统，在进行信息分析后，通过远程操控完成自动化灌溉一系列操作。这一灌溉系统最大的特点是融入了科技性与现代性，充分利用了 GSM 网络技术，不仅结构简单、传输线少，而且后期养护投资较小，系统的整体投资成本不高，可普遍推广。

（3）总线控制灌溉系统。总线控制灌溉系统指的是以总线控制为测控终端实现整个灌溉系统的控制。在总线控制灌溉系统中，每一个测控终端又是相对独立的，可独立进行园林需水信息收集、整合、判断以及基本灌溉等操作。先由各处测控终端采集园林植被需水信息，然后传至中央计算机监控系统，再由后者进行统一分析处理后生成园林灌溉参数，自动启动并调节灌溉系统进行灌溉。

该系统还可开设专家系统，可邀请相关专家结合系统存储的数据、园林植被实际生长情况等对园林灌溉提供个性化指导，使园林灌溉更为科学、直观与高效。

（三）智能灌溉的方式

目前，智能灌溉在园林养护方面得到了普遍的应用，使灌溉活动由劳动密集型过渡到技术密集型。

（1）一体化灌溉。出于观赏、绿化等方面的需求，园林植被的覆盖率相对较高，且种类多。各种植物自身生长特点、需水量以及规律均存在一定的差异。采取智能灌溉，可通过采集植物的需水信息，根据各种植物的实际水需求进行准确、有针对性的灌溉，将滴灌、喷灌等各种灌溉形式融为一体，实现一体化、多元化和个性化灌溉。

园林植被基层与地表本身蓄水能力和植物根系吸水能力不尽相同，利用智能灌溉，可将地表、地上灌溉同深层、基层灌溉有效统一，合理地调配地下水、灌溉水以及自然雨水，实现园林绿化灌溉管理的系统化、一体化。

（2）自动化灌溉。智能灌溉可利用信息化智能系统，及时采集风速、土壤含水量、植物生存环境以及降雨量等有关的数据信息，并进行系统分析。根据数据分析的结果，判断植物的需水情况，通过灌溉程序自行启动灌溉设备实施灌溉，及时满足植物的水需求。

阔叶型树木、大面积的丛植等需水量较大，并且灌溉频率不高，可选用喷灌、低压管道灌溉、集雨灌等输水型灌溉方式，既可提高灌溉效率，又起到节约水资源的作用。每次灌溉结束，系统会将灌溉时间、灌溉量等相关信息自动存储到系统中。在特殊情况下，工作人员可根据存储记录采取手动控制灌溉，提高灌溉管理效率。

（3）节能化灌溉。智能灌溉系统的水泵、电磁阀、水源等各种组成结构均经过计算机系统进行科学的分析与精确控制。系统可在第一时间察觉植物需水信号，经过数据分析和精确计算确定灌溉时间、灌溉方式和灌水量。

系统可根据历史记录、参数选择滴灌、微灌等节水型的灌溉方式。中高度的灌木选用微灌方式，乔木采取滴灌模式，丛植群落使用引入雾灌的方式，且勤浇少浇。同时，在灌溉期间，系统会自主监测灌溉细节和设施运行的状态，比如，灌溉范围是否满足实际要求、管道有无折叠、水泵是否正常等，不仅实现了水资源的合理利用，而且加强了对设施的保护，极大减少了灌溉量不足或者超量等不良现象。

五、智能病虫害监测系统的应用

园林的病虫害健康问题来源于日常的浇灌、施肥、环境等多种因素。虫害如美国白蛾、黄杨绢野螟以及蛴螬等，从地上到地下发作起来都很严重；病害如草坪的夏季斑枯病，月季的黑斑病、白粉病，金叶女贞的叶斑病等。

因此，在园林虫害的治理过程中，应注意动植物的安全，减少农药使用，避免污染水源及土壤。在园林规划中，可以实行高科技手段，应用物联网技术对园林病虫害进行监测，建立有效的监控技术，实施动态监测，提高工作人员的工作效率，将被动防治变为主动防治。

例如，某公司开发的园林病虫害远程无线监测系统。系统通过摄像头及传感器针对园林进行检测。摄像头针对园林的影像，远距、微距等实时监控。传感器对外在的细节环境进行检测。将数据通过 NB-IoT／LoRa／DTU 传输到服务器平台，并创建地理模型，结合地理信息引擎的搜索、定位及统计功能，使信息的查找、定位、显示、统计变得更加便捷。为市政园林管理人员提供丰富的、动态的、多维度的市政园林空间位置、属性特征和时域特征，使市政园林信息交互更加准确，管理工作更加科学高效。摄像头及传感器获取园林健康异常信息，系统自动预警提示，安排管理人员至现场巡查病虫灾害问题。系统可根据养护需求，联动远程设备，进行浇灌或对现场环境的数据进行收集，实现信息采集、信息接报、预测预警、智能方案、指挥调度、应急资源信息管理、综合业务管理。

六、古树名木管理系统的应用

古树名木是指树龄在 100 年以上的树木或是指国内外稀有的以及具有历史价值和纪念意义及重要科研价值的树木。鉴于古树名木的重要价值，保护和复壮的研究工作必不可少，通常包括设置避雷针防止雷击；适时松土、浇水、施肥、防治病虫害；有树洞者加以添堵，以免其蔓延扩大；出现树身倾斜、枝条下垂的加以支撑固定；对于濒危的树木进行抢救复壮等。

如今，健康绿色的生活理念逐渐深入人心，所以人们对园林绿化有了更多的关注，将科技运用到园林中，打造智慧园林，可以让每一棵树都变得有"身份"。

结束语

随着中国城市化的快速推进，城市园林景观的营造与精细化养护管理日益成为提升城市品质、增强居民幸福感的重要一环。回顾全文，我们深入探讨了城市园林景观的营造理念、设计原则、实施策略以及精细化养护管理的关键环节和创新举措。

在园林景观营造方面，我们强调了生态优先、文化融入、以人为本的设计理念，并提出了因地制宜、科学规划、多元参与的实施策略。通过打造绿色生态空间、传承地域文化特色、提升居民参与度和获得感，我们力求创造出既美观又实用的城市园林景观，为市民提供优质的休闲空间和生活环境。

在精细化养护管理方面，我们注重细节把控、科技创新和长效机制的建设。通过加强日常巡查、定期维护保养、引入智能化管理系统等手段，我们实现了对园林景观全方位、多角度的精细化管理。同时，我们还积极探索市场化、社会化的养护管理模式，引导更多力量参与到城市园林景观的养护工作中来，共同推动城市园林事业的可持续发展。

展望未来，城市园林景观营造与精细化养护管理仍面临着诸多挑战和机遇。我们需要继续加强研究和实践，不断创新理念和方法，推动城市园林景观向更高水平迈进。同时，我们还应加强公众教育和宣传，提高市民对城市园林景观的认识和重视程度，形成全社会共同参与、共同维护的良好氛围。

总之，城市园林景观营造与精细化养护管理是一项长期而艰巨的任务。让我们携手共进，以更加饱满的热情和更加扎实的工作，为打造美丽宜居的城市环境贡献自己的力量。

参考文献

[1] 李树勇. 城市园林景观施工及道路绿化养护管理研究 [J]. 居舍，2024（10）：114-116.

[2] 纪金菊. 城市园林绿化养护管理中存在的问题及解决策略 [J]. 城市建设理论研究（电子版），2024(09)：214-216.

[3] 丁格根其尔，德力格尔，宝巴特. 浅谈城市园林绿化中存在的问题及解决对策 [J]. 现代园艺，2024，47(06)：175-177.

[4] 根民. 浅谈精细化管理在城市园林绿化养护中的应用 [J]. 居业，2024（03）：203-205.

[5] 王斌. 城市园林绿化养护管理存在的问题与改进策略探讨 [J]. 新农民，2024(09)：75-77.

[6] 王江华. 城市园林绿化景观工程施工要点与养护措施分析 [J]. 建设科技，2024(05)：82-84.

[7] 张紫政. 基于环保理念的城市园林绿化种植养护技术探究 [J]. 园艺与种苗，2024，44(03)：81-83.

[8] 代莹. 城市园林绿化养护管理问题及优化措施分析 [J]. 园艺与种苗，2024，44(03)：92-94.

[9] 黄梅玲. 城市园林绿化景观设计及养护管理 [J]. 佛山陶瓷，2024，34（02）：175-177.

[10] 苏园. 城市景观规划设计与风景园林营造的结合探究：评《城市景观规划设计》[J]. 现代城市研究，2024(02)：133.

[11] 任艳. 园林养护精细化管理对园林景观的影响分析 [J]. 城市建设理论研究（电子版），2024(05)：220-222.

[12] 师玉梅. 城市园林绿化景观设计及养护管理 [J]. 中国林业产业，2024（01）：119-121.

[13] 曹振华. 城市园林花卉种植设计及养护探究 [J]. 河南农业，2024（02）：32-34.

[14] 任娜娜. 城市园林景观设计中水景的营造方法分析 [J]. 鞋类工艺与设计，2023，3(23)：127-129.

[15] 陈鹏，荆忠伟.城市园林绿化工程中树木养护管理研究 [J].林业科技情报，2023，55(04)：116-118.

[16] 李志传.城市园林绿化中乔木栽植与养护管理要点研究 [J].房地产世界，2023(20)：145-147.

[17] 徐春桃.园林绿化养护低成本管理及其策略 [J].居舍，2023(30)：138-141.

[18] 刘玉竹.园林养护管理的重难点分析及技术措施探讨 [J].花木盆景，2023(10)：110-111.

[19] 周泉，刘定明.城市园林绿化精细化管理存在的问题及措施 [J].现代园艺，2023，46(18)：162-164.

[20] 谢晖.园林绿化养护精细化管理存在的问题及解决对策研究 [J].房地产世界，2023(18)：151-153.

[21] 刘守贤.城市园林景观设计中水景的营造方法分析 [J].鞋类工艺与设计，2023，3(16)：157-159.

[22] 曹青.试论园林绿化养护管理存在的问题及其对策 [J].经济师，2023(08)：42-43.

[23] 于美玲.精细化园林养护管理探析 [J].广东蚕业，2023，57(07)：47-49.

[24] 陈超.浅谈园林绿化养护精细化管理存在的问题及对策 [J].城市建设理论研究(电子版)，2023(19)：223-225.

[25] 冯旭.城市风景园林景观铺装营造的研究 [J].佛山陶瓷，2023，33(02)：164-166.

[26] 郑蕾，郑斌，王玉忠.花境在城市园林景观营造中的应用研究 [J].河南林业科技，2022，42(03)：19-21+24.

[27] 黄忆彬，黄浚庭，孙仪.基于新发展理念的城市园林绿化营造 [J].长江技术经济，2021，5(S2)：21-23.

[28] 李成艳，王宽.基于微气候调节的盆地城市公园空间营造策略 [J].绿色科技，2021，23(11)：42-44.

[29] 雷琳佳.城市园林景观设计中水景的营造方法探析 [J].江西建材，2021(04)：247+249.

[30] 洪如鑫.城市园林景观设计中水景的营造方法 [J].安徽建筑，2020，27(08)：31+34.

[31] 刘群辉.乡土植物在公园景观营造中的应用 [J].南方农业，2020，14(21)：52-53.

[32] 孟嘉.城市园林植物景观设计之意境营造研究 [J].花卉，2019(20)：145.

[33] 乔磊，谭俊鸿，孟祥宇.基于海绵城市的园林植物景观营造[J].黑龙江农业科学，2019(08)：107-111.

[34] 高泽慧.解析城市园林植物景观设计的意境营造[J].现代园艺，2019(08)：75-76.

[35] 李璐.试论城市广场在园林植物景观设计中的营造[J].花卉，2019(04)：139.

[36] 李一帆.城市园林景观设计中水体景观营造方法探究[J].科技资讯，2019，17(05)：73+75.

[37] 周佳凤.乡土植物在城市园林绿化景观营造中的应用[J].科学技术创新，2019(02)：144-145.

[38] 张颖璐.园林景观构造[M].南京：东南大学出版社：2019.

[39] 谷康，徐英，潘翔，等.城市道路绿地地域性景观规划设计[M].南京：东南大学出版社：2018.

[40] 吴平.城市园林绿化景观营造的思考与探索[J].现代园艺，2018(21)：109-110.

[41] 牛大平.论城市广场园林植物景观营造[J].现代园艺，2018(15)：159-160.

[42] 王映娜.城市园林绿化中的景观营造探究[J].现代园艺，2018(14)：82.

[43] 吴兴贵.园林景观在城市生态绿道中的规划设计及营造[J].花卉，2018(12)：37-38.

[44] 朱永杰.城市园林景观设计中水景的营造方法[J].居业，2018(01)：56-57.

[45] 丁志良.如何利用乡土植物营造城市园林景观[J].农民致富之友，2017(24)：87.

[46] 张力.乡土植物在城市园林绿化中的景观营造[J].花卉，2017(18)：45-46.

[47] 韦护.园林植物设计在展园中的营造要点[J].花卉，2017(16)：47-48.

[48] 赵菲意.城市广场设计中园林植物景观营造[J].现代园艺，2017(14)：79.

[49] 张春生.城市公共园林夜景观的营造研究[J].福建建材，2017(07)：91-93.

[50] 王春花.乡土植物与现代城市园林景观建设的探讨[J].江西建材，2017(04)：204+208.

[51] 黄洪海.城市园林植物景观设计之意境营造研究[J].花卉，2017(04)：36-37.

[52] 林君毅.乡土植物与城市园林绿化中的景观营造[J].艺术科技，2017，30(02)：324.

[53] 张颖.乡土植物在城市园林绿化中的应用[J].江西建材，2016(20)：184-185.

[54] 杨琳.乡土植物与城市园林绿化中的景观营造 [J].现代园艺，2016（20）：114-115.

[55] 邓招余.城市滨水区园林景观低成本营造之路 [J].绿色科技，2016（19）：60-62.

[56] 章俊阁，饶显龙，沈妍慧，等.山地城市园林植物景观营造的一种视角：攀缘植物的运用 [J].广东园林，2016，38（04）：65-68.

[57] 刘大威，张勤，崔曙平.营造乡土自然的城市园林绿化生态景观：乡土适生植物在江苏城市园林绿化中的应用 [J].江苏建设，2016（04）：25-33.

[58] 王鹏飞，孔倩倩，张莉萌.城市公共园林夜景观营造 [J].中国名城，2016（07）：55-59.

[59] 朱倩倩，甘文君.乡土植物与城市园林绿化中的景观营造分析 [J].现代园艺，2016（12）：51.

[60] 蓝华林，王勇.乡土植物与城市园林绿化中的景观营造 [J].现代园艺，2016（06）：66-67.

[61] 郝瑞娟.城市园林绿化中的景观营造研究 [J].北京农业，2016（05）：78-79.